能源贫困的
形成、影响与对策研究

NENGYUAN PINKUN DE
XINGCHENG, YINGXIANG YU DUICE YANJIU

李佳珈　郭丽丽　李后建　廖流源　张华泉 ◎ 著

中国 · 成都

图书在版编目(CIP)数据

能源贫困的形成、影响与对策研究/李佳珈等著.—成都:西南财经大学出版社,2022.7
ISBN 978-7-5504-5446-0

Ⅰ.①能… Ⅱ.①李… Ⅲ.①家庭—能源消费—研究—中国
Ⅳ.①P426.2

中国版本图书馆 CIP 数据核字(2022)第 125224 号

能源贫困的形成、影响与对策研究
李佳珈 等著

策划编辑:何春梅
责任编辑:何春梅
责任校对:周晓琬
封面设计:何东琳设计工作室
责任印制:朱曼丽

出版发行	西南财经大学出版社(四川省成都市光华村街 55 号)
网　　址	http://cbs.swufe.edu.cn
电子邮件	bookcj@swufe.edu.cn
邮政编码	610074
电　　话	028-87353785
照　　排	四川胜翔数码印务设计有限公司
印　　刷	四川五洲彩印有限责任公司
成品尺寸	170mm×240mm
印　　张	14.25
字　　数	264 千字
版　　次	2022 年 7 月第 1 版
印　　次	2022 年 7 月第 1 次印刷
书　　号	ISBN 978-7-5504-5446-0
定　　价	88.00 元

前言

清洁、安全与可持续能源供给是社会进步和居民生活的基本保障。居民在能源消费中因无法获取或支付清洁能源导致能源贫困。当下，能源贫困成为世界能源体系面临的重大挑战之一，加之新冠肺炎疫情的巨大冲击，将大大阻碍全球能源减贫进程。目前全世界约21亿人口存在不同程度的能源贫困，接近10亿人口无法获取电能，因此亟须缓解能源贫困以期提升居民福利、改善生态环境进而促进社会可持续发展。对此，联合国将“全人类获取清洁能源”列为2030年可持续发展目标之一。

随着中国经济实力不断增强，基础设施不断完善，中国已于2015年实现电力全覆盖；但是据中国家庭追踪调查数据显示，2018年全国仍有26%的家庭以使用非清洁能源为主，且该比例在农村高达43%。2020年，中国制定了最新“减排”和“减贫”目标。在减排方面，中国力争2030年前达到二氧化碳排放峰值，2060年前实现“碳中和”；在第十四个五年规划中，提出加快推进能源改革和推行绿色生活方式。在减贫方面，脱贫攻坚战已取得全面胜利，改善相对贫困成为反贫困工作的重心，中国开始探索建立解决相对贫困的长效机制。因此，缓解能源贫困成为中国“减排”与“减贫”双重目标下的关键突破口。当前，中国能源贫困问题严峻且复杂，在现代能源的可获得性、可负担性与稳定性、能源技术的适用性、能源服务的可靠性等方面仍存在薄弱环节；且受制于经济发展不均衡、气候变化加剧、性别不平等的社会规范以及资源枯竭等问题，能源扶贫进程缓慢且成效欠佳。在当下复杂境况下，精准衡量能源贫困并且寻找符合中国特色的高效能源缓贫路径显得尤为重要。

对此，本书追溯到能源贫困的起源，从全世界范围阐述能源贫困现状，到提出中国能源贫困的系列问题；从宏观层面的分析比较到微观层面的实证研究；从能源贫困现象展示到理论机制分析；从解决科学问题到构建政策框架均有涉及。本书的具体内容如下：

第一章系统解释能源贫困的概念，同时提出能源贫困研究的紧迫性与重要性。然后，本章从气候变化和后疫情时代的当下形势出发解析缓解能源贫困过程中可能遇到的新问题及应对措施。最后，本章提出一系列能源贫困的相关研究问题。

第二章围绕理论框架开展能源贫困研究的相关理论阐述，具体包括系列能源经济学理论、贫困陷阱理论、家庭内部决策理论、行为与认知相关理论等。此部分理论分析为本书研究指引能源减贫的实现路径，并为提炼家庭能源消费相关数据背后的规律提供理论指导。

第三章是本书的文献综述部分。本章通过多维度视角总结发达国家和发展中国家的能源贫困相关研究，并进一步综述能源贫困对环境、健康与教育等方面的负面影响及其分别与脆弱群体和社会规范的关系。

第四章主要通过综述的方式梳理现有能源贫困的测量方法及其特点，并归纳现有衡量方法在不同场景运用中的优势和不足，为构建全面的、完整的和可操作的能源贫困衡量体系提供重要参考依据。

第五章首先总结了能源贫困的全球现状，充分探索能源贫困与多个联合国可持续发展目标中的关联。其次开展能源贫困的跨国分析与比较，旨在进一步探索能源贫困解决方案过程中不同经济体之间实现合作共赢的可能。最后，以印度作为典型案例展开了详细讨论。

第六章注重分析中国能源贫困的复杂性与异质性等特征，并进一步描述与总结中国能源贫困的现状、特点、衡量方法与中国扶贫政策及成效。

第七章聚集能源贫困前沿研究领域之一——隐形能源贫困。提出适用于中国国情的隐形能源贫困衡量指标，并以四川省家庭的微观数据为例，初探中国家庭的人情支出对隐形能源贫困的影响。

第八章构建了一个全新理念——能源贫困陷阱。本章将结合“贫困陷阱”的相关理论研究，展开对能源贫困陷阱的概念和机制的探讨，在此基础上初步讨论中国家庭是否存在能源贫困陷阱。本章基于众多能源扶贫实践，对突破“能源贫困陷阱”进行系列多元化、多层次的策略设计。

第九章从社会规范视角展开性别平等对中国家庭绿色能源消费行为的影响研究。本章主要通过实证分析证实适宜的社会规范有益于鼓励家庭绿色能源消费，最终减缓能源贫困问题，即证实了能源缓贫从非经济因素着手也会产生积极效应。

第十章构建了缓解能源贫困的政策框架。本章有助于为政策制定者提供能源缓贫渠道，通过深入了解不同政策和国情下的能源扶贫成效，提供能源扶贫的一系列可行措施。

本书很荣幸获得了李佳珈主持的国家自然科学基金青年基金项目（No. 72104166）与教育部人文社会科学研究青年基金项目（No. 19YJC790059）的资助。本书是团队合作的成果，参与本书编写、研究、校对等工作的成员除了本书著者，还主要包括下列成员：刘钰聪参与撰写本书的第四章和第七章；阳诗玉与杨雨田分别参与撰写第五章和第十章；王馨悦参与本书部分画图工作；郭佳、陈长菊、朱丽汝、彭湘渝、傅晓菊参与全书校对与参考文献整理；苏思怡参与修改本书第五章和第十章；赖思悦、李雨宸、曾了等参与翻译本书第九章。廖流源除了参与本书撰写与校对之外，还在本书出版过程中表现出了卓越的组织与协调能力。在本书长达五年的构思和研究过程中，我们很荣幸得到了张大永教授、姬强研究员、David Broadstock 教授、王学渊教授、逯建教授、张三峰教授、刘自敏教授等专家学者的帮助与指导，特此对他们表示由衷的感谢。另外，本书作者对西南财经大学出版社，特别是何春梅老师做出的大量编辑工作深表感谢。我们期望广大读者指出本书的不足之处。本书作者和研究团队将继续在能源贫困领域开拓科学探索，力求弥补现有书稿和相关研究的不足，将科学结论运用到社会实践和政策制定中，力求为中国甚至全世界在能源缓贫进程中做出微薄贡献。

本书出版之时恰好是我的双胞胎女儿 die Natur 与 die Wissenshaft 出生之际。她们的到来给了我莫大的勇气，激发了我对世界更加深厚的热爱。谨以本书献给我最爱的丈夫和两个女儿。

李佳珈

2022 年 5 月

目录

1 绪论

本章首先追溯能源贫困概念的形成过程，此概念是全书的研究对象，并为本书的实证分析厘清了思路；其次，本章将梳理当前社会、经济等事件的冲击对能源贫困问题可能存在的重大影响，为应对新形势下的能源贫困问题提出一些思考，即分别从“应对气候变化与能源贫困的协同效应”“新冠肺炎疫情对能源贫困的影响”两方面来展开分析；最后，本章提出能源贫困研究的相关科学问题，为本书以及当下能源贫困研究提出前沿方向。

1.1 能源贫困的概念

Lewis（1982）最早将能源贫困（energy poverty）定义为依赖传统生物质能或者固体燃料进行炊事和取暖的行为；Boardman（1991）最早量化了能源贫困，该研究将生活支出超过家庭总收入10%的家庭划分为能源贫困家庭；联合国开发计划署（United Nations Development Programme，简称UNDP）将能源贫困定义为难以获得或无法安全使用的高品质、可支付性强、环境友好的能源（UNDP，2000）；国际能源署（International Energy Agency，简称IEA）则将能源贫困定义为无法获取电力等清洁能源服务或生活依赖传统生物质能（IEA，2002；IEA，2010）。上述研究从能源的不可获得性或不可支付性进行定义，是集中于绝对能源贫困的定义。除此之外，部分学者认为要注重经济社会的快速发展与能源需求的日趋多元化，将绝对能源贫困的内涵扩展到多维能源贫困，更能有效挖掘能源贫困的本质（张梓榆等，2020；Zhang等，2019a；Mendoza等，2019）。

国际上最为广泛接受的相关概念主要是燃料贫困（fuel poverty）和能源贫困（energy poverty）（魏一鸣等，2014），两者在广义上均属于能源贫困范畴（李慷，2014）。燃料贫困概念始于对20世纪70年代早期的英国燃料使用情况的研究，其中 Lewis（1982）是研究燃料贫困的先驱。对燃料贫困的学术研究主要集中在英国、爱尔兰等欧洲国家，其他发展中国家的能源贫困问题研究则需要运用到“能源贫困”这一概念。能源贫困的核心定义是基于现代能源的不易获得性，而燃料贫困的定义核心是基于生活用能的不可支付性（魏一鸣等，2014）。为保证本书与国际性权威组织研究内容的高度契合，本书将以“能源贫困”概念为基础进行论述。

清洁、安全与可持续能源供给是社会进步和居民生活的基本保障，联合国（United Nations，简称 UN）多次开专栏强调可持续发展目标的重要性，致力于消除能源贫困，强调：“确保所有人都能获得负担得起、可靠、可持续的现代能源（SDG 7）”（UN，2021）。当前，能源贫困已成为世界能源体系面临的重大挑战之一（马翠萍等，2020；Che 等，2021），全世界约 21 亿人口存在不同程度的能源贫困（IEA，2017）；截至 2018 年年底，全球约有 7.89 亿人缺乏电力（UN，2021）。到目前为止，能源贫困还没有标准定义，但众多研究致力于改善家庭能源消费结构，提高居民用能福利，以减缓能源贫困为主要目标，协同推进环境效益、气候效益、经济效益实现多赢。

能源贫困在一定程度上意味着特定群体或者个人在获取现代能源服务机会方面的丧失，会引致诸如经济、社会文化及生态等方面的多重贫困剥夺效应（解垩，2021）。中国作为世界上最大的发展中国家，在 2020 年制定了最新“减排”和“减贫”目标，为应对全球气候变化注入了中国力量。在减排方面，中国力争在 2030 年前达到二氧化碳排放峰值，2060 年前实现“碳中和”；在第十四个五年规划中，提出加快推进能源改革和推行绿色生活方式。在减贫方面，脱贫攻坚战已取得全面胜利，改善相对贫困成为反贫困工作的重心，中国开始探索建立解决相对贫困的长效机制。而缓解能源贫困成为中国“减排”和“减贫”双重目标下的关键突破口。除此之外，能源贫困研究的重要性还体现在以下三方面：首先，学术界缺乏对能源贫困的统一定义，如何衡量能源贫困问题尚未达成共识；其次，能源贫困问题存在显著的广泛性和严重性，截止到 2018 年，全球约有 7.89 亿人缺乏电力（UN，2021），每年大约有 380 万人死于因低效燃料燃烧而引起的空气污染所导致的疾病（WHO，2018①）；最后，获取能源不仅是发展的结果，也是发展的工具（解垩，2021）。

---

① WHO，2018. Household air pollution and health. www. who. int/news-room/fact-sheets/detail/household-air-pollution-and-health

1.2 新形势下的能源贫困问题分析

随着全球气候变化愈演愈烈与新冠肺炎疫情蔓延全球，不断衍生出世界、全国范围内有关社会、经济、环境、政策的新趋势与新挑战。新形势下，人类面临的危机不断呈现出全球性、突发性和关联性等鲜明特征（徐冠华等，2021）。气候变化与新冠肺炎疫情均严重影响全球的可持续发展目标：气候变化影响全球食物、水、能源生产和各类消费（陈睿山等，2021）；新冠肺炎疫情直接构成生命威胁，影响经济发展与社会稳定，对人类发展造成不可逆转的危害。因此，我们需要厘清气候变化与能源消费结构之间的复杂关联与反馈机制，也需要稳定的、可持续的能源服务助推疫情联防联控机制的完善，而减缓能源贫困是应对上述危机的重要着力点与关键突破口之一。本节将从以下两个方面展开梳理分析：第一，提出应对气候变化与能源脱贫的协同效应；第二，探究后疫情时代下的能源贫困问题，旨在从能源经济学视角提出应对上述全球性危机对能源贫困的潜在性冲击，并为未来研究提供一些新视角与新思路。

1.2.1 双碳目标下应对气候变化与减缓能源贫困的协同效应

气候变化已成为当今全球面临的重大挑战之一。自人类社会进入工业文明以来，化石能源的发现和利用极大地提高了劳动生产率，推动了人类社会的繁荣和发展，同时也衍生出严重的环境和气候问题（黄震和谢晓敏，2021）。气候变化以全球变暖为特征，全球变暖已是既定事实，并已产生不可逆转的灾难性危害（孙雨蒙，2021；冯爱青等，2021），同时，这种危害不仅表现为气候危机，还表现在资源消耗、环境污染、生物多样性危机等多方面（张永生，2021）。温室气体的排放是气候变化的最主要驱动因子（吴绍洪和赵东升，2020），而二氧化碳（CO_2）和常规污染物的排放大部分来自化石能源的燃烧和利用。全球401亿吨二氧化碳排放量中，有86%源自化石燃料的使用（丁仲礼，2021）；2019年全球化石能源燃烧产生的CO_2排放量为33.3吉吨（Gt），相对20世纪70年代翻了一倍多（IEA，2020）。人类每年向大气中排放的温室气体约为510亿吨CO_2当量，并可以归因于人类活动的以下领域：生产和制造（31%）、电力生产与存储（27%）、种植和养殖（19%）、交通运输（16%）、取暖和制冷（7%）（比尔·盖茨，2021），可见气候变化与能源消费结构存在千丝万缕的联系。

1.2.1.1 应对气候变化与能源脱贫的内在联系

人类社会进入工业文明后，发展模式高度依赖化石能源和物质资源投入，因而产生大量温室气体，同时导致生态环境问题频发，致使全球气候变化加剧和发展不可持续。气候变化与能源贫困具有密切关联，并从能源需求、能源供给以及能源基础设施三个方面对能源贫困产生显著影响：首先，全球气候变暖背景下，供热和制冷所产生的能源需求会增强（Deroubaix 等，2021）；其次，气候变化也会影响能源系统的可靠性，传统能源是集中式的、可存储的、稳定的，而以风能、太阳能为代表的新能源是分散式的、难以存储的、波动的（范英和衣博文，2021），在面临着应对气候变化的大背景下，紧迫性与被动性并存的局面致使现有能源体系的各方面（如能源的传输体系、调度体系）都要发生变革，对能源的稳定供给造成负面影响（Kopytko & Perkins，2011；Pryor & Barthelmie，2010）；最后，气候变化将会引起更多更严重的高温、暴雨、飓风等极端天气，导致现有能源基础设施故障频率的增加（Ward，2013）。

现有研究大多独立探讨如何应对气候变化和能源脱贫，很少研究两者可能存在的协同效应。但有部分学者是通过能源贫困问题，进而关注气候变化（比尔·盖茨，2021；Feeny 等，2021；Nawaz，2021）。众多文献已经科学证实气候变化与能源贫困之间的密切联系，均表明化石能源消耗导致气候变化，比如 Khan 等（2019）研究发现，气候变化与能源贫困的主要关联点在于温室气体（主要是二氧化碳）的排放，能源消耗会加剧二氧化碳的排放。因为陷入能源贫困的人群比富裕人群需要更多的碳排放来满足他们的基本能源需求（Okushima，2021）。由此可见，减缓能源贫困可能加大对化石能源的依赖，从而产生额外 CO_2 排放，将加速全球气候变暖（Chakravarty & Tavoni，2013；Okushima，2021）。

基于上述分析，可见能源脱贫与应对气候变化之间的内在联系：化石能源及其他固体污染能源的消耗对气候变化产生了重要影响，而气候变化会引致能源系统的脆弱性，分别体现在能源供给，能源需求，能源传输、分配和转移，能源基础设施四个方面（宋敏等，2021），这将阻碍更多能源贫困人群满足其基本的能源需求，也会阻碍化石能源向现代清洁能源转型的进程，从而引发能源贫困；能源贫困人群为满足其基本的能源需求，不得不在现有的能源消费结构中加大能源消耗力度，更加依赖廉价的化石能源（如散煤）、免费的传统生物质能源（如柴薪、秸秆），而化石能源和传统生物质能源的过度消耗是全球变暖和环境恶化的最大原因（Lin & Jia，2019），导致气候变化日益严重和紧迫。借此，如何充分发挥应对气候变化与能源脱贫的协同效应在当下具有重要的理论和实践意义。

中国是全球气候变化的敏感区（中国气象局气候变化中心，2021），亟须寻找突破路径，实现降碳与污染物减排、改善生态环境质量与提高居民用能福利协同增效。一方面，作为世界上最大的碳排放国家，中国在2020年联合国大会气候雄心峰会上提出，争取2030年前碳达峰、2060年前碳中和的中长期目标。"双碳"目标的提出，不仅彰显了中国作为世界大国的责任担当，昭示了中国成为应对全球气候危机的领跑者，也是推动中国经济、能源和气候发展的重要引擎，为中国走向绿色可持续发展道路指明了方向。全球约有130个国家计划在21世纪中叶达成碳中和目标，而中国是高度依赖煤炭、石油等化石能源的超大经济体，意味着中国"双碳"目标的实现必须坚持从高碳化石能源向碳中性能源、低碳能源和高效能源的转型路径（刘强等，2021；王永中，2021）。在此愿景引领下，应对气候变化和能源脱贫成为中国实现一系列战略目标的必经之路。另一方面，作为世界最大的发展中国家，中国能源发展问题面临众多难题，尤其是广大农村地区的能源贫困问题亟须解决。从能源消费结构来看，中国仍以化石能源消费为主，2020年其占比超过84%（林伯强，2020）；中国能源消费仍有一半以上的来源是煤炭，远高于全球能源消费结构中的煤炭占比（黄震和谢晓敏，2021）。在这种双重挑战之下，寻求气候变化与能源贫困问题的协同治理是中国政府的不二选择。

1.2.1.2 促进"减排""减贫"协同增效的策略分析

如上文所述，在能源贫困发生率高的地区，能源脱贫与二氧化碳排放之间存在明显的反馈交互关系（Appiah，2018；Zhao等，2021），其中极端贫困地区的人群（如撒哈拉以南的非洲）所承受的气候变化带来的冲击最大。本节主要以中国为例，基于前文有关应对气候变化与能源脱贫协同效应的初步探讨，提出中国在实现"减排"与"减贫"双赢局面中需要采取的综合性方针与策略。

众所周知，中国政府历来高度重视应对气候变化与消除贫困，分别实施了一系列应对气候变化与消除贫困的战略、措施与行动，并取得了一定成效。中国"十二五"时期的应对气候变化政策行动效果明显；"十三五"时期该行动得到了强化，并且在污染防治、脱贫攻坚、经济发展等方面产生了广泛的协同效应（朱松丽等，2020）；"十四五"时期，在污染防治攻坚战（三大攻坚战之一）效果显著的基础上，为保障能源安全、促进能源可持续发展，亟须跨学科、跨领域去深度挖掘应对气候变化与能源脱贫之间的协同效应，方可更好更快地实现“双碳”目标。

上述政策目标取得了良好成效，但也必须清楚认识到中国各地区的经济、社会和环境发展不平衡的痼疾，因地制宜地制定可持续发展策略更加重要。随着碳排放高速增长和污染能源大量使用，地处生态脆弱的西南山区地区、高海拔的青藏地区以及荒漠化严重的黄土高原地区等，在“双碳”目标的实现过程中承载着巨大压力。与此同时，全球能源互联网发展合作组织（Global Energy Interconnection Development and Cooperation Organization，简称 GEIDCO）的最新报告指出，中国 2019 年的能源活动二氧化碳排放量占全部二氧化碳排放的 87%，而中国应对气候危机的窗口期不足 10 年，从碳达峰到碳中和只有发达国家一半的时间（GEIDCO，2021）。2020 年，基于前文对两者关联性的解析，中国旨在探究现代化、清洁化与低碳化的能源转型重要方向（林伯强，2020）。

为此，从应对气候变化和能源脱贫的协同效应视角出发，多措并举地实施可再生能源替代行动，促成现有能源结构的清洁低碳化发展，发掘新的节能减排技术与固碳增汇途径，旨在构建一个清洁低碳、经济高效、安全可靠的现代能源体系和探索一条适用于中国的可持续发展道路，助力推动中国“双碳”目标的实现。根据“双碳”目标的运作机理，实现该目标潜力最大的方向就是能源结构向清洁化与低碳化转型（GEIDCO，2021），因此只有基于能源生产端和消费端发力，促成能源发展、经济发展的“碳脱钩”，才能在更短时间、更广范围以更大力度来实现“双碳”目标。

能源转型的根本性措施就是实现能源生产清洁化和能源消费电气化（GEIDCO，2021）。中国的能源资源禀赋就是“富煤贫油少气”，而煤炭是含碳量最高的化石能源之一（范英和衣博文，2021）；2019 年的煤炭占全国能源消费的 58%，占全国二氧化碳总排放的 80%，可见中国的“一煤独大”严重制约减排进程（GEIDCO，2021）。除此之外，工业、交通运输、建筑、家庭等领域均为二氧化碳排放的重要来源（林卫斌和吴嘉仪，2021）。党的十八大以来，多次重要会议与相关文件均表明中国的能源转型方向；党的十九大将能源转型战略方向凝练为“推进能源生产和消费革命，构建清洁低碳、安全高效的能源体系”（林卫斌和吴嘉仪，2021）；国务院新闻办公室最新发布的《新时代的中国能源发展》白皮书与《中国应对气候变化的政策与行动》白皮书均强调要持续贯彻“四个革命、一个合作”能源安全新战略，即“推动能源消费革命、供给革命、技术革命、体制革命，全方位加强国际合作”。若以现代清洁能源的转型来实现“近净零排放”，则可使气候治理政策与降低能源消耗政策相配套，有效减少碳排放，减缓气候变化进程（郑石明等，2021）。同时，国家十分注重生态环保与乡村发展，以开展“山水林田湖草沙一体化”来增强生态系统固碳增汇能力，以“脱贫攻坚战”与“乡村振兴战略”来实现全面小康，增进人民福祉。

与此同时，除了注重能源结构的清洁低碳转型外，还需要关注众多引领绿色低碳消费的政策工具，如碳标签、碳税、碳金融市场、碳交易市场、能源价格市场化等（林伯强，2020）。上述政策工具各有优劣，如何利用众多政策工具助推“应对气候变化”与“能源减贫”的协同效应发挥最大效力，还需进一步的探索与实践。中国在某些政策领域早有实践经验或暂未开展相关研究，而本书只提供了基本的研究思路，还需要进一步分析如何探索符合中国国情的“减排”与“减贫”的双赢路径。

可见，中国开始进一步注重上述各个目标间的协同增效，并以能源转型作为关键突破口，还辅以更多的政策工具，并把保障和改善民生用能、贫困人口用能作为新时代能源发展的首要目标，将“能源转型发展”与“脱贫攻坚”“乡村振兴”有机结合，取得了历史性成就。例如，2014 年年底正式实施的光伏扶贫工程为贫困群体点亮小康生活，“光伏+”发展模式取得了良好的经济社会效益和生态环境效益，提升贫困地区发展的“造血”能力；2015 年年底完成全部人口都用上电的历史性任务；2016 年的新一轮农网改造升级将农村平均停电时间降至 15 小时左右，实现了“用上电”到“用好电”的历史性转变。未来，中国在“双碳”目标的愿景下，将继续贯彻实施“四个革命、一个合作”能源安全新战略，为实现优化能源结构、减污降碳协同治理等绿色发展道路提供更多的“中国智慧”。

1.2.2 后疫情时代下的能源贫困

2019 年 12 月，新型冠状病毒肺炎疫情（以下简称“新冠肺炎疫情”）来袭，在短时间内迅速蔓延全球，给世界政治经济和社会稳定带来复杂影响。2020 年 3 月，世界卫生组织将其宣布为大流行疾病；2021 年 1 月，全球新冠肺炎疫情累计确诊已超 1 亿例（陈志钢等，2021）。全球新冠肺炎疫情所带来的不确定风险正在加速累积，给处于长期低迷状态的世界经济带来了强大的冲击，甚至面临经济衰退的危机（佟家栋等，2020；杨子晖等，2020）。至今，这仍是一场攸关人类健康、经济发展和社会稳定的卓绝斗争，同时也揭露了一些潜在的能源危机和能源转型机遇，从不同视角与宏观、微观层面对能源贫困可能造成不同的影响。

1.2.2.1 新冠肺炎疫情带来能源危机，加剧能源贫困

在宏观层面，新冠肺炎疫情暴发与国际油价的剧烈震荡所呈现的叠加效应，向世人展示现有国际能源秩序规则的无序化（吕江，2021）；2020 年油价暴跌和传统能源安全观受挫，是一次典型的能源危机。然而，2020 年的油价暴跌并非那么简单，这是供需双向的梗阻结果（吕江，2021），同样也影响到全球能源转型的进程（范英和衣博文，2021）。

首先，油气进出口的供需双向梗阻，没有任何一个国家能够受益。一方面，以沙特为首的欧佩克（OPEC）成员国和以俄罗斯为首的非 OPEC 成员国之间的恶意竞争，为争夺原油出口市场而采取的“价格战”，扰乱了国际能源治理机制；另一方面，2020 年年初的新冠肺炎疫情暴发，包括中国等在内的油气进口国因隔离措施而致使油气进口受阻（吕江，2021）。其次，除油气进出口的双向梗阻外，还会影响全球的能源转型进程。受新冠肺炎疫情的影响，能源系统的未来面临着更加复杂多元、充满不确定性的局面，全球能源投资放缓，特别是清洁能源的产业链承受了巨大压力，相关设备因疫情暂停生产、元器件及技术人员因交通受阻、国际合作延宕或中断等；一些国家面对经济下行的压力，转而继续强化对现有化石能源产业的扶持，降低清洁能源的转型速度（张锐和王健，2021；刘雯赫，2021）。最后，新冠肺炎疫情所带来的能源危机，致使能源安全、环境保护与应对气候变化等各类战略无法实现协同增效（范英和衣博文，2021），导致人类在实现可持续发展目标的道路上偏离了既定的轨道（冯思远等，2021），数以千万计的弱势群体很可能重新陷入极端贫困和饥饿之中（UN，2020）。后疫情时代下，由经济发展、社会发展和资源环境三大系统所构成可持续发展战略均受能源危机的影响（周宏春等，2021），如何通过能源领域的发展来阐明 17 个可持续发展目标（SDGs）之间的复杂互动关系及其相辅相成或相互冲突的性质，已成为当前的研究热点（王红帅和李善同，2021）。

在微观层面，新冠肺炎疫情致使能源服务短缺、就业压力增大、经济大衰退等，引发了多重危机的叠加冲击；在能源领域方面的影响，最主要的就是加剧了能源贫困（Mastropietro 等，2020），抹杀了多年来全球在提升能源可及性和可负担性方面所做出的努力。新冠肺炎疫情加剧全球的能源贫困，主要表现为以下三方面：首先，新冠肺炎疫情导致国际能源供需的双向梗阻，进而致使家庭能源服务短缺，许多人无法获得基本的能源服务（Brosemer 等，2020）；其次，为防止新冠肺炎疫情的进一步蔓延，多数国家实行强制封锁与隔离，实行居家工作与学习，同时伴随着失业率上升和工资性收入减少，但生活用能支

出增加；最后，弱势群体可能再次陷入极端贫困，并遭受新冠肺炎病毒与污染固体能源对人体身心健康的双重冲击。

新冠肺炎病毒比非典型肺炎（SARS）、猪流感（H1N1）、埃博拉（Ebola）等病毒的传染性更强，更容易通过人与人之间的接触传播（Bksa 等，2020）。因此，各国政府为防止新冠肺炎疫情的进一步蔓延，暂停商场、工厂、学校、公园的一切活动，实行强制封锁与隔离。各国各地区的强制封锁，导致交通基本瘫痪、港口封闭，国际原有的能源进出口活动中断，国内原有的能源生产与运输活动也因此暂停或中断。例如疫情暴发初期，各国的石油需求平均下降18%~25%（IEA，2020）；美国在封锁期间，许多州长发布紧急命令，暂停天然气、水和电力服务（Brosemer 等，2020）；印度的城市居民则在国内第一次封锁时，争抢瓶装液化石油气（Ravindra 等，2021）；非洲大陆多个国家的可再生能源技术供应链因疫情暴发而中断，清洁能源普及进度遭受阻碍，弱势群体为了维持生存，更加依赖固体污染能源（Gebreslassie，2020）。

新冠肺炎疫情暴发初期，为防控疫情的蔓延而采取居家学习与工作的措施，已成为常态。疫情带来的强制封锁与隔离，让居家远程办公、在线学习、休闲娱乐、网上购物等家庭活动的时长延长，致使家用电器的耗电增加（Chen 等，2020）。例如，遭受疫情冲击后，Mustapa 等（2021）对马来西亚1 482个家庭进行家庭电器调查，发现节能电器的购买率和使用率非常低，在疫情期间的用电量急剧上升；Abdeen 等（2021）对加拿大渥太华 500 个家庭进行家庭用电量实测，发现相比疫情暴发前，2020 年平均家庭日均用电量增加了约 12%，还发现工作日和周末的日均用电量并无太大差异；Cheshmehzangi（2020）对中国宁波 532 户家庭进行调查，发现疫情暴发后，家庭在烹饪方面的能源消费增加了约 40%，制冷或供暖方面的用电量增加了约 60%。除此之外，部分发达国家也会存在疫情暴发后的家庭能源消费量剧增的情况，比如澳大利亚的墨尔本地区在封锁一周后，350 万户家庭用电量增加了约 14%（Abdeen 等，2021）；美国的家庭用电量增加了 8%（IEA，2021）；爱尔兰的家庭用电量至少增加了 11%（Abdeen 等，2021）；英国 72%的家庭增加能源消费支出，平均每月要额外支出 32 英镑，而家庭收入却下降了 28%（Ambrose 等，2021）。由此可见，疫情带来了失业率上升、家庭收入减少、生活方式改变等对家庭能源消费情况产生了较大影响，甚至会让部分家庭再度陷入能源贫困的危机。

在能源贫困发生率最高的撒哈拉以南的非洲、南亚和东南亚地区，遭受疫情的冲击后，该区域的欠发达国家可能有 2 500 多万人失去了负担一系列基本电力服务的能力（IEA，2020；Lakner 等，2020）。若无法获得基本的能源服务，那么家庭制冷或制热用电、照明用电、医疗服务用电、炊事用能等方面均受到严重阻碍，本就遭受了几个世纪的殖民主义剥削，新冠肺炎疫情的影响下更加缺乏能源主权（Brosemer 等，2020）。例如撒哈拉以南的非洲地区，在疫情暴发前，部分地区能源服务供应早已出现急缺，仅有43%的地区覆盖了清洁能源和电力服务，其中仅有 28%的卫生设施能够获得可靠的电力支持（Gebreslassie，2020）；疫情暴发后，能源服务的不平等暴露并且加剧（Brosemer 等，2020；Gebreslassie，2020），揭露了危机叠加冲击的恐怖性质。2020 年疫情暴发初期，可能有多达 1 亿人（主要集中在撒哈拉以南的非洲地区）陷入了极端贫困，另有 2 亿人面临陷入贫困的风险（Lakner 等，2020），这些贫困群体被迫在能源需求和其他需求之间进行权衡，更加依赖低效高污染的传统能源来维持生活，而家庭中的女性和儿童将直面污染固体能源的低效燃烧带来的身心健康威胁（IEA，2020）。

室内空气污染和新冠肺炎感染率之间的确切关系尚不明确，但暴露于室内空气污染很有可能是增加新冠肺炎易感染性和患病严重程度的一个潜在危险因素（Ravindra，2021）。新冠肺炎疫情暴发后，美国的黑人面临着更为严峻的能源贫困，Memmott 等（2021）研究表明 20%的白人家庭和 30%的黑人家庭无法承担 2020 年的能源费用，同时黑人家庭收到断电服务等通知是白人家庭的 1.9 倍；而且有相关研究表明，美国室内空气污染越严重的地区，COVID-19 的感染率越高，并且纽约市黑人因感染 COVID-19 的死亡率是白人的 2 倍（Brosemer 等，2020；Singh & Koran，2020）。由此可见，遭受新冠肺炎疫情与能源贫困的双重冲击后，再次证明美国种族矛盾的全面性和严重性，也暴露出美国长期存在的人权顽疾。社会弱势群体、被剥夺权利群体和受压迫群体在能源主权方面的不公平待遇，英国相对贫穷的群体（Ambrose 等，2021）、印度的女性及少数种族群体（Ravindra 等，2021）也存在类似的情形。

1.2.2.2 新冠肺炎疫情可能成为治理能源贫困的关键转折点

回顾人类和能源发展历史，重大历史事件可能成为能源转型甚至重塑的关键转折点（涂建军和杨舟，2020）。例如 20 世纪 70 年代的两次石油危机（分别为 1973 年和 1979 年）、1986 年的切尔诺贝利核事故、2011 年的福岛核事故，触发了对能源生产模式和消费模式的重新思考（Kanda & Kivimaa，2020）。就总体而言，新冠肺炎疫情给人类带来的是灾难，世界各地的经济社会发展遭受到了不同程度的重创，但基于万事万物“相对共存、相互转化”的哲学理念，若疫情对各行各业造成的威胁能够处理得当，那么存在转“危”

为“机”的可能性。

新冠肺炎疫情致使世界各国大都采取封锁、隔离等措施，经济和社会活动水平大幅降低，但带来了一定程度的碳排放和环境红利（涂建军和杨舟，2020）。新冠肺炎疫情期间，交通运输活动、工业生产活动、商业活动等大幅降低，能源消耗也相应降低，也会导致污染物的排放相对减少，进而环境质量得到改善（Dutheil 等，2020；Muhammad 等，2020）。其中，交通运输活动和工业生产活动是二氧化氮的主要排放源（He 等，2020a；He 等，2020b），在防控疫情蔓延期间，各类交通活动和生产活动都大量减少，如中国、西班牙、法国、意大利、美国等的二氧化氮排放量在此期间减少了 20%~30%（Muhammad 等，2020），同时其他污染物（氟化物、氮氧化物等）的排放也相应减少。

但这是危害全球的致命性灾难，而中国是在新冠肺炎疫情有效控制的前提下才获得的短暂碳排放和环境红利，只能暂时性缓解焦虑；而其他国家还难以遏制新冠肺炎疫情的进一步蔓延，获得的短暂红利弥补不了巨额的损失，反而证明了人类发展的倒退。新冠肺炎疫情的防控已处于常态化，而可持续发展是一个覆盖全方位、多领域、多层次的系统性工程，总的来说，新冠肺炎疫情的冲击进一步拖延了 2030 年可持续发展目标的整体实现（冯思远等，2021）。

基于上述的乐观视角，可见新冠肺炎疫情可能是各国能源转型的“催化剂”（张锐和王健，2021），促使全球化石能源的需求已达峰或很快达峰，进而转向“清洁、低碳、安全、高效”的能源发展体系（廖华和向福洲，2021）。上述观点基于部分事实或趋势，其可信度在疫情的破坏性影响下显得非常单薄，但提供了一个多种可能性的未知前景。在新冠肺炎疫情尚未平息的当下，短期内的经济波动和致命冲突无处不在，防控疫情的各类措施已常态化。但经过新冠肺炎疫情的冲击后，人类的健康防范意识和可持续发展意识有所增强，在能源领域的认知与发展格局正在发生巨大变化，普遍认识到“廉价、可靠、可持续”的现代清洁能源对生产生活和基本福祉至关重要。若各国以能源转型作为刺激经济复苏计划的着力点，很有可能为清洁能源产业迎来一波蓬勃发展的机遇。在微观层面，现代清洁能源的普及能够最大程度消除能源贫困，维护人类发展的基本福祉；在宏观层面，现代清洁能源的蓬勃发展将提高各国实现“碳中和”目标的信心，有利于加固各类可持续发展目标的实现路径。

综上所述，新冠肺炎疫情的冲击是“弊大于利”的，已经造成许多不可逆的危害。基于不同视角，后疫情时代下的能源贫困将呈现“两极化”的趋势：一方面，新冠肺炎疫情的冲击致使逆全球化加速，抹杀了多年来在能源领域获得的可及性与可负担性成果，并对能源转型造成威胁，加剧了能源贫困；另一方面，新冠肺炎疫情也为能源领域打开了一个机会窗口，很有可能成为各国能源转型的关键历史性节点，进一步消除能源贫困。如何转“危”为“机”，还需要世界各国夯实共识、加强协作，促进能源转型真正成为一场全球的集体行动。中国的新冠肺炎疫情防控已经取得阶段性胜利，需要乘势而上，为进一步彻底消除能源贫困部署更多的现实路径。

1.3 能源贫困的前沿研究问题

至此，本书深入挖掘了能源贫困概念的提出与形成过程，详细展示了世界和中国范围内能源贫困的呈现特征、动态变化、地区差异与政策成效等方面情况，并浅谈了新形势下的能源贫困问题及其应对策略。本部分将基于以上分析，围绕能源贫困问题提出有待解决的相关科学问题，其中部分问题将在本书后面章节通过文献梳理、理论支撑、实证检验以及政策建议等形式展开进一步探析。相关能源贫困的研究问题如下：

问题一：微观家庭能源贫困的衡量方法和相关指标如何依据当地社会规范、气候和家庭异质性特征以及前沿的数据获取与建模技术进行改进？如何精准衡量中国家庭的能源贫困？

问题二：能源贫困如何开展跨国家和区域的微观层面比较？据此，如何展开进一步可行的跨国能源缓贫合作？

问题三：气候变化与新冠肺炎疫情暴发对能源贫困及其所引发的社会、经济以及其中潜藏的不平等问题会产生哪些短期与长期的影响？中国在当下社会、经济形势中该如何制定针对能源贫困的有效策略？

问题四：能源贫困对脆弱群体例如女性福利的负面影响是否相比其他群体更大？除了经济扶贫，是否能运用性别平等的社会规范预防性地阻断能源贫困对女性福利的负面影响？

问题五：是否在一些地区和一定条件下存在能源贫困陷阱以及能源贫困的代际转移问题？运用理论建模和数据分析，该如何突破以上能源贫困困境？

问题六：能源贫困与多个联合国可持续发展目标相关联，囊括资源、社会和福利三大板块，这些目标之间的复杂互动关系是什么？如何通过缓解能源贫困推动多个目标在长期的全面实现？

1.4 本章小结

本章首先介绍了能源贫困的概念，并进一步对“能源贫困”与“燃料贫困”进行辨析，为本书的撰写奠定概念基础；其次，本章关注了最新研究和热点问题，将能源贫困与双碳目标、气候变化、新冠肺炎疫情等进行关联，立足能源贫困问题的新阶段，在新形势下为解决能源贫困问题提供全新视角；最后，本章梳理了能源贫困的前沿研究问题，着眼于学术发展前沿和社会发展重大需求，以期为解决社会实际问题做出一定贡献。

2 相关理论基础及分析

本章结合能源经济学、新家庭经济学和行为经济学的相关理论基础探讨本书相关研究背后的理论机制。本章首先从能源经济学理论出发，相关理论主要包括能源阶梯理论和能源堆栈理论，这部分理论是研究家庭能源选择和迭代的重要基础。随着社会、经济发展，居民将逐步摒弃劣等能源，从混合使用不同品质能源过渡到以清洁能源消费为主。其次，本章以贫困陷阱理论为基础，创新性地提出能源贫困陷阱理论，用以进一步研究深度贫困地区和家庭所面临的能源贫困困境。该理论为本书的研究指引了能源减贫的实现路径。随后，新家庭经济学相关理论旨在科学解释家庭内部诸多决策的博弈过程和结果，该理论为本书衡量性别平等程度提供了重要理论依据。最后，行为经济学相关理论旨在深入探讨家庭及其能源消费的态度和行为，并剖析了上述两者的关系和传导机制，为提炼家庭能源消费相关数据背后的规律提供理论指导。

2.1 能源经济学相关理论

本书在此小节涉及能源阶梯理论与能源堆栈理论。能源阶梯理论（energy ladder theory）将家庭的经济收入与能源选择相联系，是研究家庭能源消费行为的重要理论之一。能源阶梯理论的核心观点是在家庭能源消费的各项影响因素中，收入是影响家庭生活用能选择的最直接、最重要的因素。该理论有助于厘清各类社会经济因素对居民用能选择的作用机理，并指出解决“居民收入”问题是消除能源贫困的关键。此后，能源堆栈理论（energy stacking theory）作为能源阶梯理论的补充，更为清晰地描述了家庭能源消费的更迭过程。该理论打破了能源阶梯理论中“家庭能源遵循单向线性过渡选择方式”的局限，提出了家庭多种能源并存与逐步替代的现实情景，有助于深入剖析家庭能源转型的复杂轨迹。

能源阶梯理论（Hosier & Dowd，1987）提出，当社会经济发展以及家庭获得更高的社会经济地位时，家庭的能源消费将由低级能源阶梯（薪柴、农作物废弃物、动物粪便等传统生物质能）向高级能源阶梯（天然气、液化石油气、电力等现代清洁能源）攀升［见图 2-1（a）］。随着家庭收入的不断增加，家庭能源消费所处的阶梯层次不断攀升，所使用的家庭能源也会更清洁、便捷和高效。

家庭能源的选择和过渡模式一直是研究热点，该理论的主要贡献之一是高度凝练了能源消费从原始燃料（薪柴、农作物废弃物、动物粪便）到过渡燃料（木炭、煤炭、煤油）再到高级燃料（天然气、液化石油气、电力）的家庭燃料单向线性过渡选择方式（Hosier & Dowd，1987；Leach，1992；Smith等，1994）。早期学者 Hosier & Dowd（1987）用 logit 模型对能源阶梯假说进行了实证检验，结果表明津巴布韦家庭会随着经济状况的改善从木材转向煤油和电力，证明了家庭能源阶梯的存在。Ahmad & Puppim（2015）用离散选择模型证实了印度城市的燃料使用模式与能源阶梯理论的一致性。Ru 等（2015）研究发现，北京农民工定居到城市后，通过使用煤、电和液化石油气代替生物质燃料，实现了“能源阶梯”的快速攀升。Wang 等（2019）基于地理回归加权模型（geographically weighted regression model），从能源阶梯视角对中国居民能源消费对预期寿命影响进行实证分析，研究结果表明，在能源阶梯模型中优先考虑改善家庭煤炭质量有利于延长居民预期寿命。Iwona & Priti（2018）通过调查太阳能家用系统使用者的能源消费行为，研究发现太阳能家用系统有助于贫困家庭摆脱最底层的能源阶梯，获得更高的社会经济福祉。电力和太阳能均是重要的现代化清洁能源，电力等现代化清洁能源具有技术含量更高、污染更小等优点，处于能源阶梯的顶端（Leach，1992；Rahut 等，2017），但由于现代清洁能源价格的大幅上涨造成许多家庭被迫继续使用薪柴作为主要能源类型（Muazu 等，2020）。

随着时代的发展，后续研究发现影响家庭燃料选择和过渡的因素众多，除了收入，还有其他因素影响燃料选择，如燃料特性、人口模式、城市化水平、城乡差异、电力供应和教育程度等（Heltberg，2004；Heltberg，2005；Masera 等，2000；Broadstock 等，2016；Ahmad & Puppim，2015）。“随着家庭社会经济地位的提升，家庭的能源选择从低级能源阶梯稳步向高级能源阶梯攀升”的单一过程和现实世界的复杂现象不尽一致，Masera 等（2000）最早对能源阶梯模型进行改进，并提出了描述家庭燃料选择和过渡方式更准确的理论——能源堆栈理论。

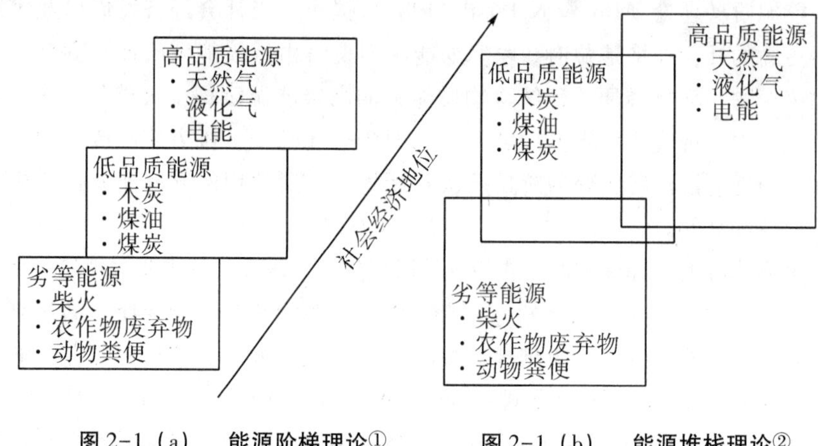

图 2-1（a） 能源阶梯理论①　　**图 2-1（b） 能源堆栈理论**②

多种能源混合使用或者多种能源组合使用的概念被称为能源堆栈（Masera 等，2000；魏楚和韩晓，2018；Yadav 等，2021）。现有研究表明，家庭遵循一定能源转型轨迹，即多种能源并存且逐步替代的过程，其中家庭的社会、经济地位是影响家庭能源转换和升级的主要因素；而其他因素会使家庭能源转换的过程更加复杂，从而导致家庭能源在转换过程中短期能源升级不显著，长期能源稳健升级的现象，且高级能源并不能完全替代低级能源的情形［见图 2-1（b）］。在家庭能源的转换和升级过程中，能源消费结构的转变是清洁能源逐步取代污染能源、高效能源逐步取代低效能源、便利性更高的能源逐步取代便利性低的能源（魏楚和韩晓，2018）。低收入家庭仍以传统固体燃料为主，高收入家庭拥有高端设备和使用现代化清洁能源，但不一定能完全摆脱劣等能源（见图 2-2）。可见，能源堆栈情景更加符合现实家庭的能源消费结构，这也是家庭能源多样性的表现。能源迭代过程中会更加关注高、中、低收入家庭是否能够享受到便捷且经济的现代清洁能源。

能源堆栈理论在现有研究中均有所证实。Peng 等（2010）利用中国湖北省家庭的横断面调查数据，证实了能源堆栈模型比能源阶梯模型更准确地描述了家庭能源转换和升级过程。家庭会使用多种烹饪和照明燃料，证明了 Masera 提出的能源堆栈理论在现实中的存在性（Cheng & Urpelainen，2014）。煤、液

① KROON B V D，BROUWER R，BEUKERING P J H V，2013. The energy ladder：Theoretical myth or empirical truth? Results from a meta-analysis［J］. Renewable and sustainable energy reviews，20（4）：504-513.

② 魏楚，王丹，吴宛忆，等，2017. 中国农村居民煤炭消费及影响因素研究［J］. 中国人口·资源与环境，27（09）：178-185.

化石油气、柴油和汽油在中国均被认定是过渡燃料，而电力和天然气是处于顶端的清洁能源（Zhang 等，2016a）。在发展中国家，频繁使用过渡燃料或者混合使用多种燃料的情形更加常见，如博茨瓦纳、中国、越南、印度家庭都出现了能源堆栈情形（Horst & Hovorka，2008；Zhang 等，2016b；Nguyen 等，2019；Yadav 等，2021）。近几年，家庭能源堆栈现象成为热点研究话题，Çelik & Oktay（2019）使用有序和无序的离散选择模型分析了土耳其家庭燃料堆栈使用，发现当家庭的社会经济地位显著提高时，家庭会从传统燃料缓慢过渡到现代燃料。Gould & Urpelainen（2020）通过对厄瓜多尔农村和城郊家庭进行实时调研检验家庭燃料堆栈理论，研究发现政府通过补贴液化石油气（LPG）会加速家庭由污染能源向清洁烹饪燃料的过渡。但在上述燃料的过渡过程中，家庭会出现传统燃料与现代燃料混合使用的情况；若要加速此迭代过程，则需要政府进行强有力的政策引导，比如通过完善天然气基础设施建设、防止潜在的电力短缺、大力增加对液化石油气（LPG）的补贴等，否则家庭将持续依赖劣等能源和低品质能源。

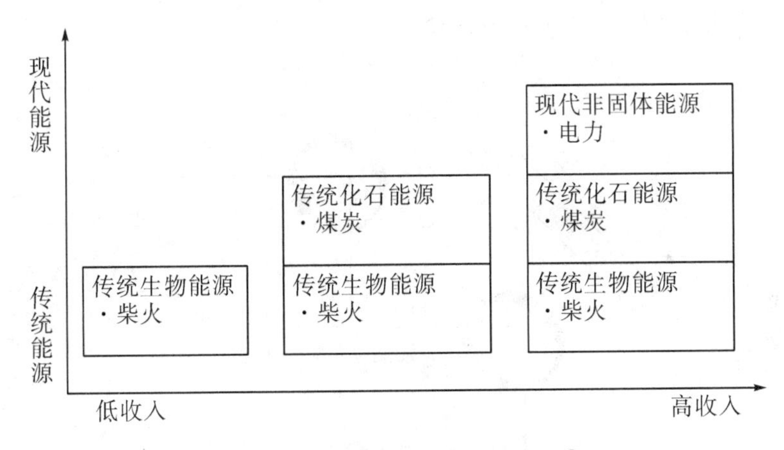

图 2-2　能源堆栈理论的详细图示①

由此可见，能源堆栈理论是在能源阶梯理论的基础上发展而来的，也并非是对能源阶梯理论的全盘否定。吴施美和郑新业（2022）认为能源阶梯过程与能源堆栈过程是共生的。以上两个理论充分展示了能源经济学领域理论研究的承接与递进过程。首先，能源阶梯理论明确指出了家庭社会经济地位与能源

① IWONA B, PRITI P, 2018. To climb or not to climb? Investigating energy use behaviour among Solar Home System adopters through energy ladder and social practice lens [J]. Energy research & Social science, 44: 293-303.

消费选择之间的关系；能源堆栈理论同样也是建立在家庭社会经济地位提升的前提下，进一步提出家庭能源结构的升级并不是一个单一能源类型迭代过程，更常见的是多种家庭能源并存且逐步替代的过程（魏楚和韩晓，2018），即使是富裕家庭也不会放弃使用传统的生物质能（Masera 等，2000）。其次，通过学习以上两个理论，有助于相关学者继续对家庭能源转换形式进行整理分析，如根据家庭能源的形态和三性（清洁性、便利性、高效性）划分出三类能源（见图 2-3）：传统固体能源、混合能源、现代非固体能源（Ahmad & Puppim, 2015）。阶梯的底端是劣等燃料，阶梯的顶端是高品质燃料，而中间混合使用燃料的情况是大多数家庭在特定时期能源使用的真实写照，既离不开劣等能源，又部分使用高品质能源。联系联合国制定的多个可持续发展目标，从微观层面，家庭呈现出“更强、更快、更亮”的能源需求；从宏观层面来说，全球既要维护“强大且可持续”的能源供应，又亟须“清洁且美丽”的人居环境。本书的后续章节将以能源阶梯理论和能源堆栈理论为基础，对微观家庭能源贫困进行多维度、多指标分析，为数据模型和案例分析提供理论依据，最终旨在寻求能源减贫和升级的实现路径。

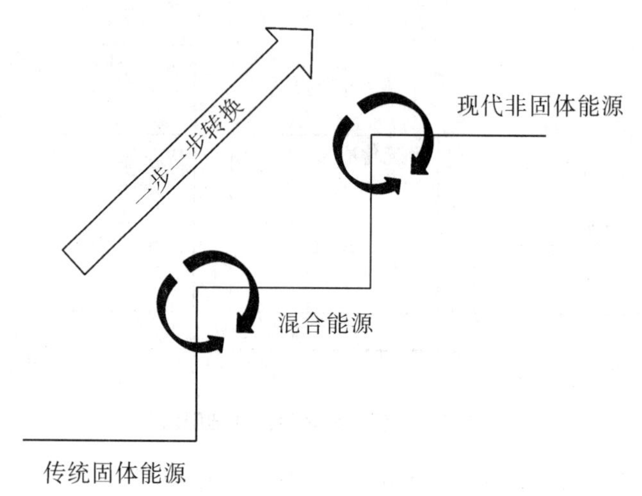

图 2-3　家庭能源转换形态图①

① AHMAD S, PUPPIM DE OLIVEIRA JA, 2015. Fuel switching in slum and non-slum households in urban India [J]. Journal of cleaner production, 94: 130-136.

2.2 贫困陷阱理论

能源贫困广泛存在于发展中国家，致贫原因极其复杂，并且在缺乏充足的能源服务与贫困之间往往存在恶性循环关系（解垩，2021）。本书利用贫困陷阱理论来进一步挖掘深度能源贫困群体的“贫穷的本质”，进而引出能源贫困陷阱的研究。除本章之外，本书的其他章节也将会锁定深度能源贫困群体，深入了解深陷能源贫困的家庭或地区的致贫原因、贫困程度，继续探讨能源贫困陷阱的形成机制，并采取多元化、多阶段的突破策略来阻断能源贫困陷阱的形成和固化。

贫困陷阱是指处于贫困状态的个人、家庭、群体、区域等主体或单元由于贫困而不断再生产贫困，长期处于贫困的恶性循环中不能自拔（王亮亮和杨意蕾，2015）。对贫困陷阱的研究最早可追溯到马尔萨斯在其著作《人口论》中对人口陷阱的描述（Malthus，1803），是贫困陷阱理论的直接源头；最具代表性的贫困陷阱理论是 Nurkse（1953）的贫困恶性循环理论、Nelson（1956）的低水平均衡陷阱理论和 Myrdal（1957）的循环积累因果关系理论。班纳吉和迪弗洛（2013）在《贫穷的本质》一书中的“S 形曲线”是贫困陷阱的形象示意图（见图 2-4），该书认为穷人陷入贫困陷阱的根本原因在于没有有效利用资源和留存收益，大量本该被用作未来发展的资本开支被浪费，最终导致他们长期陷入贫困之中。其中，P 点为临界点，P 点左侧即为落入贫困陷阱，P 点右侧即为逃离贫困陷阱；接近 N 点将会陷入赤贫。在 P 点左侧，将来的收入会低于今天的收入（曲线低于对角线），意味着这部分群体会越来越穷；在 P 点右侧，将来的收入会高于今天的收入（曲线高于对角线），意味着这部分群体会越来越富有（班纳吉和迪弗洛，2013）。

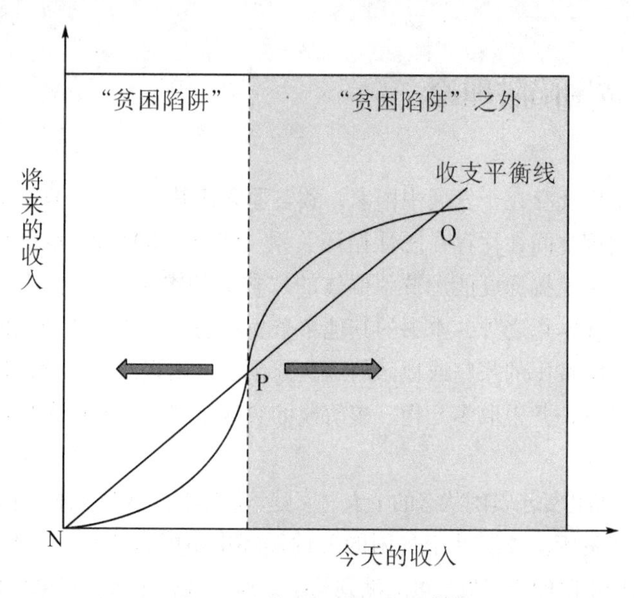

图 2-4　贫困陷阱示意图①②

中国政府从 2013 年开始实施精准扶贫战略，到 2020 年打赢了脱贫攻坚战，完成了消除绝对贫困的艰巨任务。同时，中国政府在统筹应对疫情防控和社会经济发展等巨大的内外部压力下，及时引领推动脱贫攻坚与乡村振兴的有效衔接，探索建立解决相对贫困的长效机制。在后脱贫时代，虽然"城乡融合发展""精准扶贫""乡村振兴"等战略实施成效良好，但城乡收入差距依然较大，城市居民和农村农民生活差距依然较大（王琳等，2021）。与此同时，地处非洲的南苏丹、马拉维等贫困国家，依然深受饥饿、疾病、战争等困扰，贫困痼疾交织重叠，减贫之路异常坎坷。可见，由贫穷所直接导致或者衍生的一系列社会问题是当今世界最具挑战的问题（燕继荣，2020）。而深处贫困陷阱的区域或群体，各种贫困因素交织与重叠，在很长一段时间内都不能通过自身的努力改变"困厄"的状态，因此，更需要重视这类深度贫困区域或群体的复杂性与严重性。贫困是世界性难题，而处于贫困陷阱的区域或群体是最棘手与最刺眼的客观存在，连起始物质资本与人力资本的最低需求量都未得到满足，正是其陷入贫困陷阱的首要原因。

---

① 阿比吉特·班纳吉，埃斯特·迪弗洛，2013. 贫穷的本质：为什么我们摆脱不了贫困［M］. 景芳，译. 北京：中信出版集团.

② 王君涵，李文，冷淦潇，等，2020. 易地扶贫搬迁对贫困户生计资本和生计策略的影响——基于 8 省 16 县的 3 期微观数据分析［J］. 中国人口·资源与环境，30（10）：143-153.

为何同样采用经济改革的国家，减贫业绩会有不同？为何同一国家不同的群体在同一政策环境下会有贫富差距（李小云和苑军军，2020）？中国在改革开放后加快推进了减贫进程，为何 2020 年以前仍存在着数量巨大的农村绝对贫困人口？为何中国在完成了消除绝对贫困的艰巨任务后仍要加强对易返贫致贫人口的监测？这些深度贫困区域或群体的“穷根”难以彻底清除，看起来一目了然的事情，但彻底铲除又并非那么简单。针对这些疑问，经济学家形成了一些解释贫困顽固存在的新理论观点，贫困陷阱理论是其中之一（李小云和苑军军，2020）。

目前，众多学者对贫困陷阱理论的类型研究，已扩展到了贫困心理陷阱（洪名勇等，2018）、环境贫困陷阱（祁毓和卢洪友，2015）、健康贫困陷阱（贾海彦，2020；范红丽等，2021）、贫困-疾病陷阱（徐小言，2018）、空间贫困陷阱（张丽君等，2015；程名望等，2020；孙健武等，2021）等，这类研究也将贫困陷阱理论以发展中国家为研究主体扩展到了贫困的个人、家庭、群体等微观主体。能源贫困陷阱的存在阻碍了部分贫困群体对美好生活的追求，将会引发诸如经济发展、生态环境、社会文化等方面的多重贫困剥夺效应（解垩，2021）。本书围绕着贫困陷阱理论，以能源贫困陷阱为主题，基于能源贫困“恶性循环”的具体形式（IDS，2001；丁士军和陈传波，2002），在分析深度上由宏观层面推进到微观层面，由抽象的理论阐释推进到精细的案例研究与实证分析。在客观层面，探寻地区性能源贫困陷阱的存在是由物质资本与人力资本的缺乏引起的，抑或是政策制度的失灵；在主观层面上，剖析陷入能源贫困陷阱的家庭或群体在心理方面的缺陷，分析其是否由宗族、陋习等造成的观念落后而滋生了“消极避世”或相信“宿命论”的行为。由此，梳理并总结能源贫困陷阱的形成机制与突破策略。

本书从成熟的贫困陷阱理论研究衍生出一个新颖的研究视角——能源贫困陷阱，有助于对能源贫困问题追根究底，从能源需求与供给等角度分析微观家庭出现能源贫困的独特性与异质性特征，得出的政策建议也有助于通过完善能源基础设施、推广清洁能源等措施而真正拔掉“穷根”。

2.3 家庭内部决策理论

新家庭经济学理论中最经典的理论是家庭内部决策理论（Becker，1976），该理论旨在科学解释家庭内部诸多决策的博弈过程和结果，如夫妻双方在家务劳动分配中的决定因素。该理论涉及家庭内部博弈与决策的过程，剖析决策的结果，有助于本书研究特定家庭能源消费行为产生的原因，为家庭性别平等程度、清洁能源消费偏好、家庭成员亲环保行为等研究提供理论支撑。

家庭成员之间的劳动分工最初一部分由男女性别与生俱来的差别来决定，另一部分由经验的不同和在人力资本投资上的差别来决定（Becker，1981）。丁从明等（2020）指出中国女性的整体地位偏低，而男性因为拥有操作农业生产工具及更好体力的相对优势而社会地位较高。除了在家庭分工层面，性别差异在教育与职业的选择上也存在传统的社会偏见，在文理分科上存在“女生天生不如男”的刻板印象，潜意识中认为人文社科领域是女生的最优选择（Kurtz-Costes 等，2008）；女性在职业发展中也更容易受挫，存在职场玻璃天花板效应（glass ceiling effect）（李仲武和王群勇，2020）。

在现实社会中，女性在家庭内部的决策权还有待提高，如女性在家庭能源类型选择以及能源设备的购买决策权方面，尽管女性更加偏好清洁及便捷的炊事燃料和设备，然而她们相对男性通常有较低的选择和购买优质能源及高效设备的决策权（Miller & Mobarak，2011）。众所周知，她们作为家务劳动的主要承担者与贡献者，同时还要承担比男性更多地在收集燃料过程中与空气污染接触的健康损害风险（Ding 等，2019；Aryal 等，2019）。若处于能源贫困家庭的女性生活在资源禀赋极差的地区，她们将花费更多的时间进行燃料收集和家庭炊事劳动，从而挤占她们休闲、教育培训以及其他有收入性生产活动的时间，这些负担除了致使女性存在健康风险，还会因较低收入和人力资本投资进一步抑制女性家庭决策权的提高（廖华等，2015；范红丽和辛宝英，2019）。

以上有关女性家庭议价力相对男性较低的观点在相关文献中得以进一步证实。齐良书（2005）指出男性的家庭议价能力普遍高于女性，而家庭议价能力高的个体，家务劳动时间更低。在传统文化中，中国女性在农业种植中的较低参与率与在家庭劳务中的更高投入率，形成了“男主外、女主内”的家庭分工模式，致使女性普遍拥有较低的家庭决策地位与家庭议价能力，同时又因为水稻（精耕细作）与小麦（粗放生产）种植方式对劳动力类型的不同偏好而呈现出北方女性比南方女性社会地位更低的情形（丁从明等，2020）；女性在劳动力市场中也容易被边缘化，在农业生产部门和非农业生产部门的经济价值均得不到有效发挥，劳动参与率较低导致家务劳动量更大，同时女性的自我认同度也较低，以上原因均大大削弱了女性家庭内部议价能力（Duflo，2012；丁从明等，2020；李仲武和王群勇，2020）。相比之下，男性拥有更高的外部劳动力市场参与率，承担更少的家庭事务，拥有更高的家庭决策权力（丁从明等，2020）。

一系列研究用调研数据证明了家庭内部议价力的性别差异。魏一鸣等（2014）应用中国健康与营养调查项目 2000—2011 年追踪调查的 3 255 户农村家庭数据来分析农村固体燃料的利用情况，发现家庭中的成年女性承担炊事家务的比例高达 80%，而成年男性承担该项家务的比例不到 20%。丁士军和陈传波（2002）在研究中国能源贫困地区冬季能源使用情况时发现女性平均每周花费在柴草收集和家务炊事上的时间高达 26 小时，而男性在该指标上仅花费 9 小时。Sovacool（2012）指出在发展中国家，女孩在燃料收集上花费的时间是成年男性的 7 倍，是其同龄男孩的 3.5 倍；除此之外，女孩通常还需承担收集饮水、打扫卫生、照顾小孩、喂养牲口等家务劳动（Nankhuni & Findeis，2004）。女性在家庭内部承担着能源收集与能源使用的工作，而且现有文献已证明女性比男性具有更显著的亲环保行为（Liobikiene 等，2017；Casalo & Escario，2018）。据此推测，若通过各种方式实现女性更高的家庭议价能力，她们将拥有更多的家庭内部决策权，从而更多地购买清洁能源和设备，在炊事和木柴收集过程中节约的时间可以合理安排在收入性生产活动、培训教育、休闲娱乐等方面。从微观层面，女性家庭议价能力的提升有利于家庭经济收入的增长、缓减能源贫困和营造温馨的家庭氛围；从宏观层面，女性家庭议价能力的提升有利于改善全社会家庭的能源消费结构、减少家庭的碳排放和促进全社会的可持续发展。

家庭内部决策理论为本书研究家庭内部的性别平等程度、清洁能源偏好、家庭亲环保行为等提供了理论依据，现已有研究关注家庭议价能力在行为决策中的作用（丁从明等，2020）。本书通过女性的家庭议价能力高低来判断女性的家庭内部决策权重，用于分析家庭绿色消费行为、女性福利等重要问题，并结合发展中国家的实际情况，提出构建低碳、平等的社会保障体系等一系列政策建议。

2.4 行为、认知与态度相关理论

研究家庭能源消费，离不开对能源消费主体“行为、认知与态度”的研究。行为个体受众多的潜在主客观因素影响，相应产生不同的行为路径以及特定的行为后果。计划行为理论（TPB）、态度-行为-情境理论（ABC）与价值-信念-规范理论（VBN）均是心理学与行为经济学领域的经典理论，本书选取上述理论来解释家庭能源消费中人们对能源多样性的选择，剖析家庭能源消费中认知与行动产生差异的原因，以及研究个体对亲环保行为、节约善用能源等可持续发展理念的反应。

2.4.1 计划行为理论（TPB）

计划行为理论（theory of planned behavior，TPB）(Ajzen & Fishbein，1977）是从认知角度解释行为决策的主要理论之一。计划行为理论一方面支持态度与行为的一致性，另一方面提出态度、认知与行为之间的差异会因一系列主客观因素的存在而产生。该观点解释了当前环境意识即使深入人心，也存在亲环保态度和实际环保行为的差距。

一般而言，个体行为意图决定个体行为决策，个体行为意图又受到个体行为态度、主观规范、行为控制感知三个主观心理因素的影响，若个体的行为态度和主观规范越积极、行为控制感知越强烈时，行为意图也就越强（Fishbein & Ajzen，1975；滕玉华，2019）。个体的行为决策除了主要受自身心理特征的影响外，还会受周围环境以及其他个体行为的影响，若周围环境以及其他个体行为都能对清洁能源的应用产生偏好，那么就会产生有利的邻里效应，进而塑造更加积极的个体行为态度，其采用清洁能源的行为意图也就越强，在相应的信念控制下就能够实现该项行动。

计划行为理论自提出后，有学者用其来证实个人行为对环境的影响，如于伟（2010）用计划行为理论研究山东省城市居民环境行为的形成机理，通过向城市居民普及环保知识，从而直接激发居民良好的环保态度。又如相关政府部门通过合理的政策引导，使城市居民具备强烈的行为控制感知，进一步刺激其产生更多的低碳行为意愿（芈凌云等，2016），最终引发积极的环境保护行为。谢凯宁等（2020）利用冀、甘、陕三省的实地调研数据，证实了农村居民的环境情感、环境认知、主观规范、态度与行为控制感知均可以加强农村居民保护环境的动机。许丽忠等（2013）利用计划行为理论来解释福州市民对近郊型游憩场所环境保护是否具有支付意愿的动机，结果表明行为控制感知对行为意愿的影响最大。杨君茹和王宇（2018）以计划行为理论为基础构建心理动因理论模型来分析城镇居民的节能行为，研究发现居民家庭节能意愿是导致其实施节能行为的最直接心理动因，居民的节能行为态度、主观规范、行为控制感知是节能行为的间接驱动因素。将计划行为理论运用到家庭偏好清洁能源的行为研究中，有助于探寻家庭成员应用清洁能源的行为信念、规范信念和控制信念，并进一步研究相关信念如何作用于家庭成员的行为意图，进而揭示与行为意图直接产生心理影响的个体行为态度、主观规范以及行为控制感知的作用大小与作用方式（Ajzen，1991；滕玉华，2019）。

与之相反，人们意识到环境问题不一定会转化为相应的实际行动（Kollmuss & Agyema，2002；Bai & Liu，2013），这就是意识-行为鸿沟（the awareness-behavior gap）（Bai & Liu，2013；Li 等，2019a；Li 等，2021），以中国（Bai & Liu，2013）和英国（Blake，1999）为研究对象的相关文献早已证实意识-行为鸿沟的存在。该问题也可用行为经济学中的有限理性（Simon，1956）做进一步解释，即行为人希望并致力于做出利益最大化的抉择，但整个决策过程会受到认知能力有限和经济环境复杂多样的限制，在众多因素的干扰下表现出非完全理性行为。在现行条件下，利益最大化的抉择要么倾向于“消耗更多的能源带来更多的效用”，要么倾向于“践行绿色环保行为就会减少能源消耗或付出更多的成本”，二者顾此失彼，不可得兼。又如，在中国受过高等教育的人更有可能了解环境问题，但他们不一定能够践行环保行为，因为更高的收入水平代表着更强的购买力以及随之产生更多的二氧化碳排放量（Li 等，2019a）。由此可见，经济因素仍然是家庭采取亲环保行为的主要驱动力（Li 等，2021），态度、认知等因素对环保行为的影响通常情况下屈居经济因素之下。

2.4.2 态度-行为-情境理论（ABC）

态度-行为-情境理论（attitude-behavior-context，ABC）进一步从认知角度解释行为决策。最早的研究包括 Guagnano 等（1995）通过 Schwartz 模型研究居民垃圾回收行为而提出来的理论，该理论的提出主要是为了探讨居民环境保护态度与环境行为之间是否具有一致性。在此之前，Bagozzi（1992）、Derksen & Gartrell（1993）的相关研究为态度-行为-情境理论的提出奠定了基础，以上研究均涉及“在研究个体态度与行为时要考虑个体所处的环境（包括情境或外部条件）”的观点，因为外部条件会影响个体的心理并且很容易改变个体原有的行动路径。该理论提出，个体行为是个体态度变量和外部条件相互作用的结果，外部条件会直接影响行为主体的成本意识和行为后果意识，从而作用于主体的行为轨迹。由此可见，个体态度与外部条件对个体行为的影响是相互依赖、此消彼长的关系：当个体态度的影响极为微弱时，外部条件就很容易改变原有行为；当个体态度的影响极为强烈时，外部条件不容易改变原有行为，而个体态度的转变就相对容易改变原有行为（滕玉华，2019）。

2.4.3 价值-信念-规范理论（VBN）

价值-信念-规范理论（value-belief-norm，VBN）最早出现在 Stern 等（1999）的研究中，该文章将价值理论与新生态范式理论融入规范激活模型（norm-activation model，NAM）中，是规范激活模型（NAM）在公众环保行为研究领域的应用和延伸（Wang 等，2021b）。众多学者将该理论广泛应用于亲环保行为的相关研究中（Groot & Steg，2010）。现有文献也证实了价值-信念-规范理论在解释个体环保行为方面有着极好的解释力（张福德，2016；曹慧和赵凯，2018；Wang 等，2021b）。

具体而言，价值-信念-规范理论将价值取向、环境信念、结果意识、责任归属和个体规范连接起来，揭示了价值取向、信念与个体规范之间的关系（Stern，2000）；并认为只要存在行为成本压力，即行为主体需要衡量完成某个行为所需的时间消耗、体力付出、物质投入等，此时个体规范也能通过价值-信念-规范因果链条被激活（Vandenbergh，2005）。价值取向是个体决定是否采取行动的内在决定因素，Stern 等（1993）基于此理论提出了与环保主义密切相关的三种价值取向，包括利己价值取向、利他价值取向和生态价值取向，这些价值取向是后续行动是否倾向于亲环保行为的出发点。该理论认为个体的价值取向对其所持有的环境信念有着决定性的影响，环境信念又是其产生结果意识与责任归属的内在源泉；结果意识与责任归属在激活个体规范后，个体规范的作用又将被预期的自豪感与罪恶感强化。同时，中国家庭摆脱不了人情社会的束缚，当家庭间的社会网络较强，家庭内部个体规范作用的激活又将受到他人对偏好清洁能源行为的看法与实际行动的影响（石志恒和张衡，2020）。

计划行为理论（TPB）、态度-行为-情境理论（ABC）和价值-信念-规范理论（VBN）均是研究“个体行为、认知与态度”的经典理论（见图 2-5），以上理论都将外部条件作为影响个体行为的重要变量，因为外部条件会直接影响个体的认知或态度，进而可能会改变原有行为路径。个体认知或态度与个体行为会因一系列主客观因素而产生差距，其中主观因素是个体本身所具有的心理因素，客观因素是个体所处的环境（外部条件或情境），而差距出现的部分原因是因为认知或态度并没有产生对应的行为路径，而是受上述主客观因素的影响而产生了新的行为路径。在现实生活中，Yadav 等（2021）研究发现，印度的许多家庭即使有液化石油气，也会选择粪便或柴薪作为燃料来烹饪特定的食材，并认为通过此种方式做出来的食物更美味，这种传统文化保留下来的饮食偏好导致了意识与行为之间的差异。总体而言，以上理论框架一来支撑了亲环保态度对家庭绿色能源消费的偏好；二来，计划行为理论和态度-行为-情境理论为本书指明了进一步探究意识与行为差距的研究方向，微观家庭的亲环保态度与行为之间存在的差距也将是本书后续章节探讨的重点。

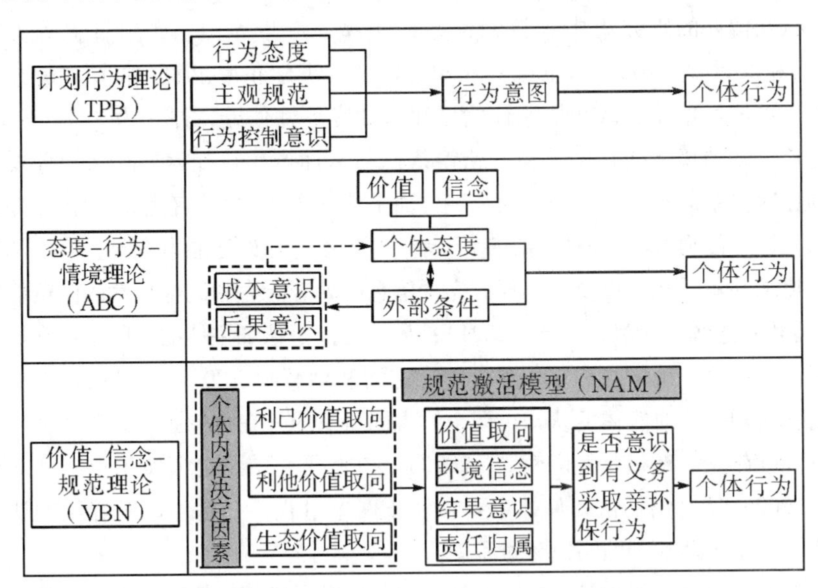

图 2-5　行为、认知与态度相关理论总结表①

2.4.4　认知偏差理论

认知偏差（cognitive bias）也被称为认知偏误、认知偏见，指生理、心理状态均正常的人，由于知识水平的匮乏而对未来缺乏明确的预期和把握时，容易出现认识上的种种偏误，这种偏差已经在行为经济学和行为金融学的研究中被证实（王冀宁和赵顺龙，2007；童毛弟和赵永乐，2009），是意识-行为鸿沟（the awareness-behavior gap）的进一步凝练与发展。认知偏差理论源于心理学，后被纳入行为经济学范畴（王伊琳等，2021），产生的理论基础是有限性原理（bounded rationality）（王雪和刘慧晖，2021）。传统经济学假定个体是完全理性的，情感和道德是中性的，很明显这种理性人假设是脱离现实情况的（李文，2021）；而 Tversky & Kahneman（1974）通过一系列实验证明人类的认知偏差是一种客观存在现象，通常体现为无法做出完全符合传统理性决策模型

① WANG T, SHEN B, SPRING C H, et al., 2021b. What prevents us from taking low-carbon actions? A comprehensive review of influencing factors affecting low-carbon behaviors [J]. Energy research & Social science, 71 (2): 101844.

的行为。基于有限理性人假设，认知偏差理论认为，即使拥有相同信息或面对相同事件，不同个体也会因为个体间的差异产生不同的解析或采取不同的行动（刘霞等，2021）。

认知偏差的研究集中于认知偏差的类型、产生原因、产生过程等方面（王雪和刘慧晖，2021）。王进喜（2021）从心理学角度出发，将认知偏差分为认知主体性偏差、认知情境性偏差和认知客体性偏差，并认为“认知主体在特定认知情境下对认知客体的错误认识”从而产生认知偏差。认知偏差产生的原因总结起来主要有两方面：一方面是认知主体的认知有限性，包括知识有限、计算能力有限、时间和注意力有限、想象力和设计能力有限、价值和目标的追求并不一致，以及并不拥有完全信息的处理能力和完全理性的决策能力（王雪和刘慧晖，2021；李文，2021）；另一方面是认知主体的实际生活和周围环境具有高度不确定性和复杂多变性（王雪和刘慧晖，2021），进而很大程度上限制认知主体对客体的认知，即个体常因自身或外在情境原因导致知觉结果失真（陆雄文，2013；万广南等，2020）。以上研究结论也证实了李宏和郑全全（2002）所总结的认知偏差主要存在于两个过程：一是主体对客体的认知过程，二是个体的判断与决策过程。

随着心理学、行为经济学、认知科学、决策科学等的快速发展，总结出大量认知主体可能出现的认知偏差现象，包括幸存者偏差、路径依赖、可获性叠层、舒适区效应、理性疏忽、证实偏差、框架效应、不公平厌恶等（王雪和刘慧晖，2021；李文，2021）。虽然以上认知偏差现象表现不尽相同，但是任何形式的偏差都是对人类的认知有害无益（李宏和郑全全，2002）。家庭能源的决策者在家庭能源消费和转型过程中，会由于自身和情境产生认知偏差，进而从现实生活中证实存在上述形式的认知偏差。

其中，贫困是导致认知偏差发生的主要因素之一。贫困对认知功能的负面影响已得到充分证明（Bergen，2008）；贫困会使主体的经济决策更加困难，从而削弱了认知控制（Spears，2011）。比如生活在资源稀缺的环境中，人们可用的认知资源十分有限，从而会使认知主体在做决策的时候更容易受到认知偏差的影响（Della Valle，2019）。通常由收入贫困引起的能源贫困家庭，在能源的可及性、可负担性、可利用性方面受到限制，常常以固体污染能源为主，进而会引发室内空气污染（Gorjinezhad 等，2017），最终危害身心健康。认知主体持续使用固体污染能源，会产生消极的路径依赖、可获得性叠层、舒适区效应等形式的认知偏差（王雪和刘慧晖，2021；李文，2021），在获得能源转型的机会时，认知主体往往会因循守旧，会在惯性作用下继续坚持“砍自家的木柴不花钱”等想法，基于直觉或先入为主式的想法认为“用电和煤气会花费一大笔钱”“别人家挣了大钱才敢大手大脚用电”，仍坚持日积月累形成的“捡拾柴火、存储柴火”等活动，这种集体信念和习惯性状态会不断自我强化，超过常态就会产生紧张、担忧和不适的心理状态，限制了决策水平和效益的提高。由此可见，认知偏差会对家庭能源消费和能源转型产生负面影响，而目前基于认知偏差理论来分析能源贫困的研究非常少，将研究主题与领域聚焦于“如何消除能源群体的认知偏差”“如何践行正确的能源消费行为”等，是未来重要的研究方向。

2.5 本章小结

理论部分为本书奠定了重要的分析基础，为减缓能源贫困，促进家庭能源结构转型与亲环保行为等提供多个研究视角。本章基于近年来微观家庭能源贫困领域的学术发展趋势，梳理了与能源贫困相关的理论，特别是注重从心理学、行为经济学、社会学等多学科视角来分析能源贫困。首先，涉及能源经济学的理论包含能源阶梯理论和能源堆栈理论，并对两者之间的关系及实际应用领域进行了充分探讨；其次，本章立足于贫困陷阱理论，探讨深度能源贫困与长期能源贫困存在的可能性，并在此基础上为后续章节的能源贫困陷阱研究奠定理论基础；再次，从家庭视角分析能源消费行为，本章为促成能源减贫、家庭亲环保行为、性别平等提供重要的理论依据；最后，本章总结了行为经济学相关的理论，包括计划行为理论（TPB）、态度-行为-情境理论（ABC）、价值-信念-规范理论（VBN）和认知偏差理论，以上理论是从家庭能源消费行为主体的心理因素、情境因素等出发，分析其在能源消费时所感知的内部因素和外部因素，有选择地对部分因素进行综述。

3 已有的关于能源贫困的研究

本章详细梳理了能源贫困的相关研究，并基于学术界对能源贫困的研究进展以及结合本书的研究特色，对能源贫困领域涉及的诸多方面展开评述。首先，本章对发展中国家和发达国家的能源贫困研究分别进行了综述，为第五章展开能源贫困的跨国对比分析奠定了丰富的文献基础；其次，本章关注了现有能源贫困研究的热点和前沿，如能源贫困对健康、环境与教育的影响，能源贫困与女性福利、社会规范之间的关联性，由此可从多视角、多层次证明能源贫困研究的重要性与紧迫性；最后，基于全球能源扶贫的成效，归纳以中国为例进行能源扶贫成就的相关政策研究，以期为未来中国能源扶贫的政策设计提供科学参考。

3.1 发达国家的能源贫困研究

能源贫困问题不仅出现在发展中国家，发达国家也存在，且其表现形式与发展中国家的能源贫困现象不尽相同。现有文献指出，发达国家的能源贫困问题主要体现在无法支付清洁能源和使用过程中能源效率低下两方面（Bonatz等，2018）。现有众多研究将目光聚焦到发展中国家的能源贫困问题，甚至向发达国家借鉴解决相关问题的经验，而发达国家虽然经济社会发展水平和人民生活水平较高，但是在能源服务方面依然存在地区、种族间的严重不平等问题。特别是当气候变化、经济危机或其他突发社会冲击来临之时，发达国家的能源贫困问题将不可避免的突显。

在相对发达的欧洲地区，能源贫困问题依旧严峻。Sánchez 等（2018）的研究构建了衡量西班牙低收入住房最低适宜温度的指标，该研究选取西班牙三种不同气候和地区的贫困家庭，并分为三个具有代表性的社会住房街区，评估适合衡量西班牙当地情况的能源贫困的阈值，结果表明 22.7%的家庭处于能源贫困。Miniaci 等（2014）利用家庭预算年度调查（SFB）研究了 1998 年至 2011 年意大利居民对电力和天然气的负担能力。该研究发现自 2007 年以来，意大利无力负担电力和天然气的居民人数越来越多，且在 2008 年针对此情况推行的福利政策也未取得良好的效果。Kahouli（2020）通过采用大量全国性数据集运用工具性固定效应模型得出法国燃料贫困与健康状况之间有显著的负向因果关系，并且发现能源贫困对健康状况产生的不利影响具有滞后性。Hedvika & Lukás（2021）选择捷克共和国进行案例研究，发现政府在能源贫困的治理方面并未出台相关官方政策，该研究呼吁除政府以外的其他研究人员应该在能源贫困问题上给予更多能源减贫策略研究的支持。Papada & Kaliampakos（2020）提出"能源需求覆盖度"（DCEN）这一新指数评估希腊的能源贫困，研究结果显示希腊 45%的家庭存在压缩自身能源需求的现象，仅 17%的家庭实现了充足的清洁能源需求。Seebauer 等（2019）通过对奥地利的能源扶贫政策进行分析，研究发现纳入气候行动和推进社会能源扶贫能够减缓当地的能源贫困，该研究认为多个政策的交叉融合会加快对能源贫困的治理进程。

除了以国家作为主体来解决能源贫困问题，能源贫困也受到了欧盟组织的关注，但部分成员国缺乏一致的政治意愿甚至抵制欧盟主导的政策行动，导致有效解决能源贫困问题的相关行动进展缓慢（Stefan 等，2012）。Thomson 等（2017b）利用 2012 年欧洲生活质量调查的数据，发现欧洲出现能源贫困、健康状况不佳和福利状况不佳等难题，并认为要解决国际组织层级的能源贫困，需要对比分析国家间的差异，归类国家间的不同政策，以及将能源价格、能源设施、住房差异等具体细节差异考虑在内。

目前，对发达国家的能源贫困研究大都聚焦于收入、能源价格和工程范畴的能源使用效率等方面。然而，Stefan 等（2012）的研究表明，居民建筑与居住环境、家庭日常生活方式、社区制度安排等多方面因素，同样是减缓能源贫困的关键要素。从更广泛的角度来看，家庭能源匮乏的主流理论从目前的收入贫困、能源获取和能源效率转向更复杂的家庭能源需求、社会能源供给、建筑与环境问题等，同时还需要更加完整可靠的监测数据来为能源贫困问题的解决提供数据支撑。

除欧洲大陆的发达国家外，也有学者研究美洲和亚洲发达国家的能源贫困。Bednar & Reames（2020）将美国现有的能源贫困应对方案作为案例开展研究，发现联邦政府对能源贫困缺乏正确认识，而相对片面的官方认识限制了政府对能源贫困采取的有效治理手段。Tardy & Lee（2019）根据加拿大房屋的建筑特点，对加拿大家庭能源贫困趋势进行了探讨，研究表明一项有效的能源政策必须在房屋舒适性、建设成本和能源效率之间保持合理的平衡。Teschner等（2020）通过案例分析法对以色列城市边缘的社区进行研究，分别从能源供应的角度讨论极端能源贫困与基础设施、城市规划、社会不平等之间联系，发现缺乏电力会导致居民与现代生活方式脱节，而政府提倡的自产自用的太阳能供电系统弥补了社区电力短缺的问题。Okushima（2019）以焦耳为单位计算日本家庭的能源使用量，并设置了多重贫困阈值衡量家庭的能源需求，研究表明日本北部地区的能源贫困率相比该国其他地区要高得多。

在缓解能源贫困的过程中，有效识别能源贫困群体是非常重要的一个步骤，这点在发达国家中也不例外。发达国家由于具备更为完善的能源基础设施，很容易忽视能源贫困问题。发达国家消除能源贫困的主要政策行动是降低能源消费支出占收入比重过高的情形，特别是在减轻中低收入家庭能源消费负担过程中，部分发达国家主要采取能源补贴、财政干预、信息提供与环保意识培养、公民社会组织与政府公开谈话等多重措施（林伯强，2020）。此外，发达国家更有实力，也有更多责任建立更加全面的数据库，通过大数据等将经济学、医学、地理学、天文学等实用技术运用于能源贫困问题的治理中，实现国家间和区域层面的监测数据实时共享与协调，跨区域开展能源合作，为消除能源贫困做出更大的贡献。

3.2 发展中国家的能源贫困研究

为了应对能源贫困，发展中国家主要致力于普及现代能源服务（林伯强，2020）。相比发达国家，发展中国家存在收入水平偏低与清洁能源供给不足的双重压力（Zhang等，2019a）。因此，发展中国家亟须不同视角下的能源贫困研究。此外，发展中国家的能源减贫需要加快部署可负担的、可靠的和可持续的电力及清洁燃料的发展战略，这对于发展中国家的经济、社会和环境的可持续发展有着重大意义。发展中国家在能源减贫过程中，充分体现了与联合国消灭贫困（SDG1）、维护良好健康与福祉（SDG3）、获取清洁能源（SDG7）以及响应气候行动（SDG13）等可持续发展目标相一致，而电力和清洁燃料及技术的普遍服务是可持续发展目标的两个最重要的指标（林伯强，2020），也是统筹兼顾和协同实现众多可持续发展目标的关键突破口。

电力是能源服务中最基本也是最重要的一环（林伯强，2020），是现代经济的核心，为通信、医疗保健、工业、教育、舒适生活和娱乐提供动力，学术界对发展中国家的电力覆盖率与供给质量的研究越来越多。例如，Dang & Hai（2019）研究了越南电力可靠性的提高对农户收入的增加、持久消费、信贷获取和土地投资决策具有重要作用，能够带来显著的经济发展。Oum（2019）证实老挝存在较为严重的能源贫困问题，并指出应该对能源脆弱群体制定有针对性政策来减缓各种形式的能源贫困。Pacudan & Mahani（2019）探讨了文莱电力结构改革的影响，发现政府制定新税制能够减少能源贫困家庭的福利损失。Raghutla & Chittedi（2021）通过面板建模方法证实了五个新兴国家（中国、俄罗斯、巴西、印度、南非）1990—2018 年的电力供应对经济发展的正面影响，该研究建议政府应在农村配电网，推广家用太阳能发电系统来普及电力，进而能更好地促进经济社会发展。Sharma 等（2019）使用了从印度孟买1 000个家庭的多项社会经济变量数据，发现孟买家庭仅在电力服务上的花费高达所有家庭能源支出的一半左右。Sambodo & Rio（2019）通过分析印度尼西亚全国社会经济调查数据以及村庄数据，估算出该国能源贫困率为 53%，并发现某些缺乏电力和现代烹饪燃料的村庄出现了居民营养不良的现象。在发展中国家集中的非洲大陆，据国际能源署 2019 年的数据表明，非洲国家整体通电人口比例达到 56%，其中南苏丹、中非共和国、乍得和刚果民主共和国等最贫穷的非洲国家这一指标却低于 10%（IEA，2020）。由此可见，以上非洲国家的人民深陷能源贫困，至今无法普遍获得清洁能源服务。

发展中国家能源贫困特征呈现复杂多样性，在经济发展水平、人均生活耗能、用能结构等方面均与发达国家存在显著差距，决定了多维度能源贫困指标衡量能源贫困的不同方面是其中一个可行指标，进而制定具有针对性的政策建议。Zhang 等（2019a）从能源贫困的多维度出发，利用中国家庭微观层面数据构建多维度能源贫困的量化指标，该指标的最大优势在于涵盖了能源的可获得性和可支付性，并可以扩展到对其他发展中国家能源贫困的研究中。同样也有相关研究从能源可获得性和可支付性两个维度，估算柬埔寨的能源贫困对家庭健康、教育和收入机会的影响（Phoumin & Kimura，2019），该研究表明柬埔寨家庭的能源贫困与所使用的燃料类型以及该家庭负担不起清洁能源的情况密切相关。Mendoza 等（2019）针对菲律宾能源贫困现象的特殊背景，使用 7 个指标来评估菲律宾 17 个地区和 81 个省份的能源匮乏情况，构建了多维能源贫困指数，并估算出代表家庭能源贫困的发生率和强度。Khanna 等（2019）开发了能源贫困的综合指数（CEPI），用以衡量东盟国家和印度的能源贫困程度，该指数囊括了能源的可获取性、可得性和可支付性三个维度，并通过使用多个权威数据库以及开展详细的村庄案例分析，发现以上国家和地区中，泰国是能源禀赋相对最好的国家，其次是菲律宾、印度尼西亚和印度，而柬埔寨是最缺乏能源的国家。Zhang 等（2019b）通过对 48 个发展中国家的相关数据进行考察，探讨了多个社会经济指标与电力供应的关系，结果表明电气化不仅需要经济、教育和基础设施发展，还需要私营部门的参与、政府的承诺，并充分与减贫和其他发展计划相结合。以上从发展中国家运用多维视角开展能源贫困的相关研究中，可以看到对能源贫困的有效识别具有重要价值，为后续有效治理提供了可借鉴的经验。这些经验旨在科学引导相关政府部门采用多种方式并行的政策化手段来帮助能源贫困群体，如因地制宜建立太阳能和光伏发电站、对居民购买电器和电力进行补贴、倡导家庭使用节能电器、改造炉灶等政策。

总体上，发展中国家能源贫困相关的研究越来越丰富：一方面，研究发现发展中国家的能源贫困问题具有多样性、地域性等特征，但是能源贫困衡量指标还缺乏多样性，需要进一步制定针对不同国家和地区的多维能源贫困指标，以此衡量发展中国家的能源贫困现状及其发展趋势；另一方面，亟须将研究对象从单个发展中国家扩展到多个发展中国家的跨国对比分析上。现有文献对发展中国家的能源贫困的研究大多数从单个国家的具体情况出发，而深入对比分析多个发展中国家能源贫困的研究较为稀少，也在数据和指标层面具备更大研究挑战。文莱等相对发达的亚洲国家在能源贫困的研究方面侧重于居民福利的提升，而印度尼西亚等较为落后的国家陷入“既要发展经济，又要在能源供给上给予人民更多福利保障”的困境，可见发展中国家群体内部在能源贫困的体现上既有相似之处又存在异质性，跨国能源贫困的研究有助于进一步挖掘区域协同效应，即不排除存在运用各自优势和在跨国组织协调下，共同减缓能源贫困的可能。除此之外，近年研究方向逐渐把能源贫困与大数据结合，以此提高贫困预测精度。Wang 等（2021a）首次纳入家庭自然环境相关变量，采用机器学习算法——随机森林模型，结合两个环境指标（降水量和 PM2. 5 浓度）预测了印度能源贫困，结果表明能源贫困与地理和环境密切相关，揭示了卫星遥感数据（NASA 等公共平台获得）在能源贫困识别预测中的巨大潜力，证明结合地理和环境变量的机器学习可以更精确地预测能源贫困。这类研究可以帮助政府有效确定能源贫困地区，合理分配资源，并且在一定程度上解决了调查数据稀少和成本昂贵问题，为能源贫困的衡量提供了一种新的科学方法。Ridgill 等（2021）认为将水动能转换与其他可再生能源技术的形式相结合，可以使目前无法获得电力的地区受益，提供减缓能源贫困的方法。由于中国、俄罗斯和巴西河流资源丰富，被认为是水动能转换最具潜力的国家。但由于目前遥感和水文建模的局限性，全球范围的资源评估仍存在较大的不确定性。

同时，发展中国家的相关能源贫困研究需进一步聚焦能源贫困问题最严重的撒哈拉以南的非洲国家，具体研究可以尝试以下两个方面：一方面，基于电力是现代经济的核心，探讨如何切实提升撒哈拉以南的非洲国家的电力和清洁燃料覆盖率，并且力争在最短时间内达到满足大部分居民生存的最低供给水平；另一方面，基于联合国可持续发展目标中的众多目标，在以完成消灭赤贫（SDG1）为首的目标时，还要协同实现其他目标包括：良好健康与福祉（SDG3）、性别平等（SDG5）、获取清洁能源（SDG7）、气候行动（SDG13）等。总之，发展中国家的能源减贫需要更加重视由传统燃料转为现代燃料的可行路径，这也是发展中国家在未来尝试摆脱能源贫困面临的巨大挑战。

3.3 能源贫困的影响研究

能源贫困对人类的危害处处可见，其中对环境、健康和教育的负面影响被广大理论、实证研究证实，并以此开展能源贫困相关影响的深入探讨。首先，能源贫困对居住环境存在广泛的负面影响。其影响途径主要通过污染能源所排放的大量有毒污染物，导致环境破坏与空气污染，进而影响所在地社区、邻里、家庭的健康。世界卫生组织指出使用污染能源会排放大量细颗粒物（PM2.5）、二氧化氮（NO_2）、可吸入颗粒物（PM10）等污染物（WHO，2018），从而引发室内空气污染（Gorjinezhad 等，2017），对呼吸系统造成损伤，最终危害个体健康。一般而言，由于不能获取或无力支付现代能源服务，能源贫困家庭会选择使用低成本的传统污染能源，如使用散煤、柴薪、秸秆等代替电力和天然气等（林伯强，2020）。以上传统污染能源的燃烧会排放大量PM2.5、NO_2、PM10 等污染物（WHO，2018），导致空气质量下降、森林退化、水土流失、生物多样性等环境问题（方黎明和刘贺邦，2019；赵雪雁等，2018）。具体而言，由于传统污染能源的捡拾、堆放、低效燃烧、产出物处理不当等产生的环境问题，其中柴薪和散煤的过度使用会刺激砍伐和挖掘，严重情况则可能导致部分地区森林退化、水土流失等问题；而未经处理的生物质燃料和低质低效的散煤在堆放和燃烧过程中所产生的烟尘、温室气体、固体废弃物，进一步增加环境治理的难度和压力，同时造成安全和健康隐患（林伯强，2020；方黎明和刘贺邦，2019；赵雪雁等，2018）。

能源贫困对身体健康的危害也被现有研究广泛证实（Liu 等，2020b；Imelda，2020；Llorca 等，2020）。全球 401 亿吨二氧化碳排放量中，有 86%源自化石燃料的使用（丁仲礼，2021）；全球每年大约有380万人死于因低效燃料燃烧而引起的空气污染所导致的疾病（WHO，2018）。Agrawal & Yamamoto（2015）证实接触污染能源的女性在孕期的早产率是普通孕妇的两倍。已有研究运用随机对照实验的方法证实了污染能源对健康的负面影响（Duflo等，2008；Gall等，2013）。廖华等（2015）提出有关室内空气污染导致健康危害的文献大多属于观察性研究，缺乏对个体行为的深入探究。Oum（2019）通过实证研究发现，老挝的能源贫困对健康状况产生了负面影响，家庭生活条件较差的情况使这种影响加深，如室内厨房面积狭小。Rajabrata等（2021）对1990—2017年50个发展中国家的能源贫困对健康和教育的影响进行了比较研究，发现更高的能源开发程度有助于实现更高的平均预期寿命、更低的婴儿死亡率。

除了能源贫困对身体健康的负面影响，一系列文献表明能源贫困还将引发心理健康危机（Mould & Baker，2017；Thomson等，2017a）。Tod & Thomson（2017）运用风险循环模型识别能源贫困对个体情绪的影响路径。张梓榆和舒鸿婷（2020）证实中国能源贫困对居民心理健康存在负面影响，并指出学术界对能源贫困造成负面心理影响的研究还缺乏关注度。Primc等（2019）认为能源贫困会直接或间接地对身体健康、心理健康产生影响。现有文献发现能源贫困对女性的健康危害大于男性（Ding等，2018；Aryal等，2019），该现象背后的原因也被广泛探讨，即在家庭分工和性别不平等的社会规范下，女性主要承担燃料收集和炊事职能（邢成举，2020），从而导致她们直接接触污染能源，并引发一系列疾病（廖华等，2015；Johnson等，2019）。Parikh（2011）认为女性进行一系列收集、运输和存放木柴的繁重劳动均可能造成身体损伤。Abbas等（2020）发现在南亚，私营部门的女工工资通常低于男工，并且在农村地区，农业部门管理不善，女性工人的境况更差，所以以女性为主要养家人口的家庭更容易遭受能源贫困的影响。除此之外，能源贫困对女性心理健康的负面影响也被证实，Robinson（2019a）发现处于能源贫困中的女性更容易产生焦虑和压抑等负面情绪。

除了聚焦于能源贫困对环境和健康的影响，现有文献还关注能源贫困与教育的因果关系。解垩（2021）基于分层Logit模型分析了能源贫困与健康的关系，认为电力可及性与完成初中教育之间的相关系数为正。Primc等（2019）利用斯洛文尼亚家庭预算调查数据，随机抽样调查了150个家庭，证实了低教育水平与高教育水平之间的就业情况并无明显差异，而且出现了教育程度较高的群体填补了较低工资的职业，其中很大部分原因归于家庭能源贫困。Abbas

等（2020）使用来自六个南亚国家的674 834个家庭的数据集，得出教育是家庭多维能源贫困的重要社会经济决定因素，该研究提出在部分农村地区，妇女和儿童花了大量时间去寻找燃料、取水，从而失去教育机会导致贫困。Lin等（2021）运用加纳相关数据作为案例，发现将家庭教育作为协变量加入社会统计分析方法后显著降低了多维贫困能源指数（MEPI），并进一步说明家庭教育是能源贫困影响社会地位的重要途径之一。Oum（2019）证明了在老挝，能源贫困对家庭的平均学年有负面影响。该研究发现当家庭无法获得电力供应时，对教育的负面影响会更加巨大。Rajabrata等（2021）对1990—2017年期间的来自亚洲、非洲、拉丁美洲和欧洲的50个发展中国家进行了研究，结果表明能源开发程度更高的国家有益于促使更多家庭的孩童接受中学教育，并获得更高的家庭平均受教育年限。

基于以上研究，足以证明能源贫困对环境、健康以及教育产生严重的负面影响。若能源贫困的现象不能得到妥善处理，能源作为公共服务的功能将会在一定程度上被削弱（林伯强，2020）。就中国而言，家庭能源消费结构问题与生态文明建设、健康中国建设、全面小康建设等重要战略密切相关（方黎明和刘贺邦，2019），坚持从高碳化石能源向碳中性能源、低碳能源和高效能源的转型路径是实现上述重要战略的必经之路（刘强等，2021；王永中，2021）。

3.4　女性福利与能源贫困

有研究从人力资本积累和劳动参与角度探讨能源贫困对女性福利的负面影响。因为存在性别角色分工，女性必须照料烹饪和其他家务，特别是在能源贫困困境中，可能会给妇女带来更大的压力（Robinson，2019）。Parikh（2011）认为传统社会中的性别劳动安排对女性造成了不同程度的影响，例如使用生物质进行烹饪，会对女性的健康造成损害，因为她们更易吸入有毒烟雾，最终导致呼吸道疾病、心脏病和癌症的风险增加（WHO，2018）；又如木柴收集主要由家庭女性成员完成，这一项家务劳动将占用女性开展其他有偿工作时间。除此之外，妇女在木柴收集过程中还会面临因负重、劳累、遭受暴力而受伤的风险。类似的，范红丽和辛宝英（2019）发现中国农村女性因承担大量家务劳动，减少了她们获得非农业劳动收入的机会。Burke & Dundas（2015）证实使用清洁能源可以减轻女性家务劳动量，并缩短家务劳动时间，从而提高女性的劳动参与率，同时增加了她们的学习和休闲时间。

基于女性在能源准备和使用过程中所起的主导作用，家庭能源消费与女性的行为决策密切相关（Johnson 等，2019）；加之现有文献证实女性相比男性更加具备亲环保行为（Liobikiene 等，2017；Casalo & Escario，2018），因此性别平等在家庭能源消费行为中发挥着重要作用。最新研究探讨了性别平等对清洁能源消费的促进作用（Gould & Urpelainen，2020；Choudhuri & Desai，2020）。Li 等（2019b）证实性别平等有助于女性实现清洁能源偏好，从而促使家庭参与节能项目和购买节能产品。

有关性别平等指标的衡量分为宏观和微观两个层面，女性福利也由两个层面的不同维度体现出来。宏观层面，衡量性别平等主要有三个指标：性别发展指数（GDI）、性别赋权法（GEM）、性别不平等指标（GII）（UNDP，2018）。以上三种指标主要用于比较世界各国的性别平等指数。另外，性别平等体现在教育机会、劳动力市场、政治参与等诸多方面（Goldin & Rouse，2000；Bertocchi 等，2014）。由于不同维度的性别平等存在相互独立性，因此有必要从多个维度衡量性别平等（Choudhuri & Desai，2020）。教育维度最通用的性别平等衡量方法是计算女性与男性的高中入学率之比（Andrijevic 等，2020）。微观层面，女性的家庭内部议价能力体现了性别平等水平。Ihalainen 等（2020）将家庭决策力、社会规范和传统文化纳入家庭议价能力测度指标。Ott（1992）通过理论推导发现收入和资本积累可以间接提升家庭议价能力。还有研究指出女性的嫁妆和房产（Wang，2014）、家务劳动时间（齐良书，2005）、所养育孩子的性别（殷浩栋等，2018）以及夫妻双方的年龄差（Pachauri & Rao，2013）共同决定了女性的家庭议价能力。

除此之外，现有文献不仅探讨了性别与能源的关系，还将更多社会经济因素同时纳入考虑。例如，研究性别、能源和发展（Köhlin 等，2011；Oparaocha & Dutta，2011）；性别、能源和文化（Johnson 等，2019）；性别、能源和贫困（Pueyo & Maestre，2019）。Choudhuri & Desai（2020）强调，印度通过使用清洁燃料缓解能源贫困，有助于妇女更好地获得有薪酬的工作，并因此在决定家庭支出方面拥有更大的权力。Rosenberg 等（2020）表明性别平等在能源领域的研究有助于探讨多个可持续发展目标的实现路径，并指出未来研究应进一步探讨良好健康与福祉（SDG3）和性别平等（SDG5）两大可持续发展目标之间的关系。然而，现有研究在能源贫困与健康的因果推断中很少将社会规范同时纳入探讨，Pachauri & Rao（2013）建议，需要更多的研究来建立对能源贫困和妇女福祉之间关系的理解。并且，在性别平等对能源消费行为影响的文献中也鲜有研究专注女性健康与福利。

3.5 社会规范与能源贫困

当今世界所面临的能源问题愈演愈烈，能源发展的不平衡日趋凸显，如何有效缓解能源贫困问题变得尤为迫切。当下众多难题的解决更多诉诸经济、法律以及行政等手段，却忽视了社会规范的作用（张福德，2016）。实际上，社会规范在调节人类活动中扮演着重要的角色，并且因其作为一种干预手段具有实施方便、成本低廉、可在法律触及不到的范围内发挥作用而备受欢迎（Anderson 等，2017），所以要重视社会规范在缓和能源贫困问题上的正向调节作用。

社会规范是指某一群体或团体成员所理解并遵循的行为规则或准则（Elster，1989；孙前路等，2020），包括伦理道德、价值信念、文化传统、风俗习惯、意识形态等（费红梅等，2021），是个体在面对某项行为决策时所感受到的社会压力（韦庆旺和孙健敏，2013；张郁和万心雨，2021），不同于明确的法律条文规制，却能在某些社会领域指导或约束社会群体的行为（Elgaaied 等，2018）。不同学者对社会规范界定的侧重点有所不同，但均突出了社会规范的三大属性：其一，社会规范是一种行为规则或标准，既可以是具体的，也可以是抽象的；其二，社会规范具有非正式性，在执行过程中并不具有法律条文般的强制力和威慑力，是非正式制度的重要体现；其三，社会规范具有普遍性，需获得社会群体内多数人的认同（Cialdini 等，1990；张福德，2016）。

通过梳理相关文献，发现近几年的研究注重分析社会规范对环境保护（张福德，2016；李文欢和王桂霞，2019）、绿色消费（葛万达和盛光华，2020；陈凯和高歌，2019；盛光华和葛万达，2019）、社区治理（姚怀生和姚易，2016；胡允银等，2019）、农户生产行为（赵秋倩和夏显力，2020；郭清卉等，2020；费红梅等，2021）等的影响，却鲜有研究将社会规范与缓解能源贫困相结合。能源作为生活必需品，人们在使用中会形成固有习惯并且很难改变（李鹏娜等，2017）；家庭能源消费就是一种行为，而社会规范就是影响行为主体的重要因素之一。社会规范涵盖众多内容，从宗教、性别、文化等多个方面来影响社会发展进程（Nyborg 等，2017），与此同时，现有研究已证明宗教社会规范（Dyreng 等，2012；曾泉等，2018）、性别社会规范（MacKinnon & Catharine，1983；陈洪涛等，2019）、文化社会规范（余英时，1987；Steg &

Vlek，2009；Elgaaied 等，2018）等非正式制度在意识形态的塑造过程中发挥了良好的导向作用，已促成更多的亲环保行为、家庭能源节约行为等。

心理学的经典研究将社会规范分为描述性规范和指令性规范（Cialdini 等，1990；陈维扬和谢天，2018），描述性规范是由大多数群体成员表现出来的行为而形成的行为标准，而指令性规范只有在群体中的多数成员赞成或反对某行为时才会发挥影响作用（葛万达和盛光华，2020）。描述性规范和指令性规范具有相容性，二者均强调了个体与其他社会群体的相互依赖关系，进而促使个体自发地遵守不成文的、不言明的社会规范（葛万达和盛光华，2020）。在中国农村地区，地缘、亲缘、血缘的熟人社会系统非常成熟，王静等（2022）证明了极具地方特色的乡规民约作为一种基本社会规范，对于巩固脱贫成果具有重要作用，在减少贫困与防止返贫的过程中有效实现了“软治理+硬治理”的双效治理。由此可见，社会规范在扶贫措施中也发挥着重要作用，并在某些情况下与正式制度呈现一定的互补与替代关系（费红梅等，2021）。

基于家庭能源的转型研究，Herington 等（2017）发现发展中国家的家庭能源消费模式难以改变，使用传统炉灶来照例进行的传统烹饪做法已深植于地方习俗，可能是当地柴薪获取的便利性、现代燃料的相对成本或传统方法烹饪食物的特殊香味及其他偏好，致使部分家庭在有条件实施能源转型时仍不放弃传统烹饪方式。但这种低效能源使用行为是能源贫困的典型表现形式，其特点是无力负担基本的能源服务（Caballero & Valle，2020），只能依赖于低质低效的燃料和设备；或是某些家庭对传统燃料及炉灶形成了“依恋”，致使家庭能源转型无法实现平稳地过渡。Jessica & Subhrendu（2012）指出，改良炉灶及使用清洁燃料将带来三重红利：保障家庭成员健康、改善当地生态环境和区域气候效益。对于能源贫困家庭来说，缓解能源贫困的直接方式就是家庭能源结构的转型升级，由传统能源顺利过渡到现代能源，才能使能源贫困家庭享受到更多红利。但当某些家庭出现能源堆栈使用的行为时，大部分家庭仍然不能完全摆脱传统燃料及炉灶，Caballero & Valle（2020）认为这种低效能源行为消减了正式制度带来的效力，需要基于社会规范的干预措施来改变能源脆弱群体的低效能源使用行为。

目前，大多数国家的能源减贫政策主要集中于能源产业发展、技术升级与推广普及等方面，却难以取得真正的扶贫成效，究其原因，是忽略了社会规范等重要外部条件。家庭能源使用行为作为一种具有利他性质的行为，社会规范的力量尤为重要（孙岩等，2013）。并且，不具备法律效力的社会规范与政府规范等正式制度具有互补与替代关系，政府规制若无行之有效的社会规范进行补充时，很难发挥其真正的效力；当出现政府规制失灵时，社会规范可在一定程度上替代政府规制，维持经济社会的平稳发展（费红梅等，2021）。以家庭用电为例，高收入家庭往往会出现“超前消费”“奢侈消费”等不良现象（孙岩等，2013），而贫困家庭往往为了节省开支减少了现代能源的消费，但正式制度并不会在高收入家庭和低收入家庭的用电选择与用电购买之间进行强制权衡，此时行之有效的社会规范将会弥补政策的缺位。若在社会中宣传“科学、高效、合理”地使用电力资源，并将这一理念和做法进行科学的引导与教育，形成良好的社会风气，个体行为将会受到群体压力而选择遵从社会规范所指引的相关信息，并且以自身实际行动与社会规范相符合而感到满足、自豪与自我肯定等，与社会规范相违背而出现内疚感与负罪感（郭清卉等，2020）。由此可见，社会规范总是在无形中影响人们的行为（葛万达和盛光华，2020），将社会规范这一重要外部条件引入减缓能源贫困的政策中同样适用，并且能够更加贴合现实地探究能源贫困家庭的能源消费行为，制定出更具针对性与实用性的能源减贫策略。

综上所述，将社会规范与能源贫困因素探究、策略制定相结合的研究相对稀缺，对此，未来研究可以针对性地探究社会规范在减缓能源贫困过程中的作用。不管是利用经济、法律或行政的干预手段，还是利用社会规范的干预措施，缓解能源贫困的策略都离不开对能源行为主体的探究。社会规范作为窥视社会现象的一面镜子，可以在应用层面将其扩展到更多领域（陈维扬和谢天，2018）。同时，政策制定者在施行强有力的制度的同时，也要辅以行之有效的非正式制度。

3.6 本章小结

本章通过全方位的能源贫困相关研究梳理，主要归纳以下三点与能源贫困有关的研究特点，并提出相关重点和热点问题，亦将是本书研究所涉及的内容。

第一，本章通过文献梳理得出能源贫困问题愈发重要且逐渐具备研究条件：一方面，世界范围内的能源贫困研究逐步全面，特别是微观家庭能源贫困研究已经兴起（Phoumin & Kimura，2019；Churchill & Smyth，2020；刘自敏等，2020），为本书提供了前沿学术参考；另一方面，各国研究机构和组织开展了多期全国微观调查，为本书提供了重要的数据支撑。然而，能源贫困的衡量暂未在学术界达成共识，也缺乏更多微观层面的能源贫困跨国比较。此外，中国能源贫困具备独特性和异质性特征，给我国的能源贫困衡量方面的研究带来了挑战，这在本书的其他章节已进行了深入分析与总结。

第二，现有文献已经证实能源贫困对环境、健康、教育、女性福利等具有严重的负面影响，同时现有研究普遍认同能源贫困对健康的影响呈现性别差异，但是对该现象缺乏理论分析和实证检验，能源与性别相契合的研究也很少将性别相关指标体系纳入回归模型，在后续章节将会详细论述能源贫困与性别平等的关系，同时在社会规范的框架下，呼吁对陷于深度能源贫困的边缘化群体和脆弱性群体（如女性及其未成年子女）给予更多关注。

第三，本章文献总结了部分发展中国家和发达国家的能源贫困研究状况，给世界未来能源减贫提供了可借鉴经验，这部分内容将在本书后续有关缓解能源贫困的策略与建议章节进行进一步归纳和阐述；同时，也对中国的能源扶贫成就进行了总结与评述。可持续发展目标之间的复杂互动关系开始受到学术界的关注，如何基于多个可持续发展目标，立足微观家庭领域来研究能源贫困在当前非常缺乏，本书的不同章节已体现我国能源发展目标与国际能源发展目标高度重合。在“减排”和“减贫”双重期望下，建立能源扶贫长效机制是政策设计的重难点，本书的后续相关章节也为构建解决相对贫困的长效机制时，基于微观家庭领域嵌入“能源扶贫”做出贡献。

4 能源贫困的衡量方法

在前两章中，本书梳理了能源贫困概念及其历史演变和相关理论基础，从现有文献视角进一步展示了世界范围的能源贫困现状，并归纳了能源贫困在环境、教育、健康等方面的负面影响，总结了能源贫困与经济、社会与文化等因素的内在关联。由于能源贫困问题的复杂性，目前学术界仍然没能达成对能源贫困概念的统一界定，但这并不影响各国学者对能源贫困的衡量。相反，能源贫困的衡量颇受学术界关注，旨在从定量视角挖掘能源贫困内涵，并为缓解能源贫困提出了具有操作性的对策建议。

对此，本章主要阐述现有能源贫困的测量方法及其特点，并归纳现有方法存在的优势和不足，助力于针对不同国家和地区在未来能源贫困衡量方面取得突破。首先，本章基于能源贫困定义，回顾了传统、单一的能源贫困衡量方法，同时也将总结多维度能源贫困的衡量方法；其次，本章将进一步总结现有的中国能源贫困衡量情况，并阐明中国能源贫困问题的独特之处；最后，本章将对上述测量方法进行评述及展望，为从事能源贫困研究方法的相关学者提供研究思路。除此之外，本章将剖析能源贫困衡量方法在不同场景运用中的局限性，为构建全面性、完整性和可操作性的能源贫困衡量体系提供重要参考依据。据此，本章将各种衡量方法分类归纳如表 4-1 所示。在本章后面小节，我们将根据该表所列的衡量方法依次展开相关文献的梳理。

表 4-1 能源贫困的衡量方法分类

衡量方法	适用区域	具有代表性的参考文献
能源发展指数（energy for development index，EDI）	全球	国际能源署，2004

表4-1(续)

衡量方法	适用区域	具有代表性的参考文献
基本能源需求量(minimum end-use, MEE)	拉丁美洲	Krugmann & Goldemberg, 1980
	孟加拉国	Barnes 等, 2011
	中国	Jiang 等, 2020
10%指标	德国	Heindl, 2015
	法国	Boardman, 1991; Legendre & Ricci, 2015
	英国	Roberts 等, 2015
	希腊	Papada & Kaliampakos, 2016
	西班牙	Economics for Energy, 2015
	日本	Okushima, 2016
低收入高消费法(low income high cost, LIHC)	英国	Hills, 2011
	澳大利亚	Boltz & Pichler, 2014
	德国	Heindl, 2015
	中国	Lin & Wang, 2020
多维能源贫困指数(multidimensional energy poverty index, MEPI)	全球	Nussbaumer, 2013
	印度	Sadath 等, 2017
	加纳	Ahmed & Gasparatos, 2020
	波兰	Sokolowski 等, 2020
	中国	解垩, 2021
共识法(consensual approach)	爱尔兰	Healy& Clinch, 2004
	欧盟	Petrova 等, 2013; Thomson & Snell, 2013
	中国	李慷等, 2014
	西班牙	Aristondo & Onaindia, 2018

表 4-1（续）

衡量方法	适用区域	具有代表性的参考文献
隐形能源贫困方法	比利时	Meyer 等，2018
	意大利	Betto 等，2020
	希腊	Papada & Kaliampakos，2020
	中欧和东欧	Karpinska & Miech，2020
机器学习法	印度	Wang 等，2021a

4.1 能源贫困的衡量指标

目前，衡量能源贫困的方法比较多，大多方法是基于研究区域的具体情况进行指标构建，但还没有形成统一的能源贫困衡量体系。本部分主要从以下三个大类的衡量方法进行详细介绍：单一指标、综合指标、其他指标。其中，单一指标包括 10%指标法（Boardman，1991）、低收入高消费指标（Hills，2011）；综合指标最常用的就是能源发展指数（IEA，2004）、多维能源贫困指数（Nussbaumer 等，2012）；其他指标包含基本能源需求量（Barnes 等，2011）、共识法（Healy & Clinch，2004）。

4.1.1 单一指标

4.1.1.1 10%指标法

Lewis（1982）最早将能源贫困定义为依赖传统生物质能或者固体燃料进行炊事和取暖，但并未直接给出量化能源贫困的方法；而 Boardman（1991）的贡献在于首次量化了能源贫困，该研究将生活用能支出超过家庭总收入 10%的家庭划分为能源贫困群体。10%指标是 Boardman（1991）用于识别英国的能源贫困人群而提出来的单一指标，该指标于 2001 年得到英国政府的官方认可并长期运用在能源贫困的衡量中。该指标曾作为英国官方能源贫困的测算方法，为衡量英国的能源贫困提供了很好的研究思路（Healy & Clinch，2002）；爱尔兰等欧洲国家甚至世界其他国家也沿用该方法进行能源贫困的测度，如 Dubois（2012）、张忠朝（2014）、Papada & Kaliampakos（2016）、Okushima（2016）。

虽然 10%指标为学术界早期衡量能源贫困提供了借鉴标准，然而有研究指出仅仅获取能源消费金额与收入占比等相关固定指标来划分能源贫困群体缺乏准确性。具体而言，Healy & Clinch（2004）认为10%指标存在以下四点局限性：第一，该方法在界定收入上存在歧义，原因是一些研究将住房费用计入家庭收入，而另一些研究则没有计算住房费用；第二，将门槛值设定为10%缺乏科学依据，且随着时间推移和经济发展，该固定比值存在较大误差；第三，该方法并不适用于能源贫困的跨国比较和跨国运用，因为不同国家的能源价格、商品能源使用情况和经济发展水平差异巨大；第四，该方法估计得出的能源贫困线远远高于运用其他社会指标得出的贫困指数（Healy，2003；Whyley & Callender，1997）。此外，孙威等（2014）指出，低收入人群通常使用秸秆、木柴等传统生物质能，此部分的能源消耗在一定程度上并不需要货币支出，甚至是能够免费收集的，但事实上该群体面临着显著的能源贫困风险。因此，货币指标对那些无法获取清洁能源而具备较低能源消费量和仅仅获取低端能源消费服务的群体并不适用（Mack 等，1985；Ringen，1988；Nolan & Whelan，2010；Papada & Kaliampakos，2018）。该指标作为一种"一刀切"的能源贫困衡量方法，有研究明确指出此类方法存在显著的随意性（Meyer，2018）。

4.1.1.2 低收入高消费指标

Hills（2011）提出低收入高消费方法来评估能源贫困，该指标于2013年获得英国政府的官方认可。该指标是在上文提及的10%指标基础上的改进，即通过双门槛值来测度和确定能源贫困家庭：其一，如果一个家庭为满足生活基本需求的生活能源成本高于社会平均水平；其二，家庭净收入低于官方公布的经济贫困线时，该家庭则属于能源贫困家庭。相对于单一的10%指标，LIHC指标法设置的双重条件能够更加合理地测度和确定能源贫困家庭。并且，该方法能有效地避免将高收入、高消费的家庭纳入能源贫困范畴中（林伯强，2020），因此LIHC指标法在现有研究中得到了广泛应用（Phimister 等，2015；Okushima，2016；Lin & Wang，2020）。

但是，LIHC指标法的双重相对性使研究者难以确定收入和能源消费的因果关系，特别是在进行时间序列分析时，会产生一些误导性的结果（李兰兰等，2020）；同时，林伯强（2020）指出低收入高消费指标的衡量方法无法涉及能源服务的普及程度和获取难度，常用于能源服务普及度较高且能源服务作为一种商品来购买的研究范围。

值得注意的是，能源贫困与收入贫困不能一概而论。虽然收入贫困与能源贫困之间存在着较强的相关性（Mendoza 等，2019），但并不是所有能源贫困家庭都是低收入家庭（Barnes 等，2011）；家庭收入不贫困也不代表该家庭已获得充足的现代能源（Khandiker，2012）。据现有文献估算，英国能源贫困人口约占总人口的18%，收入贫困人口仅占总人口的11.6%。能源贫困人口中有32%为收入贫困人口，收入贫困人口中有50%为能源贫困人口（Liddell & Morris，2012；Roberts等，2015）。

4.1.2 综合指标

4.1.2.1 能源发展指数

国际能源署于2004年提出能源发展指数（IEA，2004），用于衡量不同国家的多维能源贫困程度。EDI指数结合了人均商业能源消耗、商业能源在最终能源使用量中的份额以及用电人口份额这三个指标，通过将每个指标赋予同等的权重获得EDI指数。此外，利用EDI指数对比不同国家的能源发展状况，可以评估每一个国家和地区的能源需求。国际能源署指出该种方法在数据获取方面较为容易且多运用在宏观能源贫困的衡量上（IEA，2010）。此外，EDI指数具备一定与时俱进特征，其中国际能源署于2012年对EDI的度量指标进行了更新，补充了生产用能和公共用能两个子指标（林伯强，2020）。

有关EDI指数的局限性也被学者广泛讨论和证实。例如，Pachauri等（2004）指出EDI指数中应该对各个指标进行合理的赋权，而不是将所有指标赋予相同权重。此外，由于建立EDI指数所需的各国相关数据会随着时间的推移而变化，指标的最大值和最小值也会随着时间的推移而变化，所以EDI指数计算出来的结果不能进行准确的跨时期比较，且仅能用于宏观层面能源贫困的估算，很难适用于针对某一个国家或者区域内部能源贫困的现状评价。

4.1.2.2 多维能源贫困指数

Nussbaumer等（2012）率先提出多维能源贫困的概念，并借鉴Alkire & Foster（2010）所提出的双界线法最早构造了适用于微观层面的多维能源贫困指数，该指数是对以上传统能源贫困测度的重要补充，是从多维贫困（multidimensional poverty）的概念扩展而来。王小林 & Alkire（2009）提出当全球存在大量绝对贫困人口，扶贫除了通过给予资金支持以外，针对贫困人口提升多维度福利具备重要性，即随着国民收入的不断增加，扶贫重点应向更为广泛的相对贫困范畴转移。Sen（2000）最早提出多维贫困理论，该研究认为贫困剥夺了人类的基本可行能力，若仅以收入或消费作为判定贫困的准则无法全面地反映贫困状况。具体而言，多维贫困是一个更广义的贫困概念，除了收入以外，还应包括教育、医疗、生活环境、住房质量、能源获取度、卡路里摄入量、寿命等多个评估指标（尚卫平和姚智谋，2005；高艳云，2012）。对此，多维贫困指标逐渐取代单一贫困指标，成为目前衡量居民贫困更加普及的方法。类似的，能源贫困的衡量也逐渐过渡到多维度能源贫困的范畴中。

多维能源贫困的思想与多维贫困类似。缺乏水源、营养或无法获取现代能源设备等都可能造成家庭和个体能源贫困，因此能源贫困的程度并不能简单地以收入或支出指标决定（李佳珈，2019）。相较于绝对能源贫困，多维能源贫困更能有效挖掘能源贫困的本质（Mendoza 等，2019）。多维能源贫困的研究分布在国家、地区和家庭多个层面，其维度的设立包括生活水平、能源获取等诸多方面。现有研究分别从宏观角度和微观角度提出了认可度较高、使用范围较广的多维能源贫困评估方法。

Alkire & Foster（2010）提出 A-F 方法对多维贫困进行测量。Alkire & Santos（2014）在 A-F 方法的基础上，进一步改进了多维贫困指数（Multiple-dimensional Poverty Index，MPI）。与 A-F 方法相比，多维贫困指数（MPI）的组成结构更加灵活，对贫困的局限性进行了有力的补充。Nussbaumer 等（2012）首次构造了多维能源贫困指数，具体包括以下五个维度的能源贫困因子：炊事用能、是否通电、冰箱拥有情况、电视拥有情况和电话等设备的拥有情况。该指数可以识别地区和家庭的能源贫困发生率及能源贫困强度，并侧重于估计现代能源服务的满足程度（Mendoza 等，2019）。据此，Ahmed & Gasparatos（2020）、Sadath 等（2017）、Sokolowski 等（2020）从多维度视角分别衡量了加纳、印度、波兰的能源贫困程度。解垩（2021）根据 MEPI 衡量了中国的能源贫困，该研究选取家庭炊事燃料、照明、家电服务、娱乐/教育和通信五个维度构造多维能源贫困指数，研究发现中国的多维能源贫困指数在2000—2015 年呈现下降态势。但是，多维能源贫困指数的下降并不代表中国的能源贫困问题有所缓解，解决中国能源贫困问题依然任重道远。

Zhang 等（2019a）指出以上有关多维度能源贫困的研究并未将可支付维度纳入考虑，从而遗漏了家庭经济方面的重要信息。最新的一系列研究则弥补了以上缺陷：Phoumin & Kimura（2019）筛选同时满足消费水平处于最低20%、能源消费占收入比高于 10%，且同时使用污染能源的家庭作为能源贫困群体。Khanna 等（2019）从能源可得性、可获取性和可支付性三个维度估算南亚国家的家庭能源贫困。Aristondo & Onaindia（2018）构造了多维度的能源贫困衡量指标，具体包括家庭是否具有保暖性、是否拖欠水电账单和是否存在房屋漏水、潮湿的墙或者坏掉的窗户。Pelz 等（2018）在衡量多维度能源贫困时，还考虑了能源效率维度、家庭成员构成等因素，并提出未来研究方向需重点针对女性和儿童等能源脆弱群体。

实际上，多维能源贫困指数也存在一定缺陷：第一，该方法下能源支出与家庭收入占比较高或固体燃料使用频率较高的家庭被识别为能源贫困家庭，然而，部分能源消耗异常低的家庭却“隐形”了。第二，该方法在计算家庭真实能源需求时可能会忽略不同的能源消费条件和社会规范（Pelz 等，2018），最新证据表明，异质性和文化敏感性在构建能源贫困框架方面至关重要（Chaudhry & Shafiullah，2021；Farrell & Fry，2021）。

4.1.2.3 低收入低能源效率指标

英国政府于 2019 年提出了新的能源贫困指标：低收入低能源效率指标。类似于 LIHC 指标，该指标也通过双门槛来测度和确定能源贫困家庭：其一，如果一个家庭在扣除能源消费后的剩余收入低于官方公布的经济贫困线；其二，家庭居住在能效等级低于 C 级的房屋里（英国将能效等级按从高到低分为 A、B、C、D、E、F、G 七级），该家庭则属于能源贫困家庭（BEIS，2021）。低收入低能源效率指标延续了 LIHC 的特点，从低收入的角度来显示英国家庭能源贫困的范围和程度，关键的变化是，该指标在测度能源贫困时将家庭的能源效率纳入考虑。低收入低能源效率指标的提出者们提到，尽管有部分收入较低、无法负担能源账单的家庭居住在能效等级等于或高于 C 级的房屋中，但这类家庭大多数无法从能源效率措施中获益。因此，LILEE 将住宅能效等级低于 C 级设置为能源贫困的衡量标准。

根据低收入低能源效率指标估算，仅在英格兰地区，就有约 320 万家庭陷入能源贫困（BEIS，2021）。此外，约 27%自有住房或居住于社会住房的家庭存在能源贫困；而居住于私营租赁住房的家庭其能源贫困率为 38%，尽管私营租赁住房仅占所有住房的 19%（BEIS，2021）。私营租赁住房质量低劣且缺乏供暖设备，因此，住在这类房屋的家庭极易陷入能源贫困。英国住房调查（English Housing Survey）数据显示，尽管房东出租 F 和 G 级房屋是违法的，但仍有 6.3%的家庭居住在 F 或 G 级的私营租赁房屋中（MHCLG，2020；BEIS，2021）。

4.1.3 其他指标

4.1.3.1 基本能源需求量

划分能源贫困线是衡量能源贫困最常用的方式之一。贫困线的划分方式主要有两种：一部分研究通过货币形式计算能源消费，继而评估样本是否存在能源贫困，如有研究将低于区域平均能源消费水平的群体划分为能源贫困群体（Foster，1997）。另一部分研究是以寻找基本能源需求量为依据（Bravo 等，1979；Krugmann & Goldemberg，1983；Barnes 等，2011）。Barnes 等（2011）

提出运用基本能源需求量法计算最低能源需求量，该研究通过构建基础线性回归模型，测度能源消费和家庭收入的关系，最终获取孟加拉国的家庭最低能源需求量，并以此作为衡量能源贫困现状的阈值。当家庭能源消费量低于该阈值时，即使家庭收入增加，也不会增加这部分家庭的商品能源消费，因为他们必须将非常有限的收入用于摄入食物从而得以维持生计；而当家庭能源消费量高于该阈值时，商品能源消费量开始随着家庭收入增加而增长。该指标的构建通常纳入能源设备的耗能、效率等诸多方面来计算满足生活需求的最低能源量。例如，Bravo 等（1979）将人均能源需求分为直接能源需求（如照明、供暖或供冷、交通）和间接能源需求（如炊事和食物储存，以及个人相关消费，包括娱乐、教育和社交等）分别进行测度，该研究计算得出在热带国家（如印度）普通家庭每月的人均最低能源需求量为 27.4 千克标准油（kgOE）。Krugmann & Goldemberg（1983）用类似方法计算出发展中国家（拉丁美洲、非洲和亚洲）人均最低能源需求量处于 27—37 千卡（Kcal）/天。但是以上估算出的最低能源需求量存在一定问题，在此标准下，没有群体处于能源贫困，这显然与实际情况不符。由于个体之间地域、收入水平、家庭结构、生活习惯等存在显著差异性，且不同研究对最低能源需求所涵盖的内容持有不同的观点（李佳珈，2019）。因此，目前还没有一个公认的最低能源消费水平，不同方法计算出的结果也有较大差异（Wang，2015）。

4.1.3.2 共识法

上文提及的“房屋是否具有保暖性”这类通过主观感受来衡量能源贫困的方法统称为共识法，该方法由 Healy & Clinch（2004）最早提出。当家庭能源消费的相关数据无法获得或者各国标准无法统一时，可以利用共识法对国家或地区的能源贫困进行估计。Aristondo & Onaindia（2018）、Petrova 等（2013）、Thomson & Snell（2013）、李慷等（2014）运用该方法分别衡量西班牙、乌克兰、中国、欧盟的多维能源贫困。然而共识法也存在一些缺陷：首先，这种主观感受可能缺乏可靠性（Churchill & Smyth，2020），如当某些能源贫困家庭从未意识到能源贫困危机时，依照共识法的估算结果将低估这类家庭的能源贫困问题（Dubois，2012）。此外，个人的主观感受可能会随着文化差异和个人偏好而波动（Thomson 等，2017；Karpinska & Smiech，2020）。因此，这种方法通常与衡量能源贫困的客观指标结合使用，而不是单独使用（Robinson 等，2017；Churchill & Smyth，2020）。

综上，能源贫困的测度具有广泛性和复杂性（Thomson 等，2017）。首先，能源贫困需要考虑地域文化等社会因素，社会因素对居民能源消费行为及其影响有着不可忽视的作用；其次，相关数据难以获取，目前世界范围内的微观调查中涉及家庭能源消费及其行为的相关详细数据较少，且鲜有准确的跨国可比性；最后，地域环境等自然因素也可能造成能源贫困，Sánchez 等（2018）指出不同地区的气候差异会对能源贫困的测度造成误差，一部分学者已经开始将研究目光聚焦于炎热气候或季节波动，甚至是气候变化带来的能源贫困问题（Santamouris & Kolokotsa，2015；Sanchez-Guevara 等，2019），如 Mastrucci 等（2019）认为随着全球气温的上升，也应将缺乏室内制冷条件这一因素纳入能源贫困的衡量中，Randazzo 等（2020）通过研究澳大利亚等八个处于温带气候区的国家发现，在气候炎热的地区，居民的能源贫困程度可能会随着对空调需求的增加而加剧。

基于当前文献，测量能源贫困的方法较多，但还没有形成一个完整的度量体系，其原因主要有以下两方面：一方面，不同的能源贫困测量方法来自不同的能源贫困问题侧重角度，这将导致测量结果有所不同；另一方面，不同测量方法的实用性和可操作性不同，因此很难短时间确定一致的度量方法。能源贫困衡量难以统一还表现在单一指标阈值设定缺乏理论支撑，而多维度衡量方法的数据又较难完全获得。另外，能源贫困衡量体系的构建需要结合地区的实际情况，如经济发展水平、生活习俗等，不仅要保证体系构建的全面性、完整性，还要具有可操作性。

4.2 能源贫困衡量方法的总结与展望

第一，本章通过梳理文献，按照能源贫困衡量的历史发展主线归纳了能源贫困的以下几种衡量方法：10%指标、低收入高消费法、多维能源贫困指数、共识法、能源发展指数和基本能源需求量等。总的来说，目前衡量能源贫困的方法可以分为单一指标法、综合指标法和其他指标。尽管这些衡量方法得到了政府和学者们的部分认可，但这些方法也存在不同程度上的缺陷。例如，10%指标、低收入高消费法等一系列基于能源支出的衡量方法低估了能源贫困问题的严重程度，这类指标难以覆盖因经济困难而大幅减少能源消费的家庭（Chard & Walke，2016）。多维指标法对数据的精准度要求更高，另外，对各维度进行合理赋权也是该方法的一大挑战（李兰兰等，2020）。共识法具有很强的主观性，该方法的使用很可能导致某些家庭低估或高估个体能源贫困程度（Rademaekers 等，2016）。第二，本章特别关注了世界最大发展中国家——中国的能源贫困衡量方法，阐明了中国能源贫困问题的特殊性，从而决定未来针对中国能源贫困的衡量也该具备一定个性化。

基于现有衡量方法的缺陷，一些学者提出隐形能源贫困（hidden energy poverty）（Meyer 等，2018；Betto 等，2020；Papada & Kaliampakos，2020；Karpinska & Miech，2020）和机器学习法（machine learning）（Wang 等，2021）测量能源贫困，这两种方法很可能成为近年能源贫困研究领域中的前沿方向。

隐形能源贫困指家庭自愿或被迫将能源消费限制在舒适度水平以下（Meyer 等，2018）。Ni 等（2020）提出，某些家庭将限制能源消费作为一种生存机制：通过对家庭成员的能源需求进行定量分配，以此减少家庭的能源消耗。这些家庭面临的能源贫困问题不仅难以通过现有的能源扶贫政策识别，且不易通过单一能源贫困衡量方法评估。此外，由于这类家庭的特点之一是潜在能源消费量偏低、收入并不低的群体中，与能源消费量占比、收入贫困指标等相关的能源贫困衡量方法（如 MEPI、LIHC 等指标）不能有效识别出这部分能源贫困群体。对此，隐形能源贫困指标的提出能帮助研究者们和政策制定者们识别以上能源贫困家庭，为实现精准能源扶贫指明方向。

还有一些研究将能源贫困与大数据结合，通过机器学习提高对能源贫困预测的准确性（Farinoni，2016；Wang 等，2021；Longa 等，2021）。虽然传统能源贫困衡量方法能够利用全面调查数据展开估算，并且依托各国、各地区的多轮次数据库不断更新调查数据，但是这些数据的获取成本十分高昂，调查周期特别长。一般来说，发展中国家很难依靠财政支撑全民调查，尤其是农村地区的调查因地势崎岖和居住分散等原因很难开展，因此很难得到精准又全面的微观研究数据。Wang 等（2021）指出，结合机器学习的能源贫困衡量方法能通过降雨量和细颗粒物（PM2.5）这两个环境指标预测能源贫困，对能源贫困地区的精准识别高达 90.91%，表现优于仅使用社会经济指标的地区。

4.3 本章小结

本章主要论述了能源贫困的衡量方法，并将其划分为单一指标、综合指标和其他指标来进行梳理与归纳。本章证实能源贫困的测度方法多种多样，各个衡量方法的操作性和实用性不同，缺点也不同，然而目前尚未形成统一的度量体系衡量世界各国的能源贫困。各学者根据研究的侧重点使用了不同的衡量方法，但仍需在能源贫困衡量体系的全面性、适宜性和可操作性方面作更深入的分析。同时，本章还涉及了隐形能源贫困测量和机器学习法等能源贫困衡量的前沿方法，促使能源贫困的衡量有更大的研究空间。此外，由于中国能源贫困问题的特殊性和复杂性，在衡量中国的能源贫困时，亟须根据中国的社会和文化规范建立多元化的衡量指标，该部分研究在现有文献中非常缺乏。对此，本书将在第七章中详细介绍并构建中国隐形能源贫困指标。

5 能源贫困的全球现状与国际比较

基于前文分析得出，一方面能源贫困在世界范围内具备广泛性与严峻性特征，另一方面能源贫困具有社会经济发展和地域的异质性，可见开展能源贫困的跨国比较对了解其普遍性和异质性均有参考意义。鉴于此，本章首先将从不同地域比较视角展开发达国家与发展中国家能源贫困的比较与分析。该部分与第三章文献部分不同之处在于：文献部分注重发达国家和发展中国家相关研究的分别梳理，而此部分旨在将发达国家和发展中国家的能源贫困进行进一步比较，为制定多元化、多层次的能源减贫方针奠定分析基础；随后，本章以印度作为发展中国家能源贫困的典型代表展开一系列分析，以期后续开展亚太地区能源贫困的跨国比较研究，为更多发展中国家能源贫困研究提供合作与借鉴的新思路。

5.1 能源贫困的全球现状

国际能源署的相关数据表明，预计到2030年全球仍有25.2亿人无法获取清洁能源，生活用能仍以传统生物质能为主，有9.7亿人无法获取电力服务（IEA，2013）。根据世界银行最新统计数据，全球仍有16%的人口无法获得电力，缺乏电力供应的贫困人口主要集中在撒哈拉以南的非洲地区，该地区仍有约6亿人口生活在没有电力供应的状态（World Bank，2018），而缺乏电力供应是出现能源贫困问题的标志，从而进一步阻碍当地经济发展，阻止人们参与现代经济建设。在2014—2018年，在使用清洁烹饪燃料人口百分比最低的20个国家中，有19个国家均位处非洲最不发达国家之列（WHO，2018）。为了缓解能源贫困问题，联合国将2012年设定为“人人享有可持续能源国际年”，并提出“人人享有可持续能源”的倡议，号召全球共同行动，捍卫人人享有现代、清洁高效的生活能源的权利，共同应对能源贫困（李慷，2014）。2015 年，联合国提出了 17 个可持续发展目标（Sustainable Development Goals）用于指导未来 15 年全球发展工作，其中消除贫困（SDG1）、良好健康与福祉（SDG3）、获取经济适用的清洁能源（SDG7）、气候行动（SDG13）等目标与缓解能源贫困有紧密关系。上述目标并非仅仅针对发展中国家，而是一个全球性的行动纲领，为各国政府实现可持续发展目标提供了一个统一的目标框架。

其中，“消除贫困”目标明确提出要消除一切形式的贫困，确保所有性别人群，特别是穷人和弱势群体，享有平等获取经济资源的权利和其他基本服务等。数据显示，全球仍有 7 亿多人口生活在极端贫困中，该群体在医疗、教育、用水和卫生设施等方面的需求仍未得到满足。全世界农村地区的贫困率是 17.2%，是城市地区的三倍多（UN，2020）。

“良好健康与福祉”目标旨在确保健康生活及促进各年龄层人群的福祉。联合国环境署在《全球环境展望》报告中预测，2050 年可能有百万人口因环境污染而过早死亡（UN，2020）。确保健康生活并促进各年龄段人群的福祉对建设繁荣社会有着至关重要的作用。然而，能源贫困与健康的关系十分密切，发展中国家居民呼吸道疾病产生的主要原因之一是室内空气污染。污染能源的使用会排放大量污染气体，引发室内空气污染，最终危害个体健康。每年大约有 380 万人死于因低效燃料燃烧而引起的空气污染所导致的疾病，其中妇女和女童占总死亡人数的五分之三（WHO，2018；UN，2020）。可见，缓解能源贫困问题对促进居民健康生活尤为重要。

“获取经济适用的清洁能源”目标即是确保人人获得可负担、可靠和可持续的现代能源。电力和清洁燃料及技术的普遍服务成为可持续发展目标的两个最重要指标（林伯强，2020）。全球范围内 13% 的人口仍然无法使用现代电力，30 亿人口仍然靠燃烧木柴、煤炭、动物粪便进行烹饪或取暖，超过 12 亿人口无法使用电力，这些人群主要集中在非洲和亚洲的 10 多个国家，其中撒哈拉以南的非洲，有接近 7.89 亿的人口无法获得电力或者供电系统不稳定（UN，2020）。当电力供应无法稳定，国家的经济发展将缺乏稳定持续的驱动力。当缺乏电力供应时，妇女和女童必须花费几个小时取水和砍柴，诊所不能储存儿童疫苗，学生受教育时间被限制，企业经营条件受限且生产效率低下。因此，各个国家亟须持续推动能源转型，在兼顾能源安全、环境保护与应对气候变化的前提下，满足未来家庭能源需求的增长，对现有的以化石能源为基础的能源体系进行根本性变革。

“气候行动”目标旨在通过筹集资金，满足发展中国家的发展需要，并减缓气候变化所带来的灾害。气候变化以全球变暖为特征，已在科学研究中得以证实（冯爱青等，2021）；温室气体的排放是气候变化的最主要驱动因子，其危害早已波及农业、水资源、人类健康等敏感区域（吴绍洪和赵东升，2020）。全球各个国家都受到气候变化的巨大影响，而能源领域是温室气体排放的主要来源，二氧化碳和常规污染物的排放具有同源性，大部分来自非清洁能源的燃烧和利用。2019 年，大气中的二氧化碳和其他温室气体含量达到新高（UN，2020），全球气候变暖导致海平面上升，同时导致极端天气频繁出现，严重影响各国经济发展和人民的生产生活。但缺乏基本的能源服务会严重影响能源贫困群体的生产生活，若要缓减能源贫困又势必会普及能源服务、增加能源消耗量，其中额外增加的化石燃料和传统生物质能的燃烧又会排放大量的温室气体（Chakravarty & Tavoni，2013），与“气候行动”目标的宗旨相违背，如何在缓解能源贫困的同时有效应对气候变化是有待深入研究的方向。

世界能源贫困现状充分体现了能源贫困问题的复杂性和严峻性，而实现上述可持续发展目标与缓解全球能源贫困目标具有高度一致性。通过对各个目标之间复杂互动关系的研究，有利于深入探讨缓解能源贫困对“消灭极端贫困与饥饿”“性别平等”“儿童健康成长”“环境可持续发展”等相关重要社会问题的促进作用。本书将充分探讨联合国可持续发展目标（SDG）的四大目标：消除贫困（SDG1）、良好健康与福祉（SDG3）、获取经济适用的清洁能源（SDG7）、气候行动（SDG13）之间的复杂互动关系（见图 5-1）。多个 SDG 的耦合研究是回应世界可持续发展实现路径的重要举措，本书将从理论上丰富以上四大 SDG 的内涵，从实践上为长期、高效实现多项目标提供科学指导，也将为全球发展中国家的可持续发展路径提供借鉴意义。以上目标囊括资源、社会和福利三大板块，通过对多个目标间相互作用的深化和细化研究，有助于推动多项 SDG 在长期的全面实现（Nash 等，2020），为全球实现“碳中和”目标打下坚实基础。

世界各国经济发展水平各异，资源禀赋也各不相同，各国能源贫困问题表现形式不尽相同。通过对现有文献的梳理，世界范围内能源贫困的特征主要有以下三点：一是在能源消费量方面，发展中国家的人均生活用能量明显低于发达国家水平，如中国居民能源消费量不到英美国家的一半（郑新业等，2017）；二是在用能结构方面，发展中国家仍以传统生物质能和煤炭等污染能源为主，如中国等发展中国家相比发达国家在固体燃料使用上占比更大（廖华等，2017），赞比亚、乌干达等大量的非洲国家电力覆盖率远远低于 50%

（林伯强，2020），这些地区仍无法广泛获得以电力和天然气为代表的清洁能源服务；三是在能源可支付性方面，发展中国家的家庭难以支付相对昂贵的现代清洁商品能源（魏一鸣等，2014），同时发达国家家庭能源贫困的衡量也侧重于清洁能源的可支付性（Zhang 等，2019a），采取消除能源贫困的政策行动也主要致力于降低能源消费占居民收入的比例（林伯强，2020）。

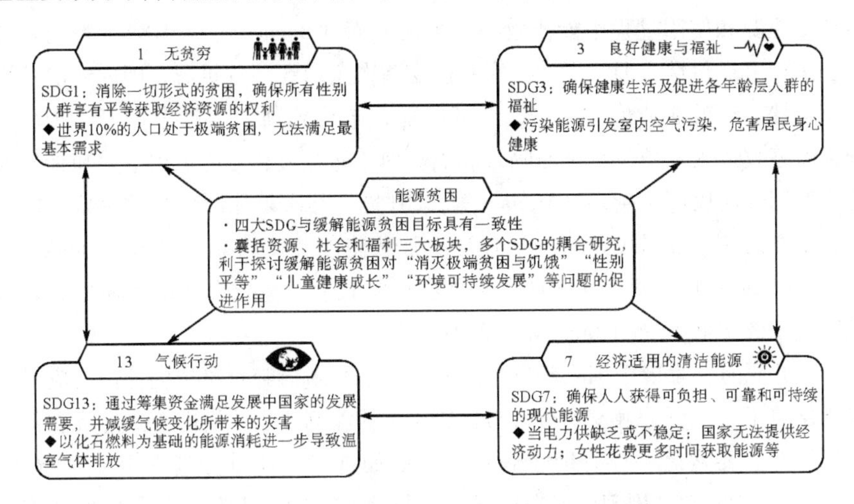

图 5-1 能源贫困与多个 SDG 的内在逻辑图

能源贫困的严峻性与广泛性在发展中国家的农村地区更为显现，若不能从多维度探索缓减能源贫困的渠道，能源贫困就会在健康和教育等方面造成不可逆转的后果，家庭能源的低效使用会对家庭资产贫困形成反向作用，"低收入-低能源消费-低能源使用效率-低经济活动和劳动生产率-低收入"的能源使用困境将会代际传递，形成能源贫困"陷阱"（畅华仪等，2020）。发展中国家普遍缺乏提供天然气和电力等现代清洁能源的基础设施（如发电厂、输电线路、地下管道），大量农村地区居民严重依赖传统的生物质能（如薪柴、木炭、秸秆）进行炊事或取暖，再加上设备简陋陈旧，生活观念落后，可见农村居民的用能水平较低、用能结构较差、用能能力较弱，这在一定程度上阻碍了减贫、扶贫工作的有效开展，为经济社会的发展滋生多方面的潜在风险。能源贫困的最直接表现就是依赖传统生物质能源，传统生物质能在燃烧过程中会释放大量一氧化碳、二氧化氮等致癌物质，这些物质极易引发急性下呼吸道感染、肺炎、慢性支气管炎、肺癌等呼吸道疾病，对人的身心健康造成严重的不良影响（张金良等，2007）。据世界卫生组织估计，在发展中国家每年有 130 万人（大部分是妇女儿童）死于生物燃料炉灶产生的烟尘污染（张馨，

2018）。除此之外，能源贫困还从经济、教育、性别平等、社会公平等多个方面影响着社会发展。

值得注意的是，发达国家也存在能源贫困现象，且其表现形式与发展中国家的能源贫困现象不尽相同。发达国家的能源贫困问题并不是直接表现为依赖传统生物质能源。现有文献指出，发达国家的能源贫困问题主要体现在无法支付清洁能源和使用过程中能源效率低下两方面（Bonatz 等，2018）。首先是清洁能源的可支付性方面，发达国家在遭受两次全球经济危机后，国内经济发展严重受挫，对就业造成了冲击，经济恢复并未达到预期（钟宁桦等，2021），导致家庭收入大幅减少，进而陷入能源贫困，如意大利无力负担电力和天然气使用费用的居民越来越多（Miniaci 等，2014）。其次是能源使用效率低下的问题，主要是较差的居民建筑与居住环境等致使能源使用效率降低（Stefan 等，2012），比如英国大约有 1/3 的人居住在质量较差、老化严重的房屋中，导致能源使用效率低下（Ambrose 等，2021）。

与此同时，发展中国家和发达国家均面临着新冠肺炎疫情的冲击与应对气候变化的压力，更是触发了对人与自然关系的深刻反思。而能源是经济和社会发展的基本要素之一，有助于满足人类诸如食物、住所等基本需求（解垩，2021）。如今能源贫困问题遍布世界各国与地区，即使不存在贫困问题的发达国家，居民的能源贫困问题依然存在（林伯强，2020）。为有效缓解能源贫困问题，进而实现多个可持续发展目标，需号召全球共同采取行动，推进合作，强化责任担当，积极改善能源贫困现状。

通过上文的分析，缓解全球能源贫困仍需在多方面做出努力。全球能源贫困主要聚焦于以下问题：①仍有大量人口无法获得电力，清洁能源普及任务仍然重大；②发展中国家用能量相对较低，用能结构较为落后，发达国家能源支付能力和能源使用效率有待提高；③地区能源贫困差异性较大，农村的能源贫困程度普遍高于城市。为了响应联合国 SDG 目标的号召，各国首先应该积极促进清洁能源的普及，减少室内空气污染，从而保护居民健康；其次，普及电力，减少传统生物质能源的使用，扶持以非洲为典型代表的能源落后地区，保护妇女和儿童的权益；最后，减少温室气体的排放，减少极端天气的出现。

同时，需要关注能源贫困的地区差异性。发展中国家需要提高居民生活用能量，改变用能结构；发达国家则以提高能源支付能力为重点展开缓解能源贫困的工作，着力改善农村地区的能源贫困问题，加快提高全球居民福祉水平。

5.2 发达国家与发展中国家的能源贫困比较

发达国家和发展中国家面临的能源贫困问题各有所不同。总体而言，发展中国家的能源贫困问题既要考虑能源的可获取性，又要考虑其可支付性；而发达国家的能源贫困主要是评估能源的可支付性。本小节将从发达国家和发展中国家的能源贫困特征开展综合性比较，随后聚焦三个方面分别展开发达国家与发展中国家的比较：电力、清洁烹饪燃料和可再生能源。

5.2.1 发达国家与发展中国家的能源贫困特征总结

5.2.1.1 发达国家的能源贫困特征

发达国家面临的能源贫困问题主要表现为可支付性与季节性，即发达国家的部分家庭负担不起维持室内舒适温度所需的能源费用，从而导致社会问题和健康问题（Charlier & Kahouli, 2019）。大部分发达国家的现代能源已经得到普及，但是由于相对贫困的存在也在一定程度上影响着人们获得能源的公平性。研究发达国家的能源贫困问题，可以为存在类似问题的发展中国家提供经验，从而进一步缓解全球的能源贫困问题。

英国、法国、德国、美国、加拿大、日本等发达国家的现代能源覆盖率早已达到100%，且能源基础设施建设完备，因此并不能用单一的现代能源覆盖率来衡量其能源贫困。英国、法国等发达国家居民的基本生活能够得到保障，但存在着居民的生活用能支出比重较高，削减基本生活用能的情况，在一定程度上影响着社会的总体公平，构成了发达国家的能源贫困（Charlier & Kahouli, 2019）。相关研究表明，英国的能源贫困人口占比为18%，威尔士、苏格兰和北爱尔兰分别为26%、33%和44%（Liddell 等，2012）；然而能源贫困人口中有32%为收入贫困人口，收入贫困人口中有50%为能源贫困人口（Roberts 等，2015）。葡萄牙也是收入分配不平等程度较高的欧洲国家之一（PORDATA, 2016），位居欧盟国家能源贫困风险的前三名（Bouzarovski, 2014）。Okushima（2016）表明，2004 年至 2013 年，日本的能源（燃料）贫困状况加剧，主要是由于能源价格上涨和收入下降。

Lewis（1982）认为能源贫困是无力维持温暖的家，Boardman（1991）将这一概念扩展为居住的房屋能源效率较低。研究表明，意大利和希腊在冬季的死亡率高于芬兰和瑞典两国，原因是芬兰和瑞典等北欧国家的能源贫困率更低，北欧居民有更多足够的、可靠的能源来保持适度的室内温度，能够安稳度过更加寒冷的冬季；相反，意大利和希腊等南欧国家的能源贫困家庭却无力抵制突如其来的寒冷（李佳珈，2019）。Healy（2003）认为欧洲冬季死亡风险的上升与室内温度有关，而不是室外寒冷天气。舒适的室内温度对人类的生存和健康有着重要影响，如果在极端天气没有足够的、可靠的能源保持适度的室内温度，个体生命就会受到威胁。相比无法取暖，夏季无法制冷常被忽略。相关研究指出，受全球气候变暖的影响，南欧国家遭受夏季热浪冲击的风险增加，比如葡萄牙常年气候温和（除了冬季有 1~3 个月需空间供暖，夏季有近 1 个月需空间制冷），但夏季有近一个月的时期气温异常偏高，最高气温为 44.5℃（IPMA，2016），葡萄牙居民的居住空间制冷问题亟须解决（Gouveia 等，2018）。2002 年，葡萄牙被评为欧盟住房条件最差的国家之一（Healy & Clinch，2002）。

5.2.1.2 发展中国家的能源贫困特征

发展中国家面临的能源贫困问题主要表现为能源的可及性、可负担性和可利用性。能源贫困的成因错综复杂，表现形式多种多样，既可以归类于经济问题，也可以归类于社会问题，甚至归类于历史文化问题（廖华等，2015）。相应地，在制定缓解发展中国家能源贫困的相关政策时，需要注重三个不同的能源层面：可持续性、安全性和可负担性，并且发展中国家能源减贫的同时，要对实现气候目标和其他可持续发展目标担负起一定的责任。

微观层面，发展中国家的绝大部分家庭常处于“食物”与“取暖”的权衡之中。在宏观上，国家政府也面临着“消除能源贫困”与“控制碳排放”的选择。消除发展中国家的能源贫困主要是增加能源供给，从而使能源贫困家庭的能源消费达到最低能源需求水平，但是普及现代能源过程中会增加二氧化碳等气体的排放量。由此可见，发展中国家的能源减贫需要从多维度衡量并制定相应的缓解策略。

非洲大陆和南美洲大陆是广大发展中国家的聚集地，非洲国家和南美洲国家在经济增长、人均收入提高、教育普及、获得清洁用水、降低儿童死亡率和延长预期寿命等方面均取得了一定的成就，但二者相比之下，非洲大陆（特别是撒哈拉以南的非洲）是世界上能源贫困家庭最主要的聚居地。除此之外，在东南亚和南亚的大部分发展中国家也面临着和非洲国家相同的能源贫困困境。这些发展中国家均面临着国际环境、资源禀赋、技术水平、政策工具等多重因素的考验，但和发达国家一样，有着“更强、更快、更亮”的能源需求，也在为实现联合国可持续发展目标 SDG7（到 2030 年人人获得负担得起、可靠和可持续的现代能源）寻找源源不断的驱动力。

由此可见，发达国家能源贫困的相关研究认为高能源价格、低家庭收入与低热效率相互作用共同引发了发达国家的能源贫困问题；相比较发展中国家不仅面临能源支付局限，还存在广泛人口无法获取清洁能源的情况。具体而言，发达国家能源贫困特征主要为：第一，能源价格过高，发达国家收入较低的居民无力承担；第二，发达国家存在显著的季节性能源贫困，气候变化将进一步加剧发达国家居民能源贫困程度。而发展中国家能源贫困特征可以归纳为：一是能源可获得性仍然较低；二是环境效益较低，清洁能源使用量较少，大部分家庭仍然使用污染能源，造成环境污染，对身体健康造成较大损害。总而言之，发达国家的能源贫困问题在当下经济形势和气候变化境况下不容小觑，一些地区存在返能源贫困的威胁；而发展中国家的能源贫困问题将持续严峻。

综上所述，发达国家和发展中国家在能源贫困问题上，虽然存在能源贫困的共性，但是因为经济发展水平和基础设施建设的巨大差异，能源贫困问题上显现出不同的特征与趋势。总的来说，发展中国家的能源贫困问题具备更显著的严峻性和全面性，而发达国家能源贫困问题在当前形势下不容乐观，同时需要更多考虑能源减贫与应对气候变化中面临的诸多综合性问题和国际性责任。两者的具体比较归纳在表 5-1 中。

发展中国家能源贫困的问题聚焦于以下四点：①无法获得电力，或电力不能全时段充足供应；②清洁能源的消费占比较少，大部分家庭仍然使用污染能源，导致居住环境恶劣，对身体健康造成严重损害；③商品能源价格昂贵，居民生活成本显著上升，迫使居民为节约生活成本而不得不继续使用传统生物质能（李默洁等，2014）；④政府管理低效，导致相关能源基础设施建设落后，无法供居民正常使用。

发达国家能源贫困的问题则表现为：①电力价格过高，发达国家中收入低的家庭负担不起维持舒适的室内健康温度所需的能源支出，影响社会整体的公平性（魏一鸣等，2014），能源贫困群体因生活用能支出较高，威胁其基本生活权益。②发达国家还存在季节性能源贫困，如在寒冷的冬季或炎热的夏季，能源贫困家庭无法利用有限的经济资源购买和享用更多的基本能源服务，因此无法保证在寒冷的冬季或炎热的夏季维持室内适宜的温度，从而导致发达国家的能源贫困群体在冬季或夏季的死亡率较高（Wilkinson 等，2007）。③发达国家还会受气候变化的影响而加深能源贫困程度，这些家庭在应对极端气候变化时将会花费更多的精力和财力维持基本的生存，进一步加深了家庭的能源贫困程度。④过于依赖进口传统能源，能源结构升级阻力较大。

表 5-1　发达国家与发展中国家能源贫困的对比

	发达国家	发展中国家
能源贫困特征	·能源价格较高，居民能源可支付能力较差 ·气候变化与经济危机加剧了能源贫困问题	·能源可获得性较低，能源贫困问题突出，涉及范围广泛 ·污染能源使用率高，环境效益较低，导致一系列社会福利损失
电力	·电价受外来冲击较大，费用过高，过度依赖进口天然气和石油	·电力普及力度不够，电力服务水平较低
清洁烹饪燃料	·燃料价格过高，低收入居民可承担性较低 ·过度依赖化石能源，对清洁能源投资力度不足	·燃料的可获得性较低 ·过于依赖传统生物质能，导致环境污染，损害居民身体健康
可再生能源	·能源结构已经逐步向可再生能源方向转型，并加大了对可再生能源的投资	·可再生能源发电占比增长较快，政策支持力度较大，但标准生物质燃料的加工体系仍需完善，提高可再生能源的使用效率

5.2.2　发达国家与发展中国家的电力比较

5.2.2.1　发达国家的电力概况

发达国家的电力覆盖率早已达到 100%，但是较低的能源支付能力仍然是发达国家居民使用电力的重大阻碍因素。近年来由于新冠肺炎疫情的冲击，使发达国家居民电力的承担能力进一步恶化。

近年来，全球性能源短缺与价格飙升情况愈演愈烈。以葡萄牙为例，在 2012 年，葡萄牙有 20.9%的居民拖欠水电费，有 35.7%的居民在夏季并没有凉爽舒适的居住环境；在 2014 年，葡萄牙仅有 30%的居民能够支付得起基本能源所需的电费和天然气费（Gouveia 等，2018）。Gouveia 等（2018）研究发现葡萄牙居民的制冷设备拥有率不低，而且居民均有供暖和制冷的需求，但夏季空调的使用率极低，这是因为葡萄牙居民冬季取暖的需求更加紧迫，而且经历了 2011—2014 年的经济危机后，并没有强大的经济能力去购买除取暖用途以外的电力。

由于新冠肺炎疫情的持续冲击，致使发达国家的能源贫困问题进一步加剧。由于欧洲国家的石油与天然气主要依赖进口，欧洲便成为能源危机的"震中"，能源贫困人口激增（陈卫东，2021）。立陶宛电力公司表示，立陶宛 2021 年 9 月电价比 8 月上涨 41%，达到 124 欧元/兆瓦时，德国和法国的批发电价分别上涨了 36%和 48%，徘徊在 160 欧元/兆瓦时，创历史新高。由此可见，欧洲电力价格的提升使欧洲居民的用电成本大大提高，加剧了低收入群体的能源贫困问题。

5.2.2.2　发展中国家的电力概况

截止到 2019 年，发展中国家获取电力的人口比例尚未达到 100%，其中大部分集中于撒哈拉以南的非洲、南亚、东南亚以及中南美洲（IEA，2020）。新冠肺炎疫情再次印证了可靠的、安全的和负担得起的电力供应的重要性，这种供应能够快速应对经济活动的突然变化，同时能够支撑起重要的医疗卫生和信息服务。预计到 2030 年，全世界仍然有 6.6 亿人无法获得电力服务（IEA，2020），其中发展中国家的居民占绝大多数，这也是发展中国家必须面对的能源贫困挑战。

据国际能源署的数据统计，截止到 2019 年，缺乏电力供应的人数已经降至 7.7 亿，发展中国家离电力普遍使用的目标更近一步。但是现状并不乐观，非洲是发展中国家最集中的大陆，也是经济发展水平最低的一个洲，其中撒哈拉以南的非洲是全球四分之三无电力供应人口的主要聚居地（IEA，2020）。在 2019 年，非洲国家整体有电人口比例达到 56%，其中城市有电人口比例为 81%，农村有电人口比例为 37%，还有 5.79 亿人口无法获得电力服务（IEA，2020）。阿尔及利亚、埃及、利比亚、摩洛哥、突尼斯的有电人口比例在 2010 年均达到 99%，紧随其后的是岛国毛里求斯和塞舌尔，分别在 2000 年和 2019 年达到有电人口比例 99%（IEA，2020）。在最底层的非洲国家中，截止到 2019 年，仅有 1%的南苏丹、3%的中非共和国、9%的乍得和刚果民主共和国人口有电力供应，有电人口比例低于 15%的国家还有布隆迪、利比里亚、马拉维和尼日尔（IEA，2020）。对于这些国家来说，在未来几十年中，在获取电力方面仍是一项紧迫的挑战。同时也反映出非洲国家的能源供应与政治经济发展间的深刻联系，能源系统引发的经济转型、政治冲突、卫生教育等重大问题困扰着非洲的发展。

除了非洲外，其他几大洲也有电力供应不足的国家，其中东亚朝鲜的有电人口比例为 26%，北美洲的海地、西亚的也门和东南亚的缅甸，有电人口比例分别为 39%、47%和 51%（IEA，2020）；南美洲发展中国家的有电人口比例相对较高，圭亚那和苏里南是该大陆有电人口比例最低的两个国家，在 2016 年就已经达到了 89%和 96%（World Bank，2016）。电力普遍服务是能源贫困研究的一项重要内容，然而迄今为止，上述发展中国家仍没有解决无电人口的通电问题，电力的可获得性问题仍然值得重点关注。

综上所述，发展中国家与发达国家在电力方面的发展水平差距较大，导致世界不同地区在电力获取和服务方面的境况也存在巨大差异。发达国家电力的覆盖率高，但是仍然面临以下两个问题：一是发达国家电价受外来冲击过大，服务费过高，损害社会整体福利，造成不公平；二是发达国家过度依赖进口天然气和石油。因此，发达国家在未来应该减少对进口能源的依赖，同时稳定电价，提高居民能源可支付性。相比较，发展中国家的电力服务水平整体较低，推动电力普及的力度不够，这也加大了全球能源减贫的难度。因此，发展中国家在未来应该重点提高电力的可获得性，提高发展中国家居民的用电质量。

5.2.3 发达国家与发展中国家的清洁烹饪燃料比较

清洁烹饪燃料是以太阳能、液化石油气和电力为主要能源进行烹饪（USAID，2017）。国际能源署的最新报告指出，如果不及时采取行动推广清洁烹饪燃料，到2030年，将只有72%的人口能够获得清洁烹饪燃料，远低于可持续发展目标（SDG 7）的要求（IEA，2020）。

5.2.3.1 发达国家清洁烹饪燃料概况

截止到2021年，英国、德国、法国等发达国家用于烹饪的清洁能源比例已经达到了100%，然而一度飙升的清洁烹饪燃料价格却让众多居民难以负担。2021年10月，被视为欧洲天然气价格风向标的荷兰TTF天然气期货价格突破了每千立方米1 200美元，创下历史新高，上涨幅度已超过250%，意大利的天然气用户不得不比4个月前多支付31%的费用；与此同时，美国天然气价格也上涨了2倍多（陈卫东，2021）。

清洁能源价格的飙升，再加上发达国家对化石能源过度依赖，致使众多发达国家遭受潜在危机冲击时无法有效平衡居民用能的供给与需求。2017年，欧盟有55%的能源依靠进口，仅仅自产了约45%的能源。从能源结构来看，2016年德国能源供应总量中位居前二的分别是石油、煤炭，其中石油供应总量为424.65万太焦（TJ），煤炭供应总量为323.36万太焦（IEA，2016）。德国为了实行“脱碳”环保政策，毅然宣布关闭核电站和燃煤发电，此时就出现了清洁能源无法弥补传统能源供应缺口的问题。近年来，新冠肺炎疫情的流行，各国经济遭遇重大打击，居民支出水平下降，美国采取大量发行货币的政策，导致大宗商品价格上升，能源领域的石油、天然气价格受到冲击更甚。

5.2.3.2 发展中国家清洁烹饪燃料概况

据国际能源署的数据统计，截止到2018年，世界上仍有26.5亿人无法获得清洁烹饪燃料，其中亚洲、撒哈拉以南非洲、南美洲无法获得清洁烹饪燃料的人口分别为16.7亿、9.1亿和0.57亿（IEA，2019），这些贫困家庭只能依靠传统的生物质能或其他固体燃料进行炊事和取暖，而家庭的能源贫困很有可能进一步加剧经济贫困，因为长久依赖传统的生物质能或其他固体燃料会对健康、教育、就业、性别平等、环境气候等方面造成负面影响，这种负面影响又反过来造成家庭的经济贫困，进一步限制贫困家庭对现代化清洁能源的支付能力，导致其只能继续使用传统的生物质能或其他固体燃料，这种“恶性循环”也禁锢了全球的减贫与发展事业。

从2000年至2018年，非洲国家获得清洁烹饪燃料人口比例从23%增长到29%，但仍有约9亿人无法获得清洁烹饪燃料，而其中约8.5亿人继续依赖传统生物质能进行炊事和取暖，人口的迅速增长又让这一现状变得更加窘迫（IEA，2019）。阿尔及利亚、埃及、利比亚、摩洛哥、突尼斯是非洲国家获得清洁烹饪燃料人口比例最高的五个国家，该比例的平均值约为98%；而中非共和国、刚果民主共和国、布隆迪、卢旺达、南苏丹等14个撒哈拉以南国家的获得清洁烹饪燃料人口比例低于5%，在其余撒哈拉以南的国家中，仅有加蓬、佛得角、南非、毛里求斯、塞舌尔五个国家高于80%（IEA，2019）。迄今为止，撒哈拉以南非洲是世界上仅有的无法获得清洁烹饪燃料的人数仍在继续增加的地区之一。根据现行政策或者已宣布的政策来进行预测，到2030年，全球将有24亿人无法获得清洁烹饪燃料，由于非洲人口一直呈爆炸式增长，预计到2030年，非洲无法使用清洁烹饪燃料的人口将会增加到10亿以上（IEA，2020）。

中国和印度是世界上仅有的人口超过10亿的国家，截止到2018年，中国和印度无法获得清洁烹饪燃料的人口为4亿和6.8亿，而继续依赖传统生物质能进行炊事和取暖的人口又分别为2.4亿和6.8亿，其中印度的用能结构单一，无法获得清洁烹饪燃料的人口（约为印度总人口的50%），只能选择传统生物质能作为燃料，别无其他选择（IEA，2019）。在亚洲的其他发展中国家，获得清洁烹饪燃料的人口比例低于20%的有孟加拉国、朝鲜和老挝，这一数据在2018年为19%、12%和6%（IEA，2019）。在美洲大陆，除了美国和加拿大这两个发达国家，位于中南美洲的大部分发展中国家，在2018年获得清洁烹饪燃料的人口比例都超过80%，只有秘鲁、巴拉圭、洪都拉斯、尼加拉瓜、危地马拉和海地六国低于80%，这六国中的前四国获得清洁烹饪燃料的比例为55%~80%，而危地马拉和海地仅有46%和6%的人口获得清洁烹饪燃料（IEA，2019）。

综上所述，发达国家在清洁烹饪燃料方面存在两个显著问题：一是发达国家清洁烹饪燃料价格过高，发达国家收入较低的居民无力承担；二是发达国家过度依赖化石能源，对“脱碳”要求的清洁能源投资力度不足。因此，发达国家在未来应该减少对化石能源的依赖，推动普及清洁能源的进程，同时减少清洁烹饪能源使用成本，提高居民能源可支付性。而发展中国家仍需要继续推动普及清洁烹饪燃料的进程，提高居民清洁烹饪燃料的可获得性，并且由于发展中国家居民过于依赖传统生物质能，对环境可持续发展、居民身体健康造成负面影响（魏一鸣等，2014）。总体而言，发展中国家在未来应该重点关注清洁烹饪燃料的普及性和可持续性，在能源减贫中，实现可持续发展。

5.2.4 发达国家与发展中国家的可再生能源比较

可再生能源主要包括太阳能、风能、水力、生物燃料等非化石能源，是向碳密集度更低、可持续更强的能源系统过渡的核心（IEA，2020）。截至2018年，全球现代可再生能源得到了快速的发展，其增长速度超过了能源消费的增长速度，使现代可再生能源在最终能源消费总量中的份额增加（IEA，2020）。随着新冠肺炎疫情的袭来，全球的形势表明必须进一步扩大可再生能源的使用规模，同时通过节能来控制能源消耗。可再生能源已成为能源消费的一个战略选择，并被指定在全球能源结构中发挥关键作用。

5.2.4.1 发达国家可再生能源概况

总体来说，发达国家可再生能源已经取得了前所未有的发展。2018年，欧盟可再生能源的消耗占最终能源消耗总量份额较大，其中瑞典可再生能源的消费量就占总消费量的一半以上，达到了52.48%，其次是芬兰（44.22%）、拉脱维亚（41.25%）、丹麦（35.33%）以及奥地利（33.6%）（World Bank，2018）。由于可再生能源的生产成本下降，以及政策的大力支持，风能和太阳能光伏合计占过去十年欧洲和大洋洲可再生电力消耗增长的70%以上，占北美洲的83%（IEA，2021）。在可再生能源投资方面，美国领先于欧洲，共投资555亿美元，增长28%，而欧洲相较于2018年下降7%，仅有546亿美元；2020年10月，全球太阳能公司的股票价值比2019年12月翻了一番多，投资者的积极反应显示了可再生能源在市场较高的受欢迎程度，并且预计到2025年，可再生能源将成为全球最大的发电来源，改变煤炭作为顶级电力供应商的局面（IEA，2020）。

然而，新冠肺炎疫情大流行对经济活动和能源消耗产生了重大影响。为了减缓病毒的传播，世界各国政府限制了运输、工业生产和服务行业，并造成了重大的能源需求冲击，导致2020年用于交通的可再生能源使用量减少，预计

2020年全球可再生能源需求总体增长1%（IEA，2021）。同时，水能、风能和太阳能等可再生能源受季节、气候等因素影响较大，储能系统较为薄弱，调频、调峰功能受限，会严重影响能源供给的可持续性与稳定性。2020年，分布式太阳能光伏市场在美国等大型市场仍然低迷，从2019年到2020年，日本太阳能光伏居民使用量净年产能降低了0.4吉瓦，澳大利亚降低了0.1吉瓦，欧洲降低了0.1吉瓦（IEA，2020）。和其他燃料不同的是，可再生能源在新冠肺炎疫情的危机中衍生出新的生命力。预计在成本迅速下降和持续的政策支持的推动下，每年的海上风电增加量将激增，占2025年风电市场总量的五分之一；风能和太阳能光伏发电总容量有望在2023年超过天然气，到2024年将超过煤炭；到2025年，可再生能源预计将供应世界电力的三分之一（IEA，2020）。

5.2.4.2　发展中国家可再生能源概况

发展中国家的能源贫困是全球关注的主要问题，南亚、东南亚和撒哈拉以南非洲的农村地区受影响最大。全球可再生能源利用总量占比低，需要进一步开发和应用（IEA，2020）。这些地区居民的主要能源消耗是烹饪和照明，基本覆盖了传统的生物质和化石燃料。

根据相关数据统计，2018年可再生能源发电在所有终端用户中所占份额最大，达到25.4%：其中水力发电和风力发电各占三分之一，其次是太阳能光伏发电，占另外四分之一（IEA，2020）。在上述数据中，仅中国一国就贡献了可再生能源发电量的40%，印度和巴西作为第二大贡献者之一，则贡献了大约五分之一。为更进一步挖掘发展中国家可再生能源发电潜力，新的可再生能源发电装机容量在过去十年中取得了显著的进展。数据表明，2019年发展中国家的人均可再生能源发电装机容量为219瓦（64亿人中有1.4太瓦）；2019年人均太阳能发电量同比增长22.2%，低于2018年的35.5%。2019年可再生能源电力装机容量主要高度集中在拉丁美洲和加勒比地区（人均405瓦），其次是东亚和东南亚（人均391瓦），撒哈拉以南非洲的人均电力为34瓦，高于2010年的24瓦；尽管拉丁美洲和加勒比地区2010年的人均可再生电力装机容量相当可观，但增幅最大的地区则是东亚和东南亚，主要是由太阳能和风能的部署推动的（IRENA，2020）。虽然新的可再生能源发电装机容量在2019年迈向了更高的台阶，但是发展中国家的可再生能源潜力仍未充分开发，并且据IRENA的最新数据显示，尽管新冠肺炎疫情影响了全球经济发展，但可再生能源产能在2020年可以以更高的水平继续增长（IRENA，2020）。

在可再生能源系统中，太阳能的作用不容小觑，其中太阳能家用系统

（SHS）已被公认为有效缓解能源贫困和温室气体排放的有前途的技术。2018年，全球太阳能热能消费增长了3.7%，占现代可再生能源热能利用的8.5%。由于电气化计划的出现，数以百万计的SHS已安装在偏远地区，通常在亚洲、非洲和拉丁美洲的农村地区。近年来，离网光伏系统的市场主要位于发展中国家。IRENA的《2019年离网可再生能源统计数据》显示，按照2017年年底SHS的装机容量，孟加拉国为138.677兆瓦，印度为53.310兆瓦，坦桑尼亚为20.582兆瓦，摩洛哥为15.857兆瓦，肯尼亚为15.135兆瓦，卢旺达为11.586兆瓦，（IRENA，2019）。在非洲，肯尼亚、坦桑尼亚、乌干达、卢旺达和埃塞俄比亚的东非市场是离网太阳能供应商密度最高的地方。根据肯尼亚国家电气化战略（KNES），离网太阳能解决方案将发挥重要作用，到2022年实现所有肯尼亚人的普遍电力供应，目前，估计有近1 000万肯尼亚人使用离网太阳能产品，而2009年世界银行照明非洲项目启动时不到100万（Lighting Africa，2018）。

生物质利用的现代化是解决能源贫困的潜在方案。当前使用生物质的问题主要是没有以可持续的方式进行开发，也没有加工成标准燃料，这限制了在标准高效炉灶中使用的潜力。转向标准生物燃料，如沼气、生物乙醇、木屑颗粒等，标准生物燃料包括沼气、生物乙醇、木屑颗粒等，其可持续性强，碳足迹更小的特点使得其在未来能源市场的潜力较大，并且大力发展生物质行业还可以创造就业机会。因此，生物质加工成标准生物燃料的方法比单纯使用化石燃料的社会效益和经济效益都更高。然而，从消费者的角度来看，先进的生物燃料在附加值和生活质量方面与化石燃料相似，但它们意味着更高的成本。这进一步说明需要大量投资来创建现代生物质能行业。生物质能是最大的可再生能源，2017年近一半的可再生能源使用由现代生物能源提供，约占最终能源消费总量的12.4%。生物质的传统用途主要集中在撒哈拉以南非洲和亚洲，按降序依次为印度、尼日利亚、中国、埃塞俄比亚、巴基斯坦、印度尼西亚和刚果民主共和国，总共占全球消费量的三分之二以上。可再生能源越来越广泛地用于交通方面，扩大可再生能源在交通运输能源中的份额，将需要一系列支持生物燃料和逐步淘汰交通运输用化石燃料的政策（IEA，2021）。例如，自2013年以来，印度的生物燃料支持政策使可再生能源在交通运输中的使用增加了一倍以上。

南亚所有国家都拥有巨大的可再生能源潜力，每个国家都致力于增加可再生能源在总能源结构中的份额。从印度在可再生能源国家吸引力指数（RECAI）排名中位居第三，而巴基斯坦位居第36位的事实中看出，印度可再生能源部门比其他南亚国家更先进和发达。而且，印度除水电外的替代能源和可再生能源在总能源结构中的份额约为9%，而巴基斯坦为2%。在可再生能源技术的国内外投资方面，印度也比其他南亚国家遥遥领先，尤其是在太阳能园区和风力涡轮机制造方面（Imran，2021）；非洲是太阳大陆，南非是非洲领先的太阳能国家。南非在这个方向上取得了一些有效的进展：近年来风能和太阳能项目的可再生能源独立电力采购计划（REIPPP）提供了其在可再生能源领域的第一个重要举措，但南非对可再生能源的有限吸收与可用资源严重不成比例，因此这一问题也亟须解决。

综上所述，发达国家的能源结构已经逐步向可再生能源方向转型，并加大了对可再生能源的投资，当然过程中不同国家也有遇到各种各样的经济问题，值得进一步探索和思考。相比，发展中国家需要进一步加大对可再生能源的投资，提高可再生能源的使用效率，并鼓励标准生物质燃料的加工，减少环境污染，从而实现可持续发展。

5.3 案例分析：印度能源贫困问题

该小节主要以世界第二大发展中国家——印度为例，通过相关文献和数据进一步剖析发展中国家能源贫困特征在印度能源贫困特例上的具体体现与发展趋势。印度能源贫困问题具备特有的社会规范与当地文化特征，如种族、阶级、宗教与性别问题等是减缓印度能源贫困过程中需要考虑的重要方面。该小节旨在为后续开展中印能源贫困的比较甚至亚太能源贫困的跨国合作做铺垫。这些分析将有助于进一步探讨发展中国家能源贫困缓解的可靠途径。

5.3.1 印度能源贫困现状

缺乏电力供应是经济社会发展的重要阻碍之一（Dinkelman，2011）。在2014年，发展中国家仍有10亿多人无法获得电力供应（IEA，2017）。然而，2002—2012年，全球有电力供应的家庭比例从64%增至76%（IEA，2014）。在2001—2011年，世界人口位居第二的印度使用电网的家庭比例从55.8%增加到67.2%，为世界通电率的提升做出了较大贡献（Government of India，2011），并且在2018年印度政府宣布所有村庄都实现了电气化（Mehra & Bhattacharya，2019）。在印度普及电力的过程中，也遇到了一些与其他广大发展中国家类似的挑战。在电力普及取得重大成果后，一些社会问题也伴随而来。比如印度村庄之间，在能源普及中仍存在收入和上下层种姓方面明显的不平等（Pelz 等，2021）。无论是城乡差距问题还是社会不平等问题，印度都在普及电力的过程中不断制定政策来缓解社会矛盾，这也为其他国家的能源普及之路提供了大量的经验和教训。

广泛使用固体燃料进行烹饪导致严重的全球健康危害，妇女和儿童面临的风险最大（Lim 等，2013）。全球固体燃料的使用对健康（Lim 等，2013）和环境都造成了重大影响（Ghilardi 等，2009）。在使用清洁燃料替代固体燃料的进程中，发现液化石油气或电力等清洁燃料比改良炉灶提供了更大的社会效益和环境效益（Rosenthal 等，2018）。在印度农村地区，液化石油气是最受欢迎的清洁烹饪燃料。但是气瓶的成本和有限的配送路线是液化石油气的推广的主要障碍，导致农村家庭继续使用传统固体燃料（Gould & Urpelainen，2018）。为了减少空气污染，保护居民的健康，研究印度的清洁烹饪燃料普及问题，可以为世界其他国家提供清洁能源转型的经验。

可见，在燃料使用方面，印度逐渐从低效的固体燃料转向更高效的清洁燃料；在电力普及方面，从一开始注重电力的可获得性转向当今的更加注重电力的使用体验和电力质量（Aklin 等，2021）。从更广泛的角度来讲，印度能源贫困中还存在社会文化因素的影响，如种姓部落的不平等、新冠肺炎疫情的冲击等。印度的能源贫困问题可以为广大发展中国家能源减贫提供丰富经验，为制定能源减贫政策提供科学依据。

5.3.2 印度清洁能源普及概况

印度近年来一直在推动能源转型（Bhide & Monroy，2011）。虽然印度能源转型面临的障碍较多，但在印度政府多年来的努力下，能源转型方面的进展是巨大的（Mehra & Bhattacharya，2019）。以下将从清洁能源转型、电力和社会规范三个方面来阐述印度能源普及概况，最后通过分析一项印度最新的调查数据来进一步了解印度能源普及具体现状

5.3.2.1 清洁能源转型

从宏观的角度来看，印度在清洁能源的使用量有较大的增幅，但污染能源使用总量仍然较多，因此需要进一步推进清洁能源转型。国际能源署（IEA）的数据显示，1990—2019 年，印度的石油产品、生物燃料和废物消耗总量最多，在 2010 年石油产品的使用总量超过了生物燃料和废物使用总量；其次是煤炭和电力，两者消耗总量大致相同，并且在 2018 年电力消耗总量超过了煤炭消耗总量，再次是天然气、风能和太阳能，在印度的最终消耗总量中相对较

少。(见图 5-2)。

从微观角度，普及清洁能源不仅可以提升家庭燃料使用效率，而且有利于家庭成员的健康。由于燃烧固体燃料会导致家庭空气污染，因此使用固体燃料是南亚地区主要影响环境和健康的因素之一（Brabhukumr 等，2019）。在 2011 年，89%的农村家庭通过燃烧固体燃料，如木柴、煤炭和粪便来满足日常烹饪和取暖需求，仅有 11%的农村家庭将液化石油气作为主要烹饪燃料（Tripathi 等，2015）；为了普及液化石油气的使用，印度在 2010 年至 2013 年新建了近 4 500 万条主要用于农村家庭的液化石油气管道，然而目前配送路线仍比较有限，因此气瓶的成本和使用仍存在较大的限制。由于液化石油气的获得和使用存在不确定性，印度农村家庭将可能继续使用危害健康的固体燃料（Gould & Urpelainen，2018）。这一现象在 2019 年年末至 2020 年年初对比哈尔邦、贾坎德邦等 6 个邦 656 个城市贫民窟家庭调查中得到证实：共有 45%的家庭严重依赖污染燃料，其中有 33%的家庭存在燃料堆栈的现象（Jha 等，2021）。

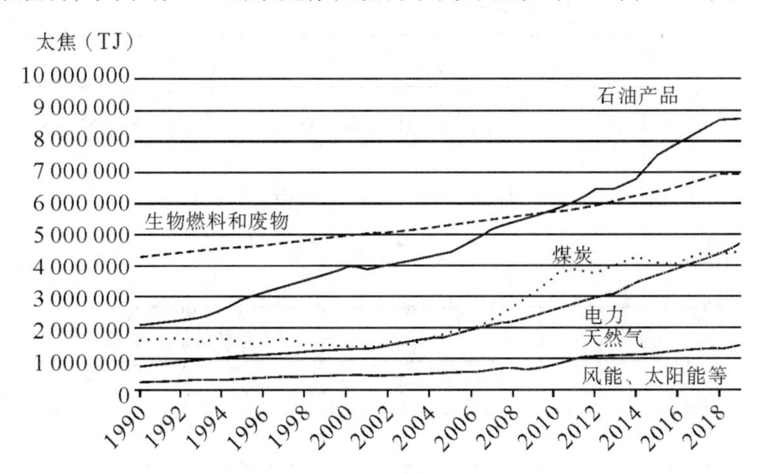

图 5-2　印度 1990—2019 年按来源分列的最终消费总量①

印度在推广清洁能源的使用上仍存在较多问题，但在推进能源转型方面取得了重大成果。在普及液化石油气方面取得较大进展，在 2011 年的人口普查中以液化石油气作为主要燃料的家庭仅有 47%，而在 2020 年对比哈尔邦、贾坎德邦等 6 个邦的调查中发现，将液化石油气作为主要燃料的城市贫民窟家庭高达 82%（Jha 等，2021）。印度是一个人口大国，普及清洁燃料是其能源转型的必经过程，其中的经验也可以给其他国家带来启示，并进一步助推联合国

---

① 图片来源于国际能源署官网。

可持续发展目标的实现。

5.3.2.2 电力

从宏观的角度看，印度电力消耗量呈现出逐年增长的趋势，随着家庭电力的普及，居民用电总量也呈现出上升的趋势。1990—2019 年，印度无论是电力消耗总量还是人均电力消耗量都逐年上升，且增幅逐年加大（见图 5-3、图 5-4）。

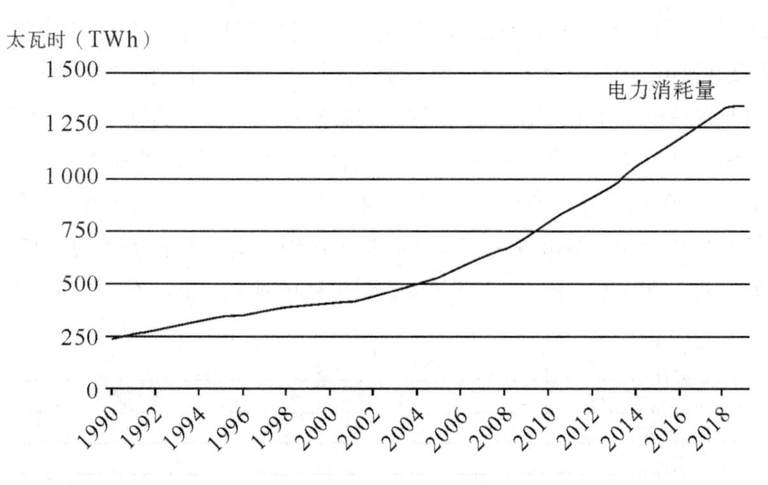

图 5-3 印度 1990—2019 年的电力消耗量①

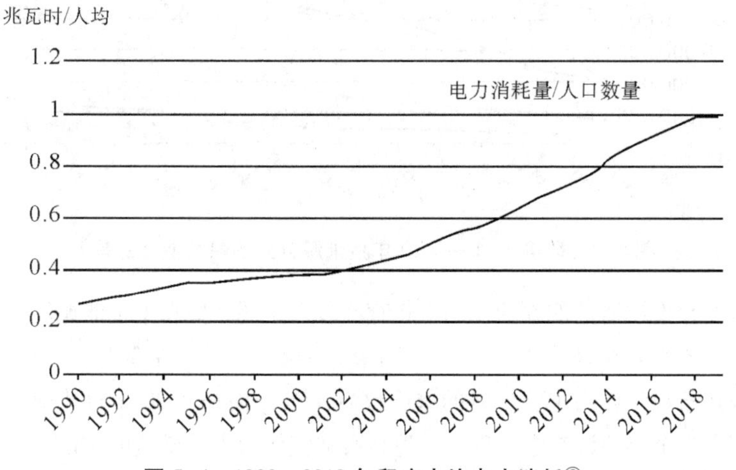

图 5-4 1990—2019 年印度人均电力消耗②

① 图片来源于国际能源署官网。

② 图片来源于国际能源署官网。

国际能源署（IEA）的数据显示，居民用电量在总体用电量中占比较大，仅次于工业用电量，并且居民用电量增幅也出现逐年上升的趋势。这表明印度政府积极的普及电力政策，收效巨大，在较大程度上缓解了家庭能源贫困问题（IEA，2020）（见图 5-5）。

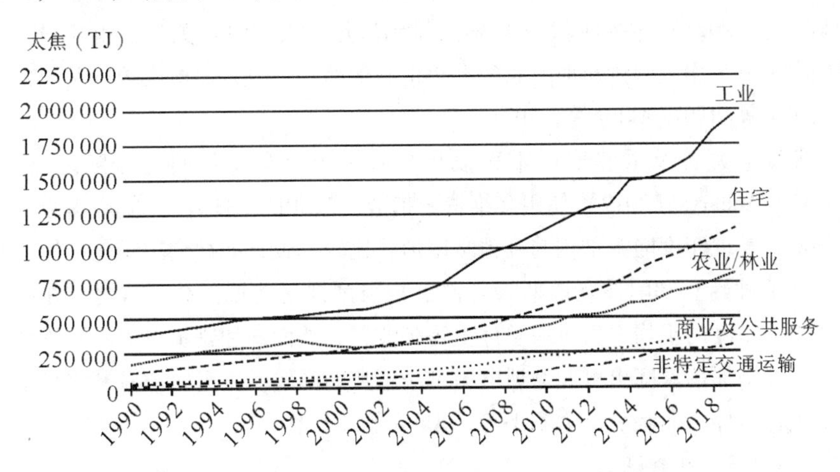

图 5-5　1990—2019 年印度按部门划分的电力消耗①

在微观层面上，印度政府多年来积极推动电气化政策，印度家庭电力迅速普及（Mehra & Bhattacharya，2019）。截至 2000 年，印度约有 6 亿人无法获得电力（IEA，2017 年）。为了普及电力，印度政府推行了多项电气化计划。印度于 2005 年 4 月启动了一项大规模的电气化项目，名为拉吉夫·甘地计划（RGGVY），旨在发展农村配电主干网，到 2010 年建立农村电气化基础设施，并为农村提供不间断供电，该计划还打算为贫困线以下的所有农村家庭提供免费电力连接（Bhattacharyya & Srivastava L，2009）。2014 年印度政府不仅重视扩大电力供应，还重视提高农村电力质量，于 2014 年 12 月启动迪恩·达亚尔计划（DDUGJY），RGGVY 期间面临的一些问题在 DDUGJY 中解决，如将家庭和农业馈线分开，为家庭提供全天候供电，将电力延伸至所有村庄（Palit & Bandyopadhyay，2017）。2017 年 9 月印度政府推出的索布哈吉计划（Saubhagya），其目标旨在通过为未电气化的农村和城市家庭提供最后一英里②连接实现普遍电气化。

为了提升人们的生活水平，新兴国家在过去 20 年里大力提高电气化率

① 图片来源于国际能源署官网。

② 1 英里≈1.6 公里≈1 600 米。

（Aklin 等，2018），其中印度一直处于电力接入快速扩张的前沿，并将数百万家庭接入电网。最终在 2018 年，印度政府宣布所有村庄都实现了电气化，这标志着多年的能源政策取得重大成效（Mehra 等，2019）。事实上，许多家庭由于各种原因仍然无法并网，一些问题依然存在，但进展的规模是显著的（Aklin 等，2021）。并且随着供电需求得到满足，人们更加关注供电质量，其中包含了每天用电多少小时、家庭获得电力的途径、每月停电次数以及与电压波动相关等问题（Aklin 等，2021）。

印度电力普及虽然取得重大成果，但一些社会文化问题也随之而来。Sadath & Acharya（2017）使用多维贫困指数（MEPI）对印度家庭层面数据进行分析，发现印度能源贫困与其他贫困形式比较一致，如社会边缘化群体达利特人（低种姓）和阿迪瓦西斯人（部落）极度缺乏能源。总而言之，在政府的努力下印度的平均电力供应总体上得到改善，然而却加剧了电力不平等的现象，尤其是部落家庭更可能遭遇电力供应不足的问题，这需要政府制定科学的政策进行引导从而减少电力不平等（Aklin 等，2021）。

5.3.2.3　社会规范

印度使用种姓和部落来划分社会群体和阶层，相关研究发现，虽然印度在能源减贫上进展较大，但却加剧了不同社会群体在能源获取上的不平等性（OPHI，2021）。相对落后和边缘化的社会群体在能源获取上的劣势也同样体现在中国社会中，如农村和部分少数民族地区家庭。以下分析从印度的社会规范视角出发，尝试探索一条非经济手段减缓能源贫困的有效路径，旨在为世界范围内在能源获取上处于劣势的社会群体提供能源减贫思路。

印度不同社会群体的收入不平等性是导致印度能源贫困的重要原因之一（Aklin 等，2021）。印度拥有 1.29 亿在册部落人口，其中超过一半的人口均处于多维贫困中，且约占印度多维贫困人口总数的六分之一。以上部落人口在所有群体中贫困发生率最高（50.6%），贫困强度也最高（45.9%）。印度在册种姓群体有 2.83 亿，其中有 9 400 万人口处于多维贫困，贫困发生率排名第二，为 33.3%。在 5.88 亿其他落后阶级群体中，有 27.2%的人口即 1.6 亿人生活在多维度贫困中（OPHI，2021）。总体而言，印度六分之五的多维贫困人口的家庭户主来自在册部落、在册种姓或其他落后阶级（OPHI，2021）。大部分在册种姓和在册部落群体经济上的贫困进一步加剧了其能源贫困程度，并且由于多方面的社会歧视使其难以获得高质量电力和清洁烹饪燃料（Saxena & Bhattacharya，2018）。在能源减贫的政策推动下，尽管基于种姓的能源获取不平等现象有所减少，但在册种姓家庭仍然落后于其他社会群体（Pelz 等，2021）。

总之，在册种姓群体和在册部落群体对于印度而言是一个重要且数量庞大的社会群体。由于社会偏见和不平等性，印度政府多年来推行的能源减贫政策可能反而加剧了能源获取上的不平等程度，关注社会落后群体的能源贫困问题是今后印度能源减贫的一个重要方向。

5.3.2.4 印度能源普及具体现状

在印度政府努力推动能源普及的情况下，印度的能源普及现状得到了极大的改善。现通过分析印度的一项最新调查数据来进一步了解印度的能源普及现状，以期为之后制定缓解能源贫困政策提供建议。

此数据来自能源、环境和水理事会（Council on energy，environment and water，CEEW）的 2020 年的印度住宅能源调查，即 IRES（India residential energy survey）。此横截面数据包含 21 个州，152 个行政区，共 14 850 个家庭。问卷调查时间为 2019 年 11 月~2020 年 3 月，大部分数据收集于 2019 年 12 月~2020 年 2 月。此数据样本总量为 14 851，为一轮调查。此样本的代表性较强，可以较好地反映印度的能源普及现状。在这 14 851 个家庭中，5 038 个家庭（占 33.92%）位于农村，9 813 个家庭（占 66.08%）位于城市。在接受调查问卷的人中，28.38%为女性，71.62%为男性；最小年龄为 18 岁，最大为 100 岁（Agrawal 等，2020）。以下将从电力、烹饪燃料展开叙述。

在电力方面，印度电力连接虽然得到了保障，但电力停电次数多，电力质量无法得到保障。印度政府在电力普及上的成就是巨大的，样本中从政府电网获得电力的家庭高达 14 342 户（占 96.58%），基本实现了家家有电用的目标，但在用电方面，居民用电满意度仍需提高。数据显示，一天中电力供应小时平均值为 20 小时，10%的家庭不足 15 小时，其中最低达 6 小时。将近一半的家庭（占 45.79%）在一天中会出现几次断电，仅有 2 042 个家庭（占 14.24%）不会出现断电现象。具体的电力与照明情况见表 5-2。

表 5-2 电力与照明情况表

可变量（Variable）	样本（Obs）	均值（Mean）	最小值（Min）	最大值（Max）
电网提供电力日时长/小时	14 342	20.55	6	24
电网提供电力时长（下午 6 点至深夜 12 点）/小时	14 342	5.14	0	6
电网已使用年限/年	13 432	18.09	0	100
平均每月电网电力支出/卢比	9 768	720.05	0	12 333.33

表5-2(续)

可变量（Variable）	样本（Obs）	均值（Mean）	最小值（Min）	最大值（Max）
柴油机每月备用费用/卢比	28	344.64	150	500
应急灯每月费用/卢比	12	99.58	0	150
迷你电网每月费用/卢比	81	817.78	100	3 000
煤油灯每月费用/卢比	1 963	88.14	20	450

在清洁烹饪燃料方面，液化石油气普及程度较高，但仍然存在使用固体燃料的情况。数据显示，家庭主要烹饪燃料位居第一的是液化石油气，第二是木柴，再次是粪饼。约3/4的家庭使用液化石油气（LPG），近1/4的家庭以木柴作为主要烹饪燃料。使用固体燃料作为主要烹饪燃料的家庭仍然较多。并且，85.44%的家庭使用液化石油气，77.93%的家庭在烹饪时仅使用液化石油气。这说明不少家庭在使用液化石油气的同时，还会使用固体燃料。

可见，虽然约3/4的家庭将液化石油气作为主要烹饪燃料，但超过一半的家庭仍使用固体燃料。这会危害健康、污染环境，对妇女和儿童的危害需要进一步研究。印度的烹饪燃料使用情况如表5-3所示。

表5-3 烹饪燃料使用情况表

可变量（Variable）	样本量（Obs）	均值（Mean）	最小值（Min）	最大值（Max）
管道天然气每月费用/卢比	78	749.62	0	1 500
一年内大型液化石油气气瓶使用数量/个	12 190	6.87	1	15
一年内在代理商处购买的大型液化石油气气瓶/个	11 147	6.53	0	12
大瓶液化石油气市场价格/卢比	953	796.03	420	1 200
一年内小型液化石油气气瓶使用数量/个	199	5.65	0	12
一年内在代理商处购买的小型液化石油气气瓶/个	125	5.87	0	12
小瓶液化石油气市场价格/卢比	28	381.79	200	600
从代理商处重新加注液化石油气平均所需天数/天	115	55.54	10	120

表5-3(续)

可变量（Variable）	样本量（Obs）	均值（Mean）	最小值（Min）	最大值（Max）
加注液化石油气的银行账户补贴/卢比	5 493	119.00	0	580
取得液化石油气所需走的单程距离/千米	4 227	4.39	0	34
订购加注液化石油气到收到气瓶所需天数/天	12 032	2.36	0	22
目前家里有多少个液化石油气钢瓶/个	12 684	1.39	1	5
每次收集木柴花费时间/小时	3 520	2.51	0	12
收集木柴所需单程距离/千米	3 520	2.01	0	30
平均每月购买木柴所花费用/卢比	1 220	154.63	5	1 000
平均每月购买粪饼所花费用/卢比	431	108.95	0	450
平均每月购买其他固体燃料（农残、煤、煤油）所花费用/卢比	3 052	80.29	0	1 000

通过以上分析，可以得出印度能源普及取得了较大的进展，但是在用电质量的保证上，仍需要进一步提高用电质量。液化石油气也得到了较大的普及，但固体燃料的使用人数仍然较多，收集木柴也影响了妇女、儿童的权益，这需要进一步制定针对性政策以缓解印度能源贫困问题。

5.3.3 新冠肺炎疫情对印度能源贫困的影响

新冠肺炎疫情使全球经济都遭到了重大打击，对抵御风险能力更弱的发展中国家的冲击更大。一方面，由于各国开始实行封锁政策，能源供给的成本更大、能源的可获得性降低；另一方面，家庭经济收入减少，能源的可承受性降低，能源需求降低。新冠肺炎疫情的持续流行将会在一定程度上增大国家能源转型的难度，这些将会加剧当地的能源贫困问题。

5.3.3.1 电力

由于新冠肺炎疫情的影响，2020 年全球电力需求下降，但预计在 2021 年全球电力需求将出现强劲反弹。2020 年由于封锁限制了商业和工业活动，全球电力需求下降了约 1%。印度的电力需求在 2020 年 3 月中旬至 4 月底下降了 20%以上。接着，发达经济体在 2020 年下半年复苏，但大部分仍低于 2019 年的水平。与此同时，一些新兴市场和发展中国家在年底实现了强劲的增长率，特别是印度，2021 年与 2020 年相比，电力需求预计将增长约 8%。预计东南亚国家也将强劲恢复增长，在 2021 年电力需求增长 5%，比 2019 年水平高出 3%（IEA，2020）。在图 5-6 中可以看出印度的电力需求从 2020 年的负增长到正增长的实现，增幅在分组中最大。

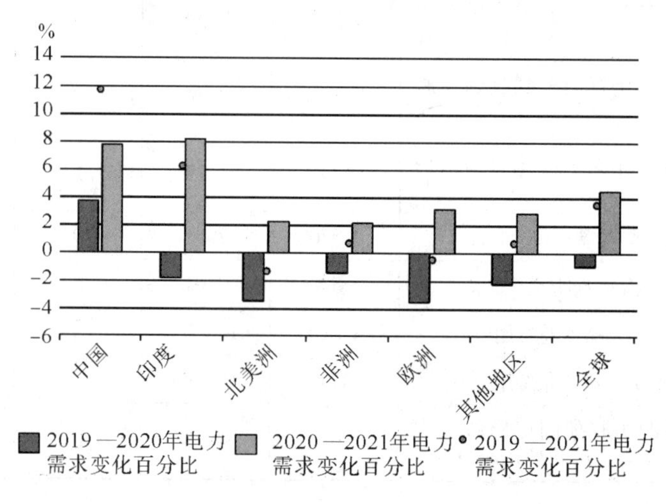

图 5-6　2020 年和 2021 年各地区电力需求变化①

5.3.3.2　煤炭

新冠肺炎疫情暴发后，印度的煤炭需求在 2020 年出现先降后增的现象。2020 年第一季度，由于中国天气温和，与天然气价格竞争激烈，新冠肺炎疫情相关的封锁措施，全球煤炭需求同比下降 11%。到 2020 年最后一个季度，得益于中国经济的强劲表现、印度经济的持续复苏以及 12 月东北亚的异常寒流。全球煤炭需求同比增长约 3.5%。在 2020 年剩余时间里，印度放松了封锁，经济反弹，煤炭消费跟上了步伐（IEA，2020）。

具体而言，新冠肺炎疫情的暴发和随后印度政府的封锁大大减缓了经济活动。2020 年 4 月份是印度多年来最低的煤炭消费水平，煤炭发电量下降了 30%，工业产出暴跌。此后，经济复苏导致煤炭消费量持续反弹，第四季度与 2019 年相比增长了 5%。尽管第四季度出现反弹，但据估计，印度的煤炭消费量在 2020 年下降了 7%。根据国际能源署的数据显示，2020 年印度煤炭消费量在第二季度经历较大跌幅后又出现大幅增长，并在第四季度增幅最大（见图 5-7）。

① 来源于国际能源署官网。其他地区指除了中国、印度、北美洲、非洲、欧洲以外的地区。

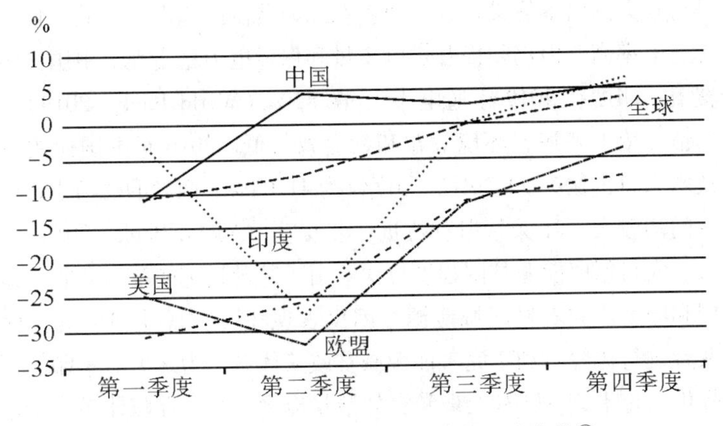

图 5-7　2020 年各地区煤炭消费量同比变化①

5.3.3.3　清洁烹饪燃料

由于新冠肺炎疫情的影响，印度在 2020 年 3 月 25 日实行了封锁措施，封锁影响了家庭获得基本需求的能力，从而一定程度上阻碍了向清洁燃料的转型（Ravindra 等，2021）。在城市地区，人们由于担心在封锁期间液化石油气的供应中断，开始紧急预订气瓶（Verma 等，2020）。在农村地区，经销商经常不会上门送货（Ravindra 等，2021），因此缺乏资金的农村家庭难以获得额外的液化石油气钢瓶，这可能会扭转过去几年发生的能源转型局面。

在新冠肺炎疫情暴发之前，由于燃料价格的变化、不可靠的供应、偏好等原因，部分家庭不会完全使用清洁燃料，而会堆放固体燃料（Ravindra 等，2019）。在新冠肺炎疫情暴发后，由于清洁燃料获得的机会和成本等原因限制，家庭再次使用固体生物质燃料的概率会更大。

在新冠肺炎疫情暴发期间，印度政府采取了各种应对措施，以确保在全国范围内的液化石油气钢瓶顺利供应。但是在 2020 年 6 月，印度政府为了重振经济宣布“解锁”时，液化石油气钢瓶价格在连续三个月降低后在全国范围内上调，这可能会减缓清洁燃料的推广进程（Ravindra 等，2021）。由于新冠肺炎疫情持续流行，继续推广清洁燃料有助于保护生态环境和人们的健康，也是推进实现联合国可持续发展目标进程的重要方法。

相比较，中国作为最大的发展中国家，在 2021 年解决了绝对贫困问题，进入了中国特色社会主义新时代，但和印度一样也面临着较为复杂的能源贫困问题。中国和印度作为发展中国家的典型代表，其能源减贫经验对于发展中国

① 图片来源于国际能源署官网。

家而言具有较大的借鉴意义，并且两者在能源贫困问题上存在共通性，具体表现为：①通电率高，但仍须提升供电质量和保障电力稳定性。中国已经实现了电力全覆盖，印度在2019年通电率为97.82%（World Bank，2019）。②固体燃料使用情况依旧普遍，环境效益和社会效益低。2016年中国使用清洁燃料和烹饪技术人口占比为59.26%，印度仅为41.04%，两者的清洁烹饪燃料普及率提升空间均较大，环保意识有待进一步提高（World Bank，2016）。③城乡差距较大，农村家庭能源贫困程度更深。由于基础设施的落后和收入差距的扩大，中国和印度广大农村区域能源贫困仍表现在可获得性和可支付性上的不足。将两者进行比较有利于完善能源减贫政策体系，为之后的中印能源贫困比较分析提供一定借鉴。④社会弱势群体数量庞大，社会保障体系有待进一步完善，政府政策需要向弱势群体倾斜，从而为其能源获取提供保障。显然，相比中国，印度的能源贫困问题更加突出和复杂，特别是存在不同种族和阶层及其背后各不相同的社会规范，导致印度能源贫困问题绝不仅仅是经济问题，更是社会、宗教和文化问题。如何制定不同群体的能源扶贫政策是印度政策制定者亟须关注的方向。

5.4 本章小结

本章首先对全球的能源贫困现状进行了概述，其次对发达国家和发展中国家的能源贫困特征进行了总结，并通过电力、清洁烹饪燃料、可再生能源三方面来比较两者的能源结构。通过案例分析对印度能源贫困进行了深入探讨，其中还涉及新冠肺炎疫情对印度能源贫困的影响。

综上所述，发展中国家在未来应该重点关注能源的普及性和可持续性，既要实现能源减贫目标，又要实现可持续发展；发达国家在未来应该减少对进口传统能源的依赖，更加关注可再生能源在未来的应用，同时减少能源使用成本，提高居民能源可支付性，并帮助发展中国家实现能源减贫目标，积极构建人类命运共同体，最终实现互利共赢。

同时，本章通过梳理，发现印度多年推行能源减贫政策虽取得较大成效，但仍面临一系列较为严峻的能源贫困问题。其成果主要体现在印度2018年实现了所有村庄电气化，这在很大程度上解决了电力可获得性问题。然而，印度居民对电力使用的满意度仍然有待提高。在清洁烹饪燃料方面，政府大力修建液化石油气管道，液化石油气普及率大幅提高，但由于液化石油气的成本较高、获取途径有限，很大部分家庭仍使用固体燃料。虽然印度在能源减贫上总体收效巨大，但不同群体之间能源贫困不平等性程度加大，在册种姓、在册部落和其他较为落后的社会阶层在能源获取上的不平等性问题值得后续进一步研究，以期寻找缓解社会较为落后群体的能源贫困问题。

针对印度的能源贫困分析可以为较为落后的发展中国家以及金砖五国提供丰富的能源减贫经验和国际组织能源帮扶策略，为后续开展跨国能源贫困研究奠定基础。

6　中国能源贫困的特征、衡量与扶贫成效

本章主要聚焦于中国能源贫困的研究，首先从中国能源贫困现状出发，总结了三大特征，并基于众多学者的研究，对中国能源贫困的特征进行了深入分析；其次，本章梳理了近年来学者对中国能源贫困研究所使用的衡量方法；最后，聚焦中国能源扶贫文件，梳理了中国能源减贫的历程，并总结了中国能源扶贫的政策成效。

6.1　中国能源贫困的特征

中国作为最大的发展中国家，成立 70 多年以来经济实现高速增长，作为世界第二大经济体、第一大贸易国，中国的国际地位不断提高，各方影响力不断提高。中国通过“一带一路”“亚投行”等政策惠及多个发展中国家，各类援助政策帮助发展中国家，可见中国对世界尤其是发展中国家的影响不可忽视。2020 年中国脱贫攻坚战胜利收官，实现农村绝对贫困人口脱贫和贫困县摘帽，全国脱贫工作也随之进入后脱贫时代。新时代中国的反贫困重点将发生根本性转变，即从解决绝对贫困地区的精准脱贫转变为综合施策推动相对贫困地区的高质量发展。中国的绝对贫困问题已经消除，政策开始转向对相对贫困和新型贫困的关注。能源贫困作为相对贫困和新型贫困类型之一（刘自敏等，2020），已成为新时代“构建解决相对贫困的长效机制”的关键性问题和重大挑战。中国能源部门现已进入高质量发展新阶段，但作为最大的发展中国家，中国仍然面临着复杂、多变的能源贫困问题。

近年来，众多学者利用大型数据库衡量中国的能源贫困率，如刘自敏等（2020）基于 2015 年的中国综合社会调查数据（Chinese General Social Survey,

CGSS），计算得出中国家庭能源贫困率高达 43%；Lin & Wang（2020）利用了中国综合社会调查数据中 2014 年的中国家庭能源消费调查数据，基于生命线能源贫困和消费能源贫困的研究视角计算得出中国家庭能源贫困率为 18.91%，其中 46%的能源贫困家庭缺乏现代能源消费，对电价敏感，用电量低于基本需求；解垩（2021）利用 2014 年的中国家庭追踪调查数据（China Family Panel Studies，CFPS）计算得出中国农村家庭能源贫困比例为 44%；Zhang 等（2019a）利用 2012—2016 年的中国家庭追踪调查数据，计算出中国能源贫困家庭占比由 2012 年的 57.78%下降到 2016 年的 48.98%；Nie 等（2021）利用 2012—2018 年的中国家庭追踪调查数据，综合了 6 种能源贫困测量方法，最终计算得出 4 个调查期间的家庭能源贫困率的平均取值范围为 13.2%~35.5%。由此可见，中国家庭的能源贫困现状随着经济社会的高质量发展有所缓解，但中国家庭的能源贫困问题依旧十分突出，如何缓解能源贫困特别是农村家庭能源贫困是中国现阶段面临的重大挑战之一。而众多现实挑战的叠加将阻碍生态文明建设、健康中国建设、全面小康建设等重要战略的实现（方黎明和刘贺邦，2019）。

根据前文的阐述和分析，发展中国家的能源贫困问题主要是不可获得性问题，如大部分家庭缺乏现代清洁能源，其中缺乏电力是发展面临的主要障碍，更多依赖固体燃料进行炊事和取暖。发达国家的能源贫困问题则主要是不可支付性问题，如能源贫困家庭无法负担维持舒适的室内温度的费用。然而基于中国特殊的国情，决定了中国具有不同于其他国家的能源贫困问题。在宏观层面上，李慷等（2014）指出中国的能源贫困同时拥有发展中国家与发达国家的特点，在获得现代清洁能源和负担生活能源的方面均存在较大困难。在微观层面上，能源贫困对中国居民福利的影响效果与程度存在区域、城乡和收入异质性，北方地域显著而南方地域不显著，农村的影响效果较城镇更强，中等收入人群相较于低收入和高收入人群显著（刘自敏等，2020）。由于贫富差距的存在，加之地理位置、气候条件、资源禀赋等方面的差异，中国各地区能源贫困情况也存在着一定的差距（Lin & Wang，2020）。中国能源贫困的特征可总结为三点。

6.1.1 城乡生活用能呈现地域性差异，农村能源贫困问题依旧突出

中国能源贫困具有明显的时空演变格局，在时间演变上，能源贫困问题随时间推移有较大改善。如在过去二十年中，中国经济转型显著地影响了中国居民的能源消费（Zhou & Shi，2019）。但在空间演变中，各省份差异依然较大，

西部地区能源贫困最严重，中部地区次之，东部地区程度最低。Wang 等（2015）研究表明长江中游地区表现出明显的能源贫困特征，能源可利用性最差；黄河中游地区的能源清洁度最差；东部沿海地区的能源管理完整性最差；东北地区的家庭能源负担最差，能源效率最低。除了地域之间的巨大差异，这种差异性在城乡之间更为明显，就能源消费结构而言，城镇居民生活用能早已摆脱污染固体燃料的束缚，均以较为清洁的非固体能源（电力、天然气、煤气等）为主，而农村居民生活用能除了在电力普及率方面实现了较大的提升，但仍依赖传统生物质能（薪柴、秸秆、动物粪便等）。

6.1.2 电力已实现全覆盖，城乡商品能源消费均增加

中国在 2015 年就实现城乡居民用电 100%覆盖，“不通电”不再是中国能源贫困的主要特征之一。据世界银行的数据表明，1990 年中国通电的人口比例为 92.22%，于 2014 年中国通电人口比例达到 100%（World Bank，2016），中国政府在解决无电问题的过程中起到了中流砥柱的作用，中国的高速实现电力普及服务离不开多维度的政策支持。1983 年开展电气化试点县计划，于 1990 年超额完成该计划，109 个县（市）达到初级农村电气化标准；1994 年实施“电力扶贫共富工程”，使全国 28 个无电县通电，农村通电率达到 95%以上，到 1996 年中国已经有 14 个省区县实现了村村通电、户户通电；2010 年中国通电率已经达到 99.7%，城镇地区实现全部通电（魏一鸣等，2014）。城乡居民生活用电方面的差距逐渐缩小，政府为了彻底解决电网改造过程中的遗留问题，已经实施了多轮“提质增量”工程。电力的可获得性已经不只局限于居民或企业是否能够获得电力，而在于获得更便捷和更现代化的电力服务（林伯强，2020）。

在商品能源消费方面，中国人均生活商品能源消费量也在不断地提升。图 6-1 反映了 1983—2017 年中国人均生活商品能源消费量的变化趋势，从 1997 年起人均生活商品能源消费量呈现持续增加的趋势，2017 年的人均生活商品能源消费量达到 414 千克标准煤，是 1983 年的 3.87 倍。根据中国统计年鉴的相关数据显示，煤炭的人均消费量从 1983 年的人均 128 千克，降低到了 2017 年的人均 67 千克。而电力的人均消费量从 1983 年的人均 13 千瓦小时，增长到了 2017 年的人均 654 千瓦小时；天然气的人均消费量从 1983 年的人均 0.1 立方米，增长到了 2017 年的人均 30.3 立方米。这表明我国清洁能源的供给能力在不断改善，能源消费结构呈低碳化和清洁化趋势，利于引导城乡居民消费清洁能源。

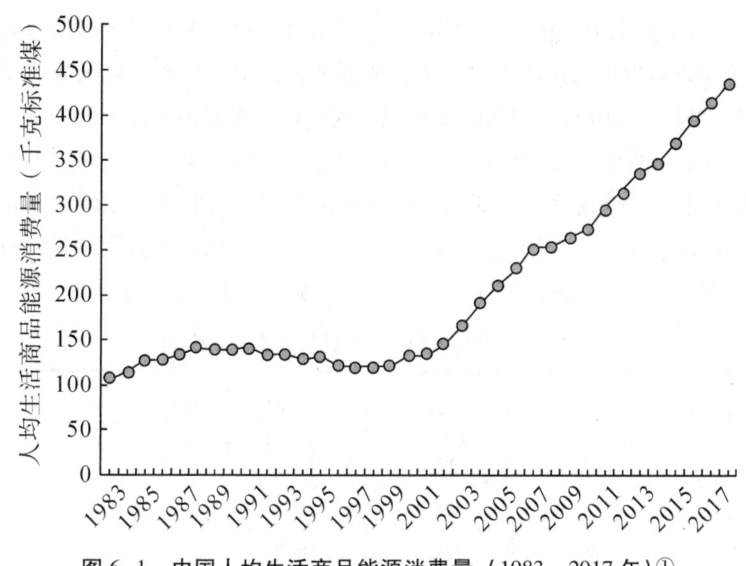

图 6-1　中国人均生活商品能源消费量（1983—2017 年）①

6.1.3　农村生活用能设施低效，仍以污染燃料为主，清洁灶具普及率低

中国农村的能源贫困问题更为严重，李慷等（2011）指出中国能源贫困人口集中在农村地区，尤其在我国东北和西部，这些地区主要以生物质能为燃料。中国约有 4.9 亿农村居民使用固体燃料进行炊事活动，城乡能源贫困状况存在较大差异（Tang & Liao，2014）。Tang & Liao（2014）指出超过 75%的农村家庭依靠固体燃料来满足其烹饪需求，而在城市地区和乡镇分别低至 8%和 36%。中国农村家庭对固体燃料的使用呈现出明显的地区差异，表 6-1 展示了 2017 年按主要炊事用能类型划分的农户比例，在东北和西部地区的农村居民仍然使用传统生物质能作为主要的烹饪燃料，分别为 84.5%和 58.6%。相比之下，东部地区的农村居民选择煤气、天然气等清洁能源作为主要生活能源的比例最高，达到 69.5%。全国的农村居民使用的电力的比例为 58.6%，东、中、西和东北地区的农村居民使用电力的比例相差无几，表明我国农村地区的电力普及基本没有地区差异。

固体燃料的使用与农村家庭收入密切相关，即人均家庭收入较低的地区使用的固体燃料更多。因为传统生物质能或其他固体燃料的价格是相对便宜的，甚至可以免费收集到，就算有些家庭已经可以使用天然气或电力来进行烹饪，他们也不会选择清洁烹饪设备（林伯强，2020）。与以电力等非固体能源为主

① 数据来源于中国统计年鉴 2020（国家统计局，2020）。

要生活能源的城镇地区相比，中国广大农村地区不仅缺乏使用清洁高效能源的设备，更缺乏对现代能源的支付能力，能源消费结构仍呈现高碳化和非清洁化特征（赵雪雁等，2018）。中国能源贫困的现状与众多发展中国家相差无几，但中国的能源贫困可能会更加复杂，就以中国城乡发展的差异来说，区域发展不平衡以及农村能源设施落后是造成农村能源贫困问题显著的重要原因（李世祥和李丽娟，2020）。因此，需要进一步探讨符合中国特色的能源贫困衡量指标，更多关于中国能源贫困的衡量指标及比较，请参考本书的第三章与第四章。

表6-1　按主要生活用能类型划分的农户比例[①]　（单位:%）

生活能源类型	全国	东部地区	中部地区	西部地区	东北地区
柴草	44.2	27.4	40.1	58.6	84.5
煤	23.9	29.4	16.3	24.8	27.4
煤气、天然气	49.3	69.5	58.2	24.5	20.3
沼气	0.7	0.3	0.7	1.2	0.1
电	58.6	57.2	59.3	59.5	58.7
太阳能	0.2	0.2	0.3	0.3	0.1
其他能源	0.5	0.2	0.2	1.3	0.1

经过上述特点的分析，可见中国能源贫困研究的重要性与紧迫性。中国脱贫攻坚战在2020年已经取得胜利，但与国计民生息息相关的能源贫困问题，作为解决相对贫困战略和预防返贫困中的重要问题不容忽视。我国目前存在的能源贫困问题不仅影响着居民健康和经济发展，且构成了我国改善相对贫困与实现全面小康的一大阻碍因素，是对践行生态文明建设等“五大发展理念”提出的挑战。虽然中国的能源贫困程度在近几十年呈现出减缓趋势，但能源贫困形势依然严峻，对国家方方面面产生了不利影响。首先，能源贫困影响中国的可持续发展。在中国，绿色发展是进行可持续发展的必然选择，但能源贫困显著抑制了绿色发展的进程，进而不利于可持续发展目标的实现（徐盈之和徐菱，2020）。其次，能源贫困显著降低了居民福利，而居民福利受影响的程度与能源贫困程度呈现明显的正相关关系（刘自敏等，2020）。最后，能源贫困对中国环境也产生了负面影响。在中国部分地区，条件有限，固体燃料的燃烧通常是不完全与不充分的，导致各种污染物的排放，从而危害环境（Tang & Liao，2014）。能源获取渠道较为单一仍然是中国能源贫困问题产生的一大原

① 数据来源于第三次全国农业普查主要数据公报（第四号）（国家统计局，2017）。

因；相比，能源消耗量的增大也会进一步恶化气候条件。

由此可见，能源贫困问题愈受关注，世界各国和地区关于能源贫困的研究开始不断涌现。作为最大的发展中国家，中国的能源贫困问题较为严重，能源贫困发生率高达 43%，却并未引起高度重视（刘自敏等，2020）。中国约有 4.9 亿农村居民使用固体燃料进行炊事（Tang 等，2014），这种情况发生在超过四分之三的农村家庭，由此可见城乡能源贫困状况存在较大差异；在城市地区和乡镇，使用污染能源进行炊事的占比分别低至 8%和 36%（Tang & Liao，2014）。若以经济相关指标来评估能源贫困，可以发现农村家庭能源支出比重显著高于城镇家庭。林伯强（2020）指出这主要是农村家庭收入较低造成的相对能源贫困，而能源贫困与收入贫困并不能直接画等号。区域发展不平衡以及农村能源设施落后是造成农村能源贫困问题显著的部分原因，其中东部地区农村能源贫困程度最低，中部地区次之，西部地区较为严重，东北地区最为严重，这与全国性的区域经济发展差异较为一致（李世祥和李丽娟，2020），也与区域能源储量和资源分配有一定联系（蔡海亚等，2021）。又由于气候和供暖方式的差别，中国北方地区的能源贫困发生率普遍高于南方地区（林伯强，2020）。

中国虽然属于发展中国家，但是具有不同于其他发展中国家能源贫困的特征，而国情决定了中国能源贫困的特殊性。李慷等（2014）指出中国的能源贫困同时拥有发展中国家与发达国家的特点，在获得现代清洁能源和生活能源的可支付性方面均存在较大困难。

为解决能源贫困，能源扶贫将作为我国扶贫政策的一个重要部分（马翠萍和史丹，2020）。从 2013 年开始，我国持续推进精准扶贫战略，农村的能源基础设施建设已取得显著成果，能源贫困程度有所缓解（赵雪雁等，2018）。但随着我国经济的迅速崛起，城市工业化、农村城镇化水平的不断加强，作为能耗大国的中国，从长远来看传统能源的供给很难满足经济增长需求，改善中国能源贫困问题依然任重道远。特别是在边远地区出现了日益严重的能源贫困问题，而可再生能源能够解决这些地区能源贫困问题。可见，寻求清洁能源的开发、获得与使用是解决能源贫困的重要路径；但风能、太阳能、小水电等可再生能源项目的初始投入大、后期投入小、成本高且回收期长，若仅由政府包办而缺乏相关利益方的参与，项目效果将大打折扣（林伯强，2020）。城市化的快速发展可以增加城镇居民获得现代能源服务的机会，因为能源基础设施的完善有助于减轻能源贫困（Wang 等，2017）；同时，在农村地区的能源扶贫要注重“授之以鱼，不如授之以渔”的扶贫策略，应该以产业扶贫着手，提高农户收入，增强贫困地区的自我造血功能，这是利用农村巨大的发展空间来缓解能源贫困（林伯强，2020）。改革开放以来，增加用电人口，促进清洁用能，减少居民用能成本，保护居民用能公平是中国在消除能源贫困方面所取得的巨大成就（李慷等，2014）。在全面奔小康的背景之下，能源扶贫成为了现阶段改善相对贫困的一个重要环节，根据我国国情和区域、组间差别提出并制定能够有效缓解能源贫困的扶贫政策显得尤为重要。

6.2 中国能源贫困的衡量

虽然目前衡量能源贫困的方法在学术界还未形成共识，但大致可以按照国家或地区经济发展水平的不同采取不同的能源贫困衡量方式。例如发展中国家主要关注能源获取情况，发达国家则侧重于清洁能源的可支付性（Zhang 等，2019a）。然而，中国的能源贫困问题具备独特性（Lin & Wang，2020）。例如，在河北省山海关区，大部分家庭已经安装了取暖设备，然而这些家庭在寒冷的冬天仍然面临能源贫困的困境。究其原因，一方面，由于难以承受高额取暖支出，部分家庭不会选择使用空调、电暖器等取暖设备；另一方面，山海关区设有大气监测国控点位，因此该地禁止烧柴燃煤取暖，同时家家户户强制封堵炉灶，这进一步突显了该地区居民的基本生存问题。

中国能源贫困的表现形式与其他发展中国家相比较存在如下差异：第一，大部分发展中国家普遍存在缺乏电力的情况，而中国居民的通电率自 2009 年以来达到 99%，2014 年官方通报的居民通电率达到了 100%（World Bank，2016）。然而，中国依然存在大量农村家庭主动或者被动选择污染能源，其背后的经济和文化根源问题值得深入探讨。第二，中国相比于发达国家，固体燃料的使用占比更大（廖华等，2017；魏楚等，2017），且居民的生活用能不及英美等发达国家的一半（郑新业等，2016）。第三，中国地域辽阔，不同区域在气候、经济、文化等诸多方面存在异质性（Lin & Wang，2020；李世祥和李丽娟，2020），以上现象导致能源贫困在时空分布方面存在巨大差异。因此，中国面临着更复杂的能源贫困问题（魏一鸣等，2014），且不能单一依靠一条固定的能源贫困线确定个体或群体是否陷入能源贫困。

作为世界上最大的发展中国家，中国能源贫困问题逐渐受到学术界关注。在宏观层面，Wang 等（2015）构建了国家及地区能源贫困指标用以衡量中国能源贫困；赵雪雁等（2018）从能源接入和能源服务两个方面考量中国各区域能源贫困的严重程度，结果表明中国农村的能源贫困在 2000—2015 年呈先增后降的“倒 U 型”趋势，且区域间差异波动较大。在微观层面，Tang &

Liao（2014）从能源的“可获得性”视角出发，测算出中国在2010年仍有76%的农村居民使用化石能源；Lin & Wang（2020）综合了10%指标和LIHC指标对中国能源贫困情况进行估算，随后根据最低能源需求法，将能源贫困家庭划分为“生命线能源贫困”家庭和“消费能源贫困”家庭。该研究具体分析了这两类能源贫困家庭之间的区别，并提议针对不同类型的能源贫困家庭，政府应给予不同的扶持政策。

中国当前能源贫困人口占比总体较高，能源贫困问题较为严重。Zhang等（2019a）通过多维能源贫困指数，计算得出2012年中国能源贫困人口高达57%，2014年为55%、2016年为48%。Jiang等（2020）基于最小终端用电量模型（MEE）方法计算出了中国青海的家庭能源贫困发生率高达57%，该研究认为中国的能源贫困问题已经不单纯是能源获取方面的问题，政府和学者们应将关注重点放在提升现代化能源在家庭能源消费中的份额方面；同时，现阶段中国存在一部分非收入贫困却能源贫困的家庭，导致主要针对收入贫困家庭的传统能源扶持政策效果欠佳。刘自敏等（2020）基于扩展线性支出系统模型（ELES），分东、中、西部测度出满足人类生存所需的基本能源消费支出，并将此作为能源消费支出贫困线以识别能源贫困人群，结果表明中国能源贫困人口占比高达43%，而收入贫困人口占比仅为7%，再次证明能源贫困与经济贫困并不能画上等号。

综上所述，中国的能源贫困问题具有特殊性和复杂性。然而，当前大多数研究者们都沿用针对其他国家提出的能源贫困指标，来探讨中国家庭的能源贫困情况。这样做可能会误估中国能源贫困的实际情况，甚至会导致一些能源贫困家庭无法于当前的能源贫困衡量框架下被识别。因此，基于现有中国能源贫困的特征，亟须提出符合中国社会和文化规范的能源贫困衡量指标。

6.3 中国能源扶贫政策与成效

能源扶贫作为“精准扶贫”战略的重要组成部分，为全力打赢脱贫攻坚战提供了坚强能源保障（章建华，2020）。能源扶贫相关政策成效在中国较为显著，并且助力中国提前10年实现了联合国2030年可持续发展议程的减贫目标（胡润青等，2021）。中国作为最大的发展中国家，于2015年实现了全国电力100%全覆盖的目标，这是将能源普及与扶贫工作有效结合的创新举措，也是响应人民美好生活需要的重要举措。众多学者总结了能源扶贫领域的成就，均表示能源扶贫领域取得的巨大成功是我国在脱贫实践中“中国方案”与“中国智慧”的重要体现之一。

在能源清洁化与去碳化的研究领域，胡润青等（2021）总结了中国光伏扶贫在“十三五”时期的进展以及取得的主要成果，并表示这一项利国利民的“阳光工程”可以助力我国在未来的发展中孕育更多的创新经验。宋玲玲等（2020）通过梳理英国、德国、丹麦等国家在供暖领域的能源转型方向、经济激励政策，总结政策设计与实施经验，为我国清洁取暖的实施提供启发与借鉴。

在可再生能源的研究领域，发展可再生能源已成为中国能源转型及减缓气候变化的关键途径，要实现政策的精准发力，需要发挥其正外部性的特点（王天穷和顾海英，2017；马鹏飞等，2020；涂强等，2020）。马鹏飞等（2020）基于生态文明建设视角，指出农村可再生能源政策总体上对农村可再生能源的发展产生了积极的影响，农村居民的能源消费结构得以不断优化。同样是对于可再生能源的政策研究，涂强等（2020）对中国2005—2019年可再生能源政策的发展历程及演化路径进行总结梳理，指出中国可再生发展取得举世瞩目成绩，并进一步探讨了未来可再生能源政策的优化方案。同时，也有学者研究可再生能源的发电商最优减排补贴政策和发电项目激励政策，并认为要科学进行相关制度的顶层设计才能更好更快地实现可持续发展路径（程承等，2019；商波和黄涛珍，2021）。

在能源安全政策的研究领域，程蕾（2018）指出中国进入新时代赋予了能源安全更为丰富的内涵。中国正在着力建设清洁低碳、安全高效的能源体系，不断推动“四个革命、一个合作”能源安全新战略走深走实，能够巩固拓展脱贫攻坚成果与乡村振兴有效衔接（章建华，2020）。郑小强和平方（2020）梳理近30年来中国能源安全政策的演进特征及发展方向，提出了能源的可获得性（availability）、技术的适用性（applicability）、社会的可接受性（acceptability）和价格的可承受性（affordability）的能源安全测度四维度的20个指标，也是检验能源扶贫成果的重要标准。

马翠萍和史丹（2020）总结了中国1980—2020年能源扶贫的政策演变（见图6-2），指出中国经过40年的能源扶贫，农村地区能源有望得到根本性解决，用能水平、用能效率、用能结构都得到较大提升，但用能综合水平仍有待进一步提升，能源扶贫的长效机制有待进一步探索，开发式和自主式的能源扶贫模式有待进一步强化。综上，中国能源扶贫成效显著，在提升贫困地区内生发展动力方面具有独特优势。同时，在未来的能源扶贫方面，巩固脱贫攻坚成果要将着力点聚焦于能源的清洁化与去碳化，发展可再生能源和保障国家能源安全等方面，统筹协调好各项措施，提升能源综合发展能力，多渠道探索由“能源大国”向“能源强国”转变的可持续发展路径。

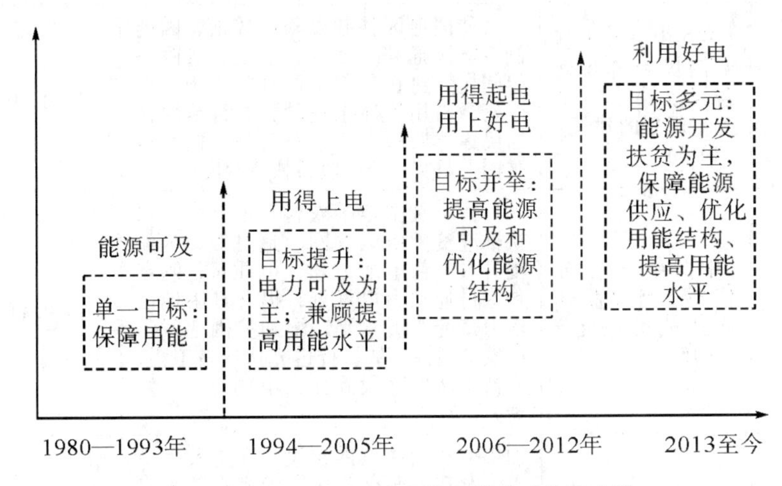

图 6-2　1980—2020 中国能源扶贫政策演变①

中国相关能源部门与政府机构愈发关注能源贫困问题，重视缓解能源贫困的措施。近 10 多年来，聚焦中国能源贫困及应对策略的一系列政策文件也愈发详实具体，从前期提出概括性方向，到最新的系统性详细规划，相关政策愈加具备指导性和可实践性。中国能源减贫的政策历程如表 6-2 所示。

表 6-2　中国能源减贫相关的政策文件（2013—2021 年）

序号	政策文件	主要内容	发布日期
1	《国务院关于印发〈能源发展“十二五”规划〉的通知》(国发〔2013〕2 号)	加快实施新一轮农村电网改造升级工程，提升农村电网供电可靠性和供电能力，农村生活用电得到较好保障，农业生产用电问题基本解决。到 2015 年，基本建成安全可靠、管理规范的新型农村电网，实现行政村通电，无电地区人口全部用上电，城乡各类用电同网同价。 结合农村资源条件和用能习惯，因地制宜推进小水电、太阳能、风能等可再生能源开发利用，推广普及经济实用技术，促进农村炊事、取暖和洗浴用能高效化、清洁化。到 2015 年，建成 1 000 个太阳能示范村；农村沼气年利用量达到 190 亿立方米	2013 年 1 月

① 马翠萍，史丹，2020 中国能源扶贫 40 年及效果评价［J］. 中国能源，42（09）：10-14.

表6-2(续)

序号	政策文件	主要内容	发布日期
2	《中共中央关于制定国民经济和社会发展第十三个五年规划的建议》(2015)	扩大贫困地区基础设施覆盖面，因地制宜解决通路、通水、通电、通网络等问题。对在贫困地区开发水电、矿产资源占用集体土地的，试行给原住居民集体股权方式进行补偿，探索对贫困人口实行资产收益扶持制度	2015 年 10 月
3	《中共中央 国务院关于打赢脱贫攻坚战的决定》(2015)	大力扶持贫困地区农村水电开发。加快推进贫困地区农网改造升级，全面提升农网供电能力和供电质量，制定贫困村通动力电规划，提升贫困地区电力普遍服务水平。增加贫困地区年度发电指标。加快推进光伏扶贫工程，支持光伏发电设施接入电网运行，发展光伏农业	2015 年 11 月
4	《中共中央办公厅 国务院办公厅印发〈关于加大脱贫攻坚力度支持革命老区开发建设的指导意见〉》(2016)	加快推动老区电网建设，支持大用户直供电和工业企业按照国家有关规定建设自备电厂，保障发展用能需求。增加位于贫困老区的发电企业年度电量计划，提高水电工程留存电量比例。在具备资源禀赋的老区积极有序开发建设大型水电、风电、太阳能基地，着力解决电力消纳问题。支持老区发展生物质能、天然气、农村小水电等清洁能源，加快规划建设一批抽水蓄能电站。加大农村电网改造升级力度，进一步提高农村电力保障水平	2016 年 2 月
5	《国家发改委等部门关于实施光伏发电扶贫工作的意见》(发改能源〔2016〕621 号)	在 2020 年之前，重点在前期开展试点的、光照条件较好的 16 个省的 471 个县的约 3.5 万个建档立卡贫困村，以整村推进的方式，保障 200 万建档立卡无劳动能力贫困户（包括残疾人）每年每户增加收入 3 000 元以上。其他光照条件好的贫困地区可按照精准扶贫的要求，因地制宜推进实施	2016 年 3 月

表6-2(续)

序号	政策文件	主要内容	发布日期
6	《中华人民共和国国民经济和社会发展第十三个五年规划纲要》	开展新一轮农网改造升级，农网供电可靠率达到99.8%。因地制宜发展可再生能源，建设清洁能源示范村镇。 对中小型燃煤设施、城中村和城乡结合区域等实施清洁能源替代工程。 因地制宜解决贫困地区通路、通水、通电、通网络等问题。大力扶持贫困地区农村水电开发。加大贫困地区农网改造力度。加大以工代赈投入力度，支持贫困地区中小型公益性基础设施建设	2016年3月
7	《国务院关于印发〈"十三五"脱贫攻坚规划〉的通知》(国发〔2016〕64号)	全面推进能源惠民工程，以贫困地区为重点，加快实施新一轮农村电网改造升级工程，实施配电网建设改造行动计划。实行骨干电网与分布式能源相结合，到2020年，贫困村基本实现稳定可靠的供电服务全覆盖，供电能力和服务水平明显提升。大力发展农村清洁能源，推进贫困村小水电、太阳能、风能、农林和畜牧废弃物等可再生能源开发利用。因地制宜发展沼气工程。鼓励分布式光伏发电与设施农业发展相结合，推广应用太阳能热水器、太阳灶、小风电等农村小型能源设施。提高能源普遍服务水平，推进城乡用电同网同价。 完成贫困村通动力电，到2020年，全国农村地区基本实现稳定可靠的供电服务全覆盖，农村电网供电可靠率达到99.8%，综合电压合格率达到97.9%，户均配变容量不低于2千伏安，建成结构合理、技术先进、安全可靠、智能高效的现代农村电网	2016年11月

表6-2(续)

序号	政策文件	主要内容	发布日期
8	《国家发展改革委、国家能源局关于印发〈能源发展“十三五”规划〉的通知》(发改能源〔2016〕2744号)	坚持能源发展和脱贫攻坚有机结合,精准实施能源扶贫工程:在革命老区、民族地区、边疆地区、集中连片贫困地区,加强能源规划布局,加快推进能源扶贫项目建设。调整完善能源开发收益分配机制,增强贫困地区自我发展“造血功能”。继续强化定点扶贫,加大政府、企业对口支援力度,重点实施光伏、水电、天然气开发利用等扶贫工程。 开展西藏、新疆以及四川、云南、甘肃、青海四省涉藏地区农村电网建设攻坚,加强西部及贫困地区农村电网改造升级;完成200万建档立卡贫困户光伏扶贫项目建设	2016年12月
9	《国家发展改革委、国家能源局关于印发〈能源生产和消费革命战略(2016—2030)〉的通知》(发改基础〔2016〕2795号)	全面建设新农村新能源新生活:切实提升农村电力普遍服务水平,完善配电网建设及电力接入设施、农业生产配套供电设施,缩小城乡生活用电差距。实施光伏(热)扶贫工程,探索能源资源开发中的资产收益扶贫模式,助推脱贫致富。结合农村资源条件和用能习惯,大力发展太阳能、浅层地热能、生物质能等,推进用能形态转型,使农村成为新能源发展的“沃土”,建设美丽宜居乡村。 农村新能源行动:更好发挥能源扶贫脱贫攻坚作用,改善贫困地区用能条件,通过建设太阳能光伏电站、开发水电资源等方式,探索能源开发收益共享等能源扶贫新机制。建立农村商品化能源供应体系,稳步扩大农村电力、燃气和洁净型煤供给。统筹推进农村配电网建设、太阳能光伏发电和热利用。在具备条件的农村地区,建设集中供热和燃气管网。就近利用农作物秸秆、畜禽粪便、林业剩余物等生物质资源,开展农村生物天然气和沼气等燃料清洁化工程。到2030年,农村地区实现商品化能源服务体系	2016年12月

表6-2(续)

序号	政策文件	主要内容	发布日期
10	《国家能源局印发〈关于加快推进深度贫困地区能源建设助推脱贫攻坚的实施方案〉的通知》(国能发规划〔2017〕65号)	加快农村电网改造升级，促进脱贫攻坚，重点是加快推进“三区三州”等深度贫困地区农网改造升级，着力解决低电压、网架不合理、未通动力电等发展薄弱环节和关键问题，确保到2020年深度贫困地区供电服务水平达到或接近本省（区、市）农村平均水平。 推进深度贫困地区老旧线路和配电台区改造升级，按计划完成深度贫困地区的农网动力电全覆盖。到2017年底，完成除西藏外的所有深度贫困村通动力电建设任务；到2020年，结合西藏大电网覆盖及县域农村电网建设进程，为西藏2万个贫困自然村通动力电。 光伏扶贫规模优先向深度贫困地区安排。积极配合有关方面做好项目补贴发放及电网接入	2017年11月
11	《中共中央 国务院关于实施乡村振兴战略的意见》(2018)	继续把基础设施建设重点放在农村，加快农村公路、供水、供气、环保、电网、物流、信息、广播电视等基础设施建设，推动城乡基础设施互联互通。加快新一轮农村电网改造升级，制定农村通动力电规划，推进农村可再生能源开发利用	2018年1月
12	《国家能源局关于印发〈进一步支持贫困地区能源发展助推脱贫攻坚行动方案(2018—2020年)〉的通知》(国能发规划〔2018〕42号)	着力完善贫困地区能源基础设施：进一步加大贫困地区农村电网改造升级力度；启动实施抵边村寨电网升级改造攻坚计划；进一步加快实施动力电全覆盖工程；建立电力普遍服务监测评价体系。 精准实施光伏扶贫工程：光伏扶贫规模优先向深度贫困地区安排；确保光伏扶贫工程的质量和效果。 完善能源扶贫政策措施：优先安排投资补助资金；优先开展各类改革试点；调整完善能源资源开发收益分配政策；建立健全水电利益共享机制；优先保障特殊地区能源发展需求	2018年5月

表6-2(续)

序号	政策文件	主要内容	发布日期
13	《中共中央 国务院关于打赢脱贫攻坚战三年行动的指导意见》(2018)	推进深度贫困地区农村电网建设攻坚，实现农网动力电全覆盖。加强“三区三州”电网建设，加快解决网架结构薄弱、供电质量偏低等问题。 在条件适宜地区，以贫困村村级光伏电站建设为重点，有序推进光伏扶贫。实施贫困地区农网改造升级，加强电力基础设施建设，建立贫困地区电力普遍服务监测评价体系，引导电网企业做好贫困地区农村电力建设管理和供电服务，到2020年实现大电网延伸覆盖至全部县城。大力推进贫困地区农村可再生能源开发利用	2018年6月
14	《中共中央 国务院印发乡村振兴战略规划(2018—2022年)》(2018)	构建农村现代能源体系：优化农村能源供给结构，大力发展太阳能、浅层地热能、生物质能等，因地制宜开发利用水能和风能。完善农村能源基础设施网络，加快新一轮农村电网升级改造，推动供气设施向农村延伸。加快推进生物质热电联产、生物质供热、规模化生物质天然气和规模化大型沼气等燃料清洁化工程。推进农村能源消费升级，大幅提高电能在农村能源消费中的比重，加快实施北方农村地区冬季清洁取暖，积极稳妥推进散煤替代。推广农村绿色节能建筑和农用节能技术、产品。大力发展“互联网+”智慧能源，探索建设农村能源革命示范区	2018年9月

表6-2(续)

序号	政策文件	主要内容	发布日期
15	《国家能源局关于印发 2019 年脱贫攻坚工作要点的通知》（国能发规划〔2019〕32 号）	持续推进农村电网改造升级。以“三区三州”等深度贫困地区为重点，在中央预算内投资中予以倾斜支持，加强工作督导，实施贫困地区农网改造升级，加强电力基础设施建设。加强“三区三州”电网建设，解决网架结构薄弱、供电质量偏低、动力电空白点等问题，加快西藏通动力电进程。优化贫困地区电网主网架结构，提高安全水平。组织西藏编制最后 12 个孤网县农村电网建设实施方案，印发实施抵边村寨农网改造升级攻坚行动计划。 有序开展光伏扶贫电站建设。配合国务院扶贫办下达脱贫攻坚期间光伏扶贫项目计划，规范村级光伏扶贫电站的建设和运营维护、安全使用，提高电站建设质量。 提高贫困地区农村可再生能源开发利用水平。积极推进贫困地区生物质能开发利用；推动提高贫困地区沼气规模化利用水平	2019 年 3 月
16	《中共中央关于制定国民经济和社会发展第十四个五年规划和二〇三五年远景目标的建议》（2020）	推进能源革命，完善能源产供储销体系，加强国内油气勘探开发，加快油气储备设施建设，加快全国干线油气管道建设，建设智慧能源系统，优化电力生产和输送通道布局，提升新能源消纳和存储能力，提升向边远地区输配电能力	2020 年 10 月
17	《中共中央 国务院关于实现巩固拓展脱贫攻坚成果同乡村振兴有效衔接的意见》（2020）	支持脱贫地区电网建设和乡村电气化提升工程实施	2020 年 12 月

表6-2(续)

序号	政策文件	主要内容	发布日期
18	《中华人民共和国国民经济和社会发展第十四个五年规划和2035年远景目标纲要》(2021)	推进能源革命，建设清洁低碳、安全高效的能源体系，提高能源供给保障能力。加快西南水电基地建设，安全稳妥推动沿海核电建设，建设一批多能互补的清洁能源基地，非化石能源占能源消费总量比重提高到20%左右。加快电网基础设施智能化改造和智能微电网建设，提高电力系统互补互济和智能调节能力，加强源网荷储衔接，提升清洁能源消纳和存储能力，提升向边远地区输配电能力，推进煤电灵活性改造，加快抽水蓄能电站建设和新型储能技术规模化应用	2021年3月
19	《国家能源局、农业农村部、国家乡村振兴局关于印发〈加快农村能源转型发展助力乡村振兴的实施意见〉的通知》(国能发规划〔2021〕66号)	巩固光伏扶贫工程成效，持续提升农村电网服务水平，推动千村万户电力自发自用，推动农村生物质资源利用，继续实施农村供暖清洁替代，健全完善农村能源普遍服务体系。 到2025年，建成一批农村能源绿色低碳试点，风电、太阳能、生物质能、地热能等占农村能源的比重持续提升，新能源产业成为农村经济的重要补充和农民增收的重要渠道，绿色、多元的农村能源体系加快形成	2021年12月

从最初概括性文件到具体措施，能源相关政策不断完善，其受到的重视度不断提升。与此同时，国家相关政府部门对能源贫困问题愈加重视，在消除绝对贫困后，依然将支持农村及贫困地区的能源发展作为乡村振兴的重要着力点与关键突破点。结合中国特殊国情与能源贫困的特殊性，对中国能源贫困问题进行针对性研究十分必要。基于以上政策文件的梳理，总结如下：一是近十年来聚焦中国能源贫困及应对策略的一系列政策文件愈发翔实具体，从最初概括性文件到具体措施，能源相关政策不断完善，地位不断提高，可见国家对能源贫困问题愈加重视。二是现有政策仍有不足，政府的扶贫瞄准机制主要是针对收入贫困居民或贫困脆弱性居民，并未精确识别到能源贫困群体。三是传统的增收脱贫政策对能源贫困人口并不适用（刘自敏等，2020），需要多维度识别能源贫困群体与多元化制定政策来彻底消除能源贫困。四是地方政府实施政策的过程中，很有可能采取“一刀切”的做法，如众多新闻报道的“煤改气”“煤改电”等民生工程进展迟缓，同时却立马采取“禁柴封灶”的极端手段，导致众多民众苦不堪言。可见，能源扶贫政策在某些方面效果欠佳，还需继续

细化与深化，更加贴近民生所需。

改革开放40余年，中国的能源扶贫政策总体上回应了不同发展阶段的能源供需、能源转型与环境保护等方面的现实需求，也生动地讲述了能源扶贫的中国故事，体现了“中国智慧”与“中国经验”，为其他国家消除能源贫困提供了经验（李辉等，2019）。能源扶贫领域取得的丰硕成果，改善了贫困群体生活与生产用能条件，增强了贫困地区的“造血”能力。

能源扶贫在脱贫攻坚中发挥着举足轻重的作用，相比于“大水漫灌”式的扶贫模式，能源扶贫在提升贫困地区自身“造血”能力方面具有独特的优势。中国能源扶贫的总体成效（见图6-3）主要体现在四个方面：一是农村用电条件显著改善，二是农村用能方式深刻变革，三是带动脱贫效果明显，四是贫困地区发展后劲显著增强（章建华，2020）。

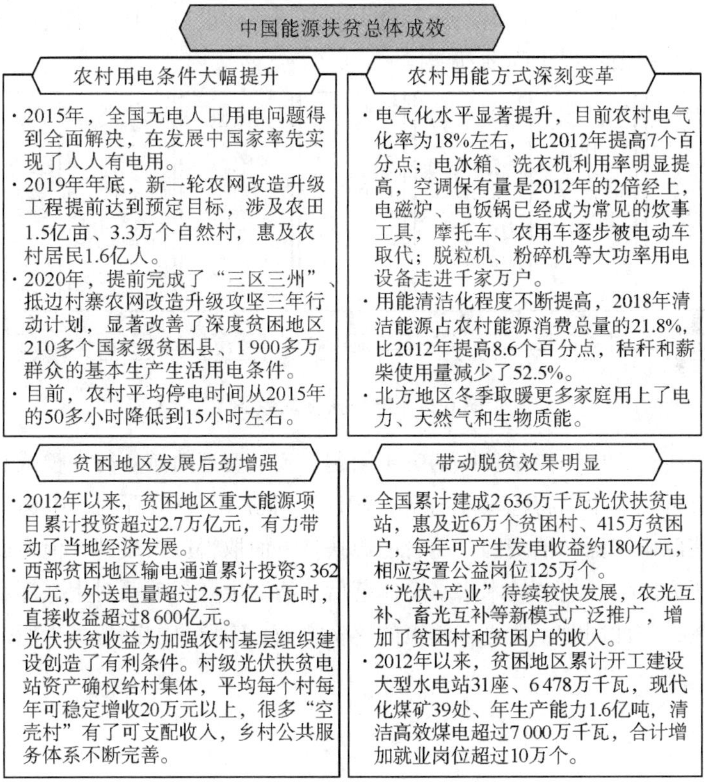

中国能源扶贫总体成效

农村用电条件大幅提升

- 2015年，全国无电人口用电问题得到全面解决，在发展中国家率先实现了人人有电用。
- 2019年年底，新一轮农网改造升级工程提前达到预定目标，涉及农田1.5亿亩、3.3万个自然村，惠及农村居民1.6亿人。
- 2020年，提前完成了“三区三州”、抵边村寨农网改造升级攻坚三年行动计划，显著改善了深度贫困地区210多个国家级贫困县、1 900多万群众的基本生产生活用电条件。
- 目前，农村平均停电时间从2015年的50多小时降低到15小时左右。

农村用能方式深刻变革

- 电气化水平显著提升，目前农村电气化率为18%左右，比2012年提高7个百分点；电冰箱、洗衣机利用率明显提高，空调保有量是2012年的2倍经上，电磁炉、电饭锅已经成为常见的炊事工具，摩托车、农用车逐步被电动车取代；脱粒机、粉碎机等大功率用电设备走进千家万户。
- 用能清洁化程度不断提高，2018年清洁能源占农村能源消费总量的21.8%，比2012年提高8.6个百分点，秸秆和薪柴使用量减少了52.5%。
- 北方地区冬季取暖更多家庭用上了电力、天然气和生物质能。

贫困地区发展后劲增强

- 2012年以来，贫困地区重大能源项目累计投资超过2.7万亿元，有力带动了当地经济发展。
- 西部贫困地区输电通道累计投资3 362亿元，外送电量超过2.5万亿千瓦时，直接收益超过8 600亿元。
- 光伏扶贫收益为加强农村基层组织建设创造了有利条件。村级光伏扶贫电站资产确权给村集体，平均每个村每年可稳定增收20万元以上，很多“空壳村”有了可支配收入，乡村公共服务体系不断完善。

带动脱贫效果明显

- 全国累计建成2 636万千瓦光伏扶贫电站，惠及近6万个贫困村、415万贫困户，每年可产生发电收益约180亿元，相应安置公益岗位125万个。
- “光伏+产业”待续较快发展，农光互补、畜光互补等新模式广泛推广，增加了贫困村和贫困户的收入。
- 2012年以来，贫困地区累计开工建设大型水电站31座、6 478万千瓦，现代化煤矿39处、年生产能力1.6亿吨，清洁高效煤电超过7 000万千瓦，合计增加就业岗位超过10万个。

图6-3　能源扶贫总体成效图①

① 章建华，2020. 为全力打赢脱贫攻坚战提供坚强能源保障［J］. 宏观经济管理（12）：14-16.

基于上述的政策文件梳理，可见中国能源扶贫中“电力扶贫”与“光伏扶贫”是最主要的能源扶贫工程。在全面实现“两不愁、三保障”的基础上，能源扶贫领域的“电力扶贫”与“光伏扶贫”为全面建成小康社会与实现乡村振兴战略累积了雄厚的物质基础。首先，让所有人都用上电，是全面建成小康社会的基本条件。中国电力扶贫成效（见图 6-4）十分明显，中国于 2015 年全面解决无电人口用电难题，并基于多轮农网升级改造，让受益群众实现了从“用上电”到“用好电”的转变。其次，光伏扶贫成为精准扶贫典范，作为兼具生态、民生的持续性脱贫攻坚工程（李娜等，2022），在全国脱贫攻坚期间建成了成千上万座遍布贫困地区的“阳光银行”；同时，协同发展的“光伏+”新兴产业模式，切实将贫困地区的能源资源产业优势转化为经济发展的内生活力和发展后劲（邱丽静，2020）。除此之外，水电工程、天然气工程、特高压直流输电工程、风电基地等重大能源项目建设也为接续推进脱贫攻坚与乡村振兴有机衔接提供强劲动能。

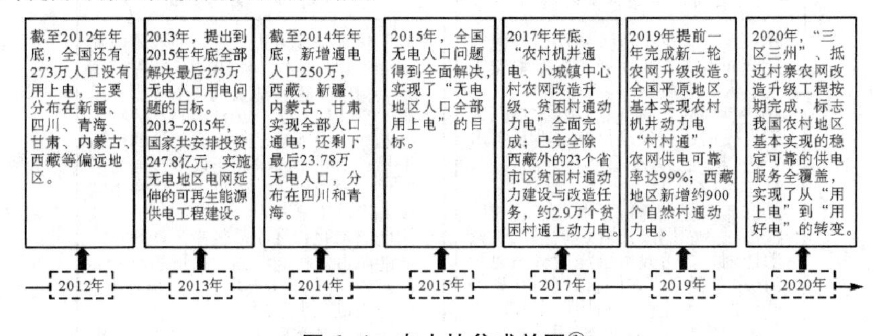

图 6-4　电力扶贫成效图①

综上所述，中国能源贫困的突出问题、政策变迁轨迹、行动模式和政策手段等具有鲜明的中国特色（李辉等，2019）。同时也必须看到，中国是世界上最大的能源生产国和消费国，尽管能源扶贫方面取得巨大成就，但也面临着能源供给压力巨大、能源技术水平总体落后、能源生产与消费对生态环境损害严重等挑战；与此同时，在更多政策的落实方面，需要更加贴近民生所需。

① 邱丽静，我国能源扶贫成就报告（2020）. https：//mp. weixin. qq. com/s/mjoduImTwEyn5R462OkPLg.

6.4 本章小结

本章从中国能源贫困现状总结出中国能源贫困的三大特征，并借鉴相关研究，总结了近几年关于中国能源贫困的衡量方法。随后，对中国能源扶贫政策的相关研究进行了总结，并对中国能源扶贫政策历程进行了梳理。具体而言，中国仍然存在较为严重的能源贫困，并且农村地区能源贫困的严峻形势相对突出。由此可见，中国的能源贫困衡量也要充分考虑农村地区的具体情况，才能够更加精准找寻到能源贫困的“病根”。在能源扶贫政策的研究领域，众多学者一致认为中国能源扶贫取得了较为突出的成效，也可以从中国能源扶贫的政策历程中看出，能源扶贫的措施从“精准扶贫”开展以来，更加翔实具体，扶贫成效也更加突出，然而，中国能源贫困依然广泛存在，精准能源扶贫政策框架还未能构建。

新形势下，要巩固能源发展取得的历史性成就，积极应对各种潜在危机的叠加冲击；新时代的中国能源发展要基于“四个革命、一个合作”的能源安全新战略，以能源领域的全面、协调、可持续发展，继续促进经济社会发展与增进人民福祉。本书将从宏观和微观层面继续剖析能源贫困，并将基于更多社会经济研究视角去实践能源缓贫。

7 隐形能源贫困研究及人情支出对能源贫困的影响

本书在前面章节已经充分探讨中国的能源贫困问题及其在当下面临的关键性挑战。事实上，传统的能源贫困衡量方法在深入研究跨区域能源贫困的复杂性和演变等方面远远不够；中国家庭的能源消费存在异质性，该特点导致中国的能源贫困难以简单通过现有传统方法开展精准度量。在此背景下，本章对本书提炼的能源贫困前沿研究领域之一——隐形能源贫困（hidden energy poverty，HEP）做出详细介绍，提出适用于中国国情的隐形能源贫困衡量指标，并运用以上最新方法估算中国家庭微观层面的能源贫困。此外，现有研究提出，社会规范是影响隐形能源贫困的潜在关键性因素。因此，本章在第二节以四川省家庭的微观数据为例，在中国特有的人情关系网背景下，初探中国家庭的人情支出对隐形能源贫困的影响。

7.1 中国家庭隐形能源贫困研究

本节首先介绍隐形能源贫困的来源、定义及方法相较于其他研究方法的优势，并从现有文献梳理各国有关隐形能源贫困的衡量标准。其次，本节就中国能源贫困的特殊性和复杂性，通过利用寒冷气候区无供暖、低能源支出和住房状况差等条件提出适用于中国的隐形能源贫困指标。再次，本节就2014—2018年最近三期“中国家庭追踪调查数据”（China Family Panel Studies，CF-PS），发现44.85%的中国样本家庭存在一定程度的隐形能源贫困；同时，根据家庭的收入情况，本节将隐形能源贫困进一步分为低收入隐形能源贫困和非低收入隐形能源贫困，发现超过一半的隐形能源贫困家庭（65.57%）并不属于收入贫困。最后，本节根据研究结果，针对中国的隐形能源贫困现状提出政策建议。总的来说，本节运用微观数据实现了隐形能源贫困指标在中国家庭中的构建，该指标的重要性体现在通过充分考虑当地具体情况捕捉能源贫困的多样性。政策建议方面旨在推动政策制定者充分满足中国家庭的能源需求现状，而非在力求消除能源贫困进程中过于简单化地将帮扶对象聚焦低收入群体。

7.1.1 隐形能源贫困的概念

隐形能源贫困是在能源贫困概念的基础上逐渐形成的。从形成燃料贫困的概念（Bradshaw & Hutton，1983）到 Boardman（1991）提出能源贫困的粗浅衡量方式，能源贫困的定义经历了漫长的演变过程。此后，研究者们不断调整能源贫困的衡量标准，以构成主观或客观指标。多维能源贫困指数、10%指标、低收入高消费指标等衡量方式方法已在世界各国得到了广泛应用。其中，能源贫困的多样性得到学者的广泛认同。

然而，现有研究对上述能源贫困的衡量方法提出了诸多质疑。例如，多维能源贫困指数在计算真实能源需求时容易忽略不同家庭的能源消费条件和特有社会规范（Pelz 等，2018）。此外，一些研究者指出 10%指标、LIHC 指标等基于能源支出的衡量方法低估了能源贫困问题的严重程度，因为这类指标难以覆盖因经济困难而大幅缩减能源消费的家庭。例如，Chard & Walke（2016）指出某些家庭在炎热季节为节省电费，家庭成员白天会到公众场所乘凉；而只有当大多数家庭成员都在家时（例如就寝时间）才会偶尔使用空调。Ni 等（2020）在此基础上提出，有部分群体将限制能源消费作为一种生存机制，通过对家庭成员的能源需求进行定量分配，以此减少家庭能源消耗。该研究认为这样的家庭即陷入了隐形能源贫困（Hidden Energy Poverty，HEP）。

隐形能源贫困的概念源于 Meyer 等（2018）提出的能源贫困晴雨表。这项针对比利时的研究将隐形能源贫困定义为家庭自愿或被迫将能源消费限制在舒适度水平以下。该研究指出，对能源消费存在自我限制的群体面临的能源贫困问题不仅难以通过现有能源扶贫政策识别，且不易通过单一能源贫困衡量方法评估。此外，由于这类家庭的特点之一是能源消费量潜在偏低，与能源消费密切相关的能源贫困衡量方法（如 10%指标或低收入高成本指标）不能识别出这部分能源贫困家庭。在这种情况下，研究者将这类使用传统能源贫困方法无法衡量的家庭定义为隐形能源贫困家庭。

7.1.2 家庭隐形能源贫困的相关研究

Lewis（1982）定义能源贫困为不能维持室内温度以及无法支付生活用能

的家庭。同时，有学者认为能源贫困是家庭无法获得或负担得起清洁能源作为必需品（IEA，2002；Pachauri & Spreng，2011；Nguyen & Nasir，2021）。在本书的第三章，我们已经对能源贫困的衡量方法做了详尽的阐述，这里仅就其类型作归纳，即支出相关指标、基本能源需求量指标、共识法（Rademaekers 等，2016；Barnes 等，2011）及多维能源贫困指数。

支出相关指标主要是通过给定与收入相关的阈值来测度家庭是否陷入能源贫困（Thomson 等，2017），如 Boardman（1991）提出的广泛应用的10%指标（一种绝对测量方法）和 Hills（2011）提出的低收入高成本指标（一种相对测量方法）。这些指标在世界各国得到了广泛应用，因为它们较易从调查数据中获取。然而，这些方法受到了一些研究的批评，因为它们无法准确地识别所有的能源贫困家庭（Thomson 等，2017；Meyer 等，2018）。Healy & Clinch 等（2004）和 Herrero（2017）认为，10%指标只适用于英国某一历史时期。此外，低收入高成本指标的主要缺点在于缺乏对每个样本能源贫困程度的精准度量（Boardman，2010）。

另一些研究通过量化家庭的基本能源需求作为衡量能源贫困的阈值（Barnes 等，2011；Jiang 等，2020；Lin 和 Wang，2020）。然而，由于个体之间地域、收入水平、家庭结构、生活习惯等存在显著差异性，且不同研究对基本能源需求所涵盖的内容持有不同观点（李佳珈，2019）。因此，目前还没有一个公认的最低能源消费水平，不同方法计算出的结果也有较大差异（Wang 等，2015）。

衡量能源贫困的第三种方法是共识法，该方法在对能源贫困的度量中将房屋在冬季的保暖性纳入考虑。此外，共识法还包括居民对生活条件的主观感受及自我评价（Rademaekers 等，2016）。当家庭能源消费的相关数据无法获得或者各国标准无法统一时，可以利用共识法对国家或地区的能源贫困进行估计。然而，共识法的缺点也较为明显：即基于居民主观感受的测量结果可能缺乏可靠性（Churchill & Smyth，2020）。此外，主观感受可能会随着文化差异和个人偏好而波动（Thomson 等，2017；Karpinska & Smiech，2020）。因此，在衡量能源贫困时，这种方法往往与客观指标相结合使用，而非单独使用（Robinson 等，2017；Churchill & Smyth，2020）。

也有一些学者采用多维能源贫困指数测定特定区域的能源贫困，该指数对家庭不同维度的能源贫困展开分析，反映了能源贫困发生率和能源贫乏者的平均剥夺强度（李兰兰等，2020）。实际上，多维能源贫困指数也存在一定缺陷：第一，该指数忽略了部分能源消费受限的家庭；第二，该指数在计算家庭真实能源需求时可能会忽略不同的能源消费条件和社会规范（Pelz 等，2018），而最新证据表明，异质性和文化敏感性在构建能源贫困框架方面至关重要（Chaudhry & Shafiullah，2021；Farrell & Fry，2021）。

事实上，以上几种关于能源贫困的衡量方法都忽略了能源消费异常低的家庭，因此我们有必要制定评估这类家庭能源贫困境况的综合指标。对此，隐形能源贫困的概念应运而生，并在研究跨区域能源贫困的复杂性和异质性时展示出其发展潜力。Betto 等（2020）指出隐形能源贫困主要是由建筑能源效率低下、收入水平过低、能源消费过低、家庭所处地区对气候变化较为敏感等因素造成的。除此之外，当前隐形能源贫困的相关研究均指出，家庭收入过低是陷入隐形能源贫困的根本原因。

隐形能源贫困通过测度真实的能源需求来探索家庭潜在的能源消费行为（Meyer 等，2018；Karpinska & Smiech，2020）。因此，该方法的难点在于如何确定居民维持正常生活所需的基本能源支出。Meyer 等（2018）将最低能源支出阈值设定为拥有相同规模家庭在能源支出方面的中位数。欧洲能源贫困观察组织（European Energy Poverty Observatory）基于这一衡量标准提出了“M/2”指标，即设定家庭的能源支出低于全国家庭能源支出中位数的一半则为能源贫困家庭。Betto 等（2020）沿用该指标设定家庭最低能源支出阈值。Papada & Kaliampakos（2020）则通过“能源贫困随机模型”（stochastic model of energy poverty，SMEP）计算最低能源支出，该文将家庭的实际能源支出值与最低能源支出值之比定义为“能源需求的覆盖指数”（degree of coverage of energy needs，DCEN），当样本家庭的能源需求指数小于 0.8 时，该研究认为这部分家庭抑制了自身的能源需求。

部分研究指出，家庭规模、住房条件、气候等因素也应纳入隐形能源贫困的衡量中（Meyer 等，2018；Karpinska & Miech，2020）。其中，Karpinska & Miech（2020）认为当存在多人分担住房成本的情况下，隐形能源贫困的风险可能会减小，而独居者更易陷入隐形能源贫困。Meyer 等（2018）在对比利时隐形能源贫困的研究中，还考虑了房屋隔热效果等因素。拥有良好隔热效果的家庭可能拥有较低的能源支出和较高的能源利用效率，所以在评估隐形能源贫困家庭时应排除这些家庭。Betto 等（2020）沿用了这一指标，该研究以房屋的建造年份来确定房屋的隔热效果。在意大利，最早对建筑物隔热进行强制要求的法规于 1976 年提出，因此该研究认为早于 1976 年修建的房屋缺乏良好的隔热效果。此外，该研究指出不同气候的居民在能源支出上存在较大差异，因此在衡量隐形能源贫困时，还应考虑不同气候所带来的能源消费行为和偏好方面的异质性。

通过上述文献的梳理，可知隐形能源贫困涵盖了更深层次的能源贫困含义，能更精准地评估哪类群体应该获得能源扶助（Betto 等，2020；Papada & Kaliampakos，2020），是近年来能源贫困研究领域的前沿方向之一。当前关于隐形能源贫困的研究还相对较少，且大部分研究对象为意大利、比利时等相对发达的欧洲国家。而中国居民的能源消费能力显著低于发达国家，且区域间经济、气候、文化差异较大，因此，我们亟须提出适用于中国国情的隐形能源贫困衡量指标。接下来，本节将探讨中国的隐形能源贫困，并以此加深对隐形能源贫困更为深入的认识。

当前，中国在消除绝对贫困方面取得了重大进展。然而，全球气候变化和能源不安全等问题的凸显，以及国内能源市场化改革，引发了政治家和学者们对中国能源贫困的极大关注。中国是世界上最大的发展中国家，人口众多，且区域发展不平衡，与许多其他发展中国家和发达国家相比，中国的能源贫困问题更复杂、更具有多样性和挑战性（Tang & Liao，2014；Lin & Wang，2020）。一方面，中国从 2015 年开始全面覆盖居民用电（National Energy Administration，2015）。另一方面，收入不平等（Nie & Xing，2019）、住房条件不佳（Liu & Xue，2016）和气候多样性（Liang 等，2007）等导致中国家庭能源消费存在严重的不足。

Lin & Wang（2020）通过对以下两个方面做出详细评估用以分析中国家庭能源需求现状，这有助于我们进一步探索中国的能源贫困问题。第一，由于中国幅员辽阔，在测量家庭真实能源需求时，气候是一个重要但容易被忽视的条件。位于寒冷气候区、同时却缺乏供暖的家庭不可避免地陷入能源匮乏（Anderson 等，2012）。第二，能源效率低下是导致中国能源贫困问题产生的另一个关键原因（Pelz 等，2017）。住在破旧的房子里将导致能源的低效使用（Healy & Clinch，2004；Karpinska & Smiech，2020）。因此，住房状况也是衡量能源贫困的一个关键方面。因快速城市化建设而出现大量低质量住宅的情况在中国非常普遍（Liu & Xue，2016）。综上，相较于传统的支出相关能源贫困指标，根据当地气候条件、住房状况、消费者价格指数（CPI）和家庭结构等建立的综合性能源指标有助于我们探索中国家庭真正的能源需求，从而能更精准地识别能源贫困家庭（Papada & Kaliampakos，2020；Yip 等，2020）。鉴于中国的以上情况，隐形能源贫困即家庭自愿或被迫将能源消费限制在舒适度水平以下的现象，需要引起研究者及政策制定者们的高度重视。

为了加深对中国隐形能源贫困的认识，本节主要从以下三个维度出发搜寻隐形能源贫困家庭，最终基于此构建中国家庭的隐形能源贫困指标（见图 7-1）：①位于寒冷和严寒地区的家庭没有取暖支出；②家庭等效能源支出相对较低；③家庭住房状况不佳。本节通过对 CFPS 2014—2018 年数据进行分析，结果表明在 2014 年有 46.35%的中国家庭陷入隐形能源贫困，且这一比例随着时间的推移而下降。此外，研究发现在全样本中有约 2/3 的隐形能源贫困家庭并不属于收入贫困。这些家庭难以通过现有的能源贫困衡量方法来识别，甚至部分家庭没有意识到他们正处于能源贫困之中，但他们仍然遭受着能源贫困，及其产生的负面影响。然而，迄今为止，针对非低收入家庭能源贫困问题的识别和探讨的文献还较为缺乏。

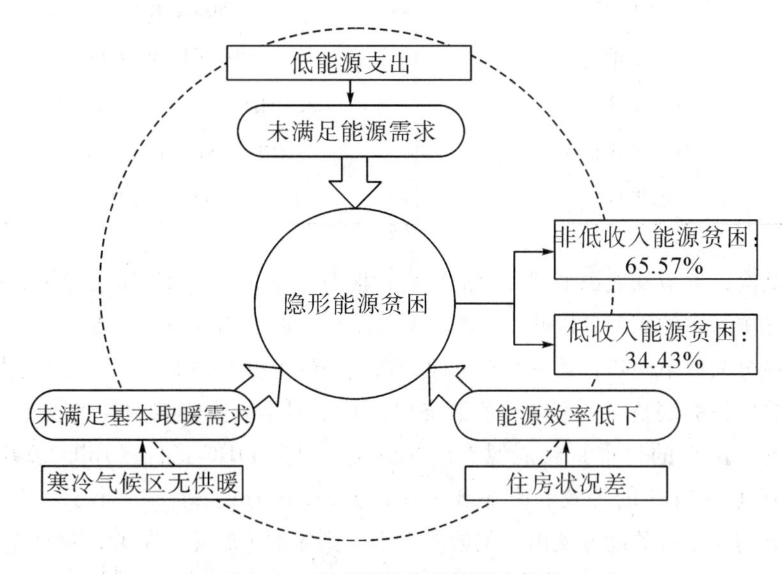

图 7-1　隐形能源贫困的研究框架

本节首先通过对中国能源贫困特殊性、复杂性的全面分析，从家庭能源消费不足这一普遍现象出发，运用隐形能源贫困指标衡量了中国的能源贫困。其次，本节揭示了中国能源贫困的潜在特征与区域异质性，并基于“收入与能源贫困”的新视角，为精准解决中国的能源贫困问题提出有效的政策建议。

7.1.3　研究方法与数据处理

7.1.3.1　隐形能源贫困的衡量指标

本节分别从寒冷气候区无供暖、低能源支出和住房状况差以上三个维度构建中国家庭的隐形能源贫困（HEP）指标。

首先，我们计算样本所在区县相应年份的加热度日（HDD）和降温度日（CDD）①，并以HDD和CDD为指标划分不同类型的气候区（见表7-1）。通过将每个家庭的位置与其所在区县相匹配，我们将样本分配到相应的气候区。如果一个家庭属于严寒或寒冷地区（HDD≥2 000）且没有取暖费用，这个家庭被视为没有满足基本供暖需求的家庭（Liang等，2007），我们将这些家庭的值设为1，否则为0。

表7-1　中国气候区②划分

气候区域	划分标准
严寒地区	3 800≤HDD
寒冷地区	2 000≤HDD<3 800
夏热冬冷地区	700≤HDD<2 000 & 10≤CDD
夏热冬暖地区	HDD<700 & 10≤CDD
温带地区	HDD<2 000 & CDD<10

其次，本节从能源消费支出的角度，根据家庭的一系列异质性特征识别未满足能源需求的家庭，以此作为本节衡量隐形能源贫困的一个重要方面。该过程具体分为以下两步：第一，获取原始数据中的家庭能源支出；第二，根据消费者物价指数调整每个家庭的能源支出，并根据不同家庭类型（见表7-2中不同家庭类型的权重）将能源支出等效化。根据LIHC指标（Hills，2011），如果家庭i在t年的等效能源支出（$equivalized\ energy\_exp_{i,t}$）小于等于所在区县$n$的家庭等效能源支出中位数的60%，则家庭$i$被视为在第$t$年未满足真实能源需求（见公式7-1）。

$$equivalized\ energy\_exp_{i,t} \leq 60\%median\ equivalized\ energy\_exp_{n,t} \quad (7-1)$$

① 根据Lin & Wang（2020），HDD和CDD的计算公式如下：$HDD = \sum_{t=1}^{365}\max(0;\ 16℃ - T_t)$；$CDD = \sum_{t=1}^{365}\max(0;\ T_t - 28℃)$。其中，$T_t$为采样点所在县第$t$天的室外平均温度。16℃和28℃的阈值根据《中国室内空气质量标准（GB/T 18883-2002）》确定。

② 气候区的划分参考中华人民共和国住房和城乡建设部官方文件《民用建筑热工设计规范GB50177-2016》。

表 7-2　不同家庭类型等效化能源支出参照表

家庭类型	指数
有子女的夫妇	1.15
没有子女的夫妇	1
单亲家庭	0.94
独居	0.82
其他家庭类型	1.07

注：根据家庭类型，将经消费者物价指数调整后的能源支出乘以相应的指数，即得到家庭的等效化能源支出。

随后，本节根据公式（7-2）量化样本家庭能源需求的未满足程度。如上文所述，以第 t 年 n 县等效化后能源支出中位数的 60%作为该区县的真实家庭能源支出阈值。在此基础上计算这一阈值与家庭 i 等效能源支出的差值，再除以该阈值，即得到该样本的能源需求缺口指数 I。相反，对于超过中位数 60%这一阈值的家庭在该指数上记为 0，代表这类家庭的能源需求得到基本满足。最终，我们得到第 t 年家庭 i 的能源需求缺口指数 I，范围为 0~1。如果一个家庭的指数 I 较高，表明该家庭的能源需求未得到满足的程度越大。

$$I_{i,t}=\frac{(60\% median\ equivalized\ energy\_exp_{n,t}-Equivalized\ energy\_exp_{i,t})}{60\% Median\ equivalized\ energy\_exp_{n,t}} \tag{7-2}$$

再次，有关对家庭住房状况的识别本小节给出两个替代条件，当一个家庭满足其中一个条件，则在本节中被识别为住房保暖性能低下，我们将这种家庭在该维度的值设为 1，否则为 0。第一个条件的制定标准参考了中国官方颁布的《住宅建筑节能设计标准》，该文件明确指出针对 1996 年之后建成的居民建筑在供暖和能源效率方面给出相关最低标准。如果家庭房屋是在 1996 年之前建造的，本节则将该家庭视为住房型隐形能源贫困家庭（见公式 7-3）。类似地，Betto 等（2020）在研究意大利的居民能源贫困时，也采用了意大利颁布的相关文件用以评估住宅状况。第二个条件只适用于居住在出租屋中的家庭，这类家庭在样本数据中仅占 11.7%。具体来说，如果一个家庭的人均房租低于其所在地区人均房租的中位数，则属于住房型隐形能源贫困家庭。在计算不同地区的人均房租中值时，我们根据地区的经济发展水平，先将全样本划分为西部、中部和东部，然后又将以上地区划分为农村和城市样本。据此，此处总共分为六个区域，分别是：西部城市、西部农村、中部城市、中部农村、东部城市、东部农村。随后，我们可以计算出第 t 年地区 j 的人均房租中位数，并将同一地区租房家庭 i 的人均房租（$house\_rent_{i,t}$）与该值（$median\ house\_rent_{j,t}$）进行比较，低于该值的家庭则在此识别为住房能源效率较低（见公式 7-4）。

$$house\_year_{i,t} < 1996 \quad (7-3)$$

$$house\_rent_{i,t} \leqslant median\ house\_rent_{j,t} \quad (7-4)$$

最后，本节通过对 HEP 的上述三个维度进行计算，赋予每个维度 1/3 的同等权重，从而得到微观层面的综合隐形能源贫困指数（HEP_index）（见表 7-3）。该指数取值范围为 0～1，数值越大，说明家庭隐形能源贫困的程度越深。

表 7-3　隐形能源贫困综合指标

维度	维度描述	权重
未满足供暖需求	如果一个家庭所处寒冷气候区且无取暖支出，则取值为 1，否则为 0	1/3
低能源支出	基于式（7-1）和式（7-2）计算得到	1/3
住房状况差	如果一个家庭满足式（7-3）或式（7-4），则取值为 1，否则为 0	1/3
HEP_index	将上述三个维度等量加权后相加	1

7.1.3.2　按收入分类隐形能源贫困

为了进一步探讨收入贫困和能源贫困的区别，分析不同收入群体隐形能源贫困的异质性，本小节将隐形能源贫困群体分为低收入组和非低收入组。参考 Hills（2011）的研究，我们将收入门槛设置为同一区县所有样本家庭收入中位数的 60%。即如果一个隐形能源贫困家庭的收入低于其所在区县中位数的 60%，则该家庭属于低收入隐形能源贫困组，否则属于非低收入隐形能源贫困组（见公式 7-5）。

$$house\_income_{i,t} \leqslant 60\% median\ house\_income_{n,t} \quad (7-5)$$

据此，我们根据上一小节估算的隐形能源贫困指标和收入阈值得到低收入隐形能源贫困指数（LIEP_index）和非低收入隐形能源贫困指数（NLIEP_index）。图 7-2 展示了不同隐形能源贫困指数之间的联系。

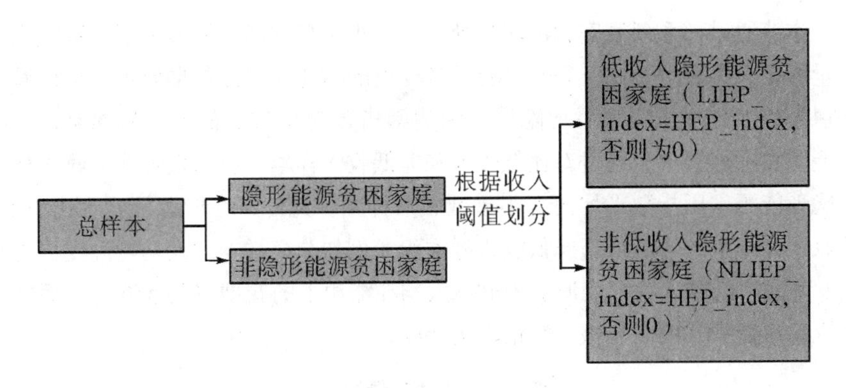

图 7-2　隐形能源贫困的相关指数

注：缩写如下：LIEP_index：低收入隐形能源贫困指数；NLIEP_index：非低收入隐形能源贫困指数

7.1.3.3　数据来源和描述性统计

本节所用数据来源于 2014—2018 年最新三期“中国家庭追踪调查数据”(China Family Panel Studies，CFPS)。该项目由北京大学中国社会科学调查中心（Institute of Social Science Survey，ISSS）组织实施，覆盖中国 25 个省（自治区、直辖市)，且样本具有国家层面代表性。CFPS 包含家庭的各项关键信息，如有关经济、人口、地理及社会信息。通过筛选原始数据、剔除遗漏值，本节最终得到有效家庭样本 24667 户。表 7-4 总结了样本分布，可以看到 55.25%的样本出现在所有轮次的调查中，87.26%的样本至少出现了两轮。

表 7-4　2014—2018 年 3 期数据的样本分布

频率	占比（%）	累计百分比（%）	覆盖情况
13 629	55.25	55.25	+++
3 674	14.89	70.15	++−
3 566	14.46	84.60	−++
656	2.66	87.26	+−+
1 234	5.00	92.26	+−−
1 587	6.43	98.70	−+−
321	1.30	100.00	−−+
24 667	100.00		

注：“-”表示样本分别不在 2014 年、2016 年或 2018 年，而“+”表示它们出现在相应年份。

本节通过一系列家庭和区域特征，计算得到多项隐形能源贫困指数，主要变量的定义见表 7-5。表 7-6 是有关各变量的描述性统计数据展示，可以看到 2014—2018 年中国家庭平均隐形能源贫困指数为 0.13。值得一提的是，在隐形能源贫困人群中，通过对比低收入和非低收入样本，我们发现非低收入样本的隐形能源贫困指数平均而言小于低收入样本。此外，在能源消费支出方面，低收入样本组的均值低于非低收入样本组。例如，全样本的人均能源支出为每年 951 元，低收入隐形能源贫困群体人均在能源上的花费仅为 556 元，而非低收入隐形能源贫困组在该项数值上为 794 元。

表 7-5　主要变量的定义

变量	变量说明
HEP_index	隐形能源贫困指数
LIEP_index	低收入家庭隐形能源贫困指数
NLIEP_index	非低收入家庭隐形能源贫困指数
energy_exp	人均家庭能源支出（包括电力、燃料和取暖支出的总和）
house_year	住宅修建年份
house_rent	家庭人均房租
house_income	家庭人均收入

表 7-6　主要变量的概括性统计

变量	平均值	标准差	最小值	最大值	各组的平均值			
					非隐形能源贫困	隐形能源贫困	低收入隐形能源贫困	非低收入隐形能源贫困
HEP_index	0. 130	0. 174	0	0. 969	0	0. 290	0. 294	0. 288
LIEP_index	0. 045	0. 124	0	0. 969	0	0. 101	0. 294	0
NLIEP_index	0. 085	0. 151	0	0. 935	0	0. 189	0	0. 288
energy_exp	950. 692	1 031. 275	4. 978 71	26 872. 38	1 144. 751	712. 667	555. 474	794. 061
house_year	1 999. 781	11. 892	1 910	2 018	2 005. 991	1 992. 229	1 992. 190	1 992. 250
house_rent	325. 604	652. 933	0	7 000	388. 706	239. 346	211. 054	252. 477
house_income	26 170. 1	62 746. 78	0	3 620 000	30 461. 16	20 894. 12	5 645. 818	28 899. 43
样本数	24 667	24 667	24 667	24 667	13 603	11 064	3 809	7 255

7.1.4 研究结果

图 7-3 描述了非隐形能源贫困、隐形能源贫困、低收入隐形能源贫困及非低收入隐形能源贫困的样本占比。可以发现在 2014—2018 年有近一半（44.85%）的家庭陷入隐形能源贫困困境。此外，通过对数据进一步分析得到，单一维度的隐形能源贫困家庭占总样本的 36.35%。这一比例与 Zhang 等（2019a）以多维能源贫困指数对中国 2012—2016 年能源贫困衡量的单维能源贫困占比结果相似。从总体来看，Zhang 等（2019a）研究中能源贫困家庭占比（54.21%）大于本书计算得到的 HEP 占比。然而，中国的 HEP 占比大约是发达地区的两倍。例如，在 2017 年只有 23.7%的中欧和东欧人口面临隐形能源贫困问题（Karpinska & Smiech，2020）。值得注意的是，超过一半的 HEP 家庭（65.57%）在收入方面并不贫困。这一现象说明，隐形能源贫困比收入贫困更隐蔽，因此，研究者们不能简单地以收入来识别能源贫困家庭。

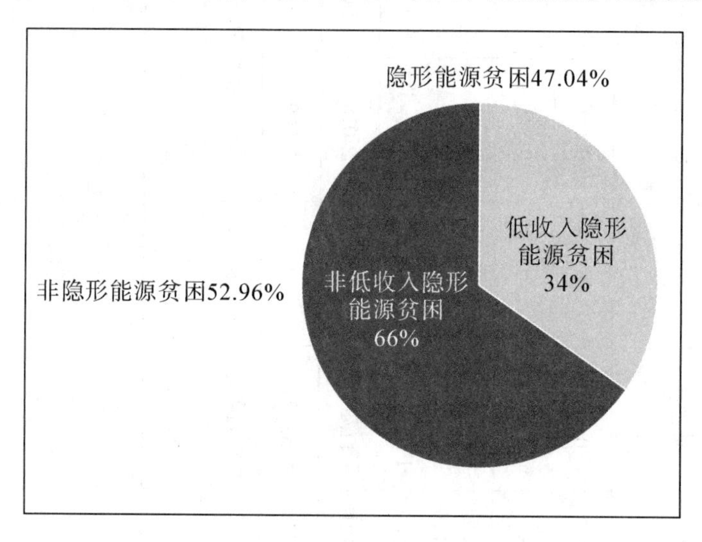

图 7-3 非隐形能源贫困、隐形能源贫困、低收入隐形能源贫困及非低收入隐形能源贫困占比

图 7-4 和图 7-5 展示了不同气候区的隐形能源贫困占比及其程度。可以看出，所在严寒地区样本家庭的隐形能源贫困发生率高达 50%以上，其隐形能源贫困指数（HEP_index）也远高于其他气候区。其他三个气候区的隐形能源贫困占比和隐形能源贫困程度比较类似。此外，夏热冬冷区近五年来隐形能源贫困占比和隐形能源贫困指数均呈现最为显著的降低趋势。

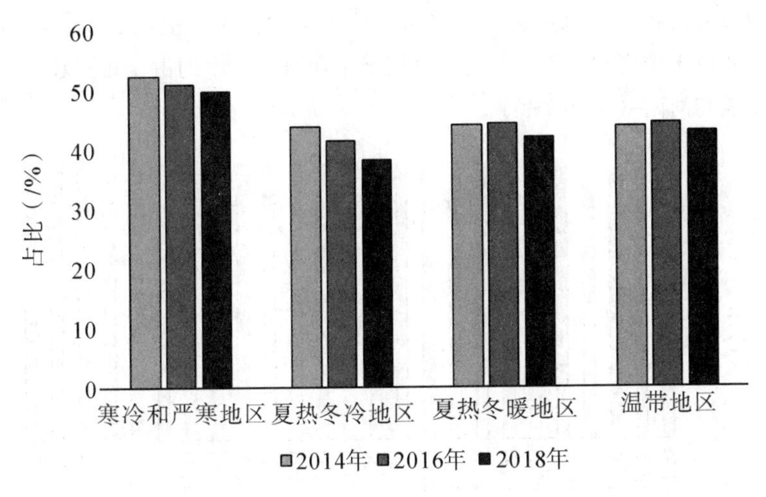

图 7-4　不同气候区家庭的隐形能源贫困家庭占比（%）

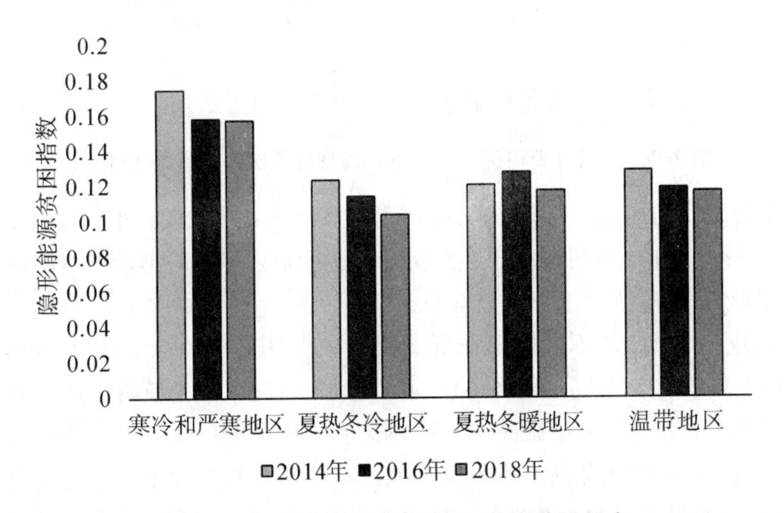

图 7-5　不同气候区家庭的隐形能源贫困程度

通过分析各省（自治区、直辖市）隐形能源贫困家庭的比例，本节研究发现一些位于中部和东部的省份，其隐形能源贫困样本的占比相对较大，如上海、安徽和河南（见图 7-6）。

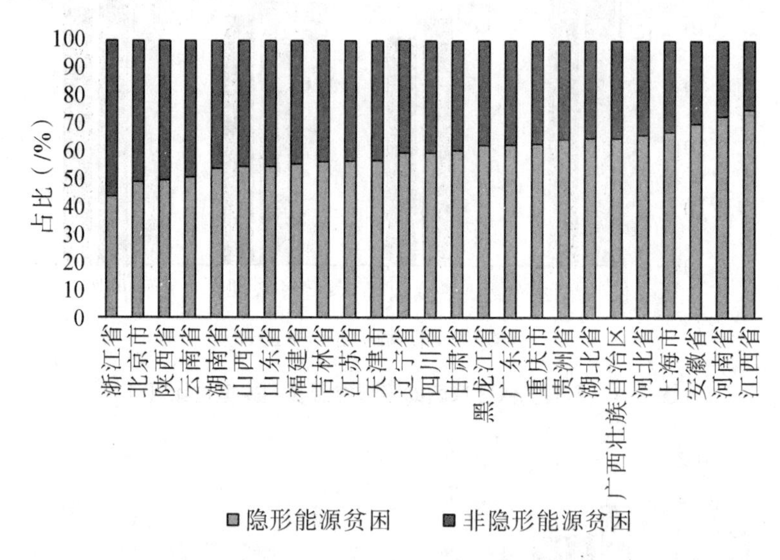

图 7-6　各省（自治区、直辖市）隐形能源贫困家庭占比（%）

此外，我们将各省份低收入隐形能源贫困的占比按从大到小进行排序，如图 7-7 所示，本小节可以得出在经济较发达的地区陷入隐形能源贫困的低收入家庭相对经济落后地区的占比较低。

此外，为了反映不同隐形能源贫困指数（HEP-index、LIHEP-index 和 NLIHEP-index）在不同年份及不同地区的动态变化，本小节将隐形能源贫困相关指数的省份平均值绘制成三个雷达图［见图 7-8 中的（a）-（c）］。结果表明，2014—2018 年所有省份隐形能源贫困指数均呈现下降趋势，但各省（自治区、直辖市）间存在显著的异质性。例如，黑龙江和吉林在过去五年的隐形能源贫困得到显著减缓。相反，河南隐形能源贫困没有明显减缓趋势。此外，同一省份各隐形能源贫困指标间也存在异质性。例如，2018 年重庆的隐形能源贫困指数（HEP_index）较低，但其低收入隐形能源贫困指数（LIEP_index）却高于大多数省份。以上结果意味着在部分西部地区，特别是重庆，政策制定者亟须制定重点扶助低收入家庭的相关能源扶贫政策。

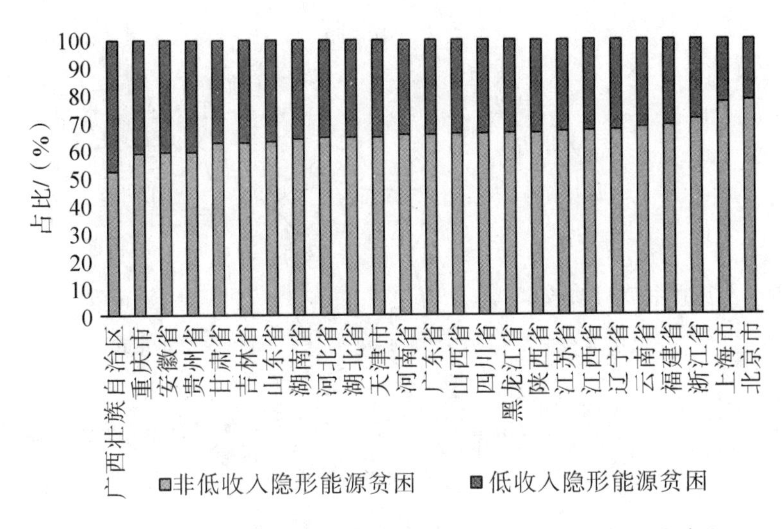

图 7-7　各省（自治区、直辖市）非低收入隐形能源贫困家庭和低收入隐形能源贫困家庭占比（%）

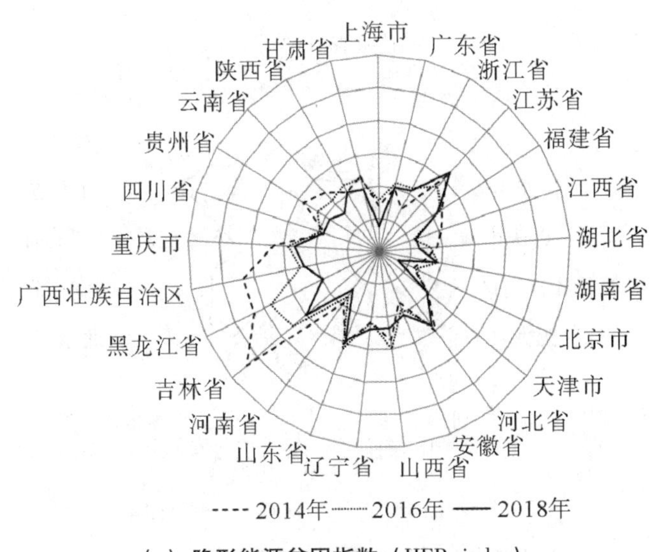

（a）**隐形能源贫困指数**（HEP-index）

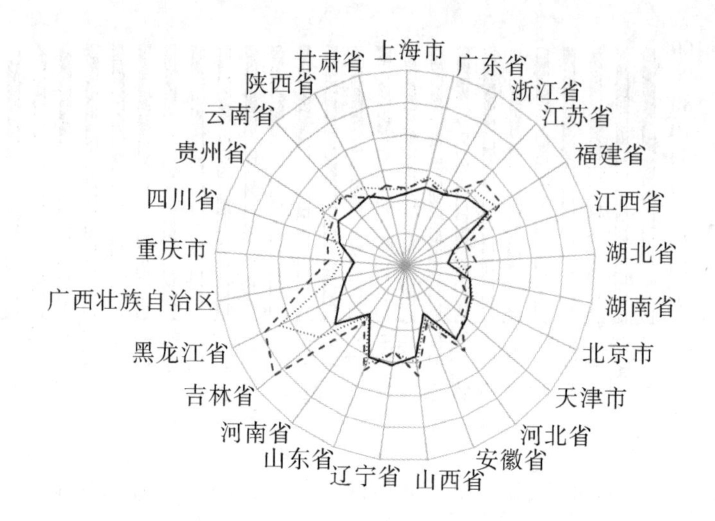

（b）**低收入隐形能源贫困指数**（LIEP-index）

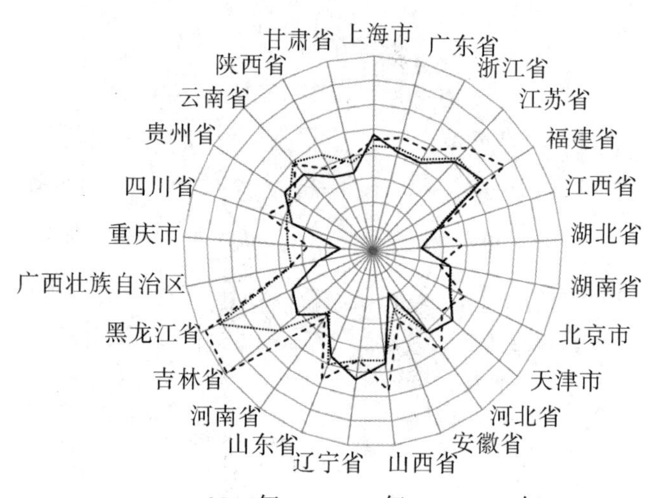

（c）**非低收入隐形能源贫困指数**（NLIEP-index）

图7-8　各省（自治区、直辖市）隐形能源贫困相关指标的雷达图

7.2 案例分析：人情支出会导致家庭陷入隐形能源贫困吗？——以四川省为例

在上一节中，本书对隐形能源贫困的定义进行了详尽阐述家庭，并通过寒冷气候区无供暖、低能源支出和住房状况差等角度提出适用于中国家庭的隐形能源贫困指标。为了更好地助力精准能源扶贫，中国隐形能源贫困的驱动因素亟须进一步探讨。现有研究提出，社会规范是影响隐形能源贫困的潜在关键性因素。本节以四川省家庭的微观数据为例，在中国特有的人情关系网背景下，初探中国家庭的人情支出对隐形能源贫困的影响。具体而言，本节首先从地理位置、气候条件、文化风俗及能源消费结构等方面分析四川省能源贫困的特殊情况。其次，根据上一节提出的隐形能源贫困指标，本节结合 CFPS 2014—2018 年调查数据，衡量四川的隐形能源贫困。最后，本节运用实证模型，分析人情支出对四川不同收入群体家庭隐形能源贫困影响的异质性。实证结果表明：①2014—2018 年，四川省隐形能源贫困家庭占比不断下降，能源贫困情况有所缓解，但非低收入隐形能源贫困家庭占比总体增加。②人情支出对低收入隐形能源贫困家庭的能源贫困没有影响，但会加重非低收入隐形能源贫困家庭的能源贫困程度。人情支出占比每增加 1%，非低收入隐形能源贫困家庭的能源贫困指数会增加 0.123。因此，人情支出挤出了四川省非低收入隐形能源贫困家庭的能源支出，是该类型家庭隐形能源贫困的重要驱动因素。

7.2.1 人情支出对能源贫困的影响

四川省地域辽阔，各区贫富情况、地理位置、气候条件、资源禀赋等因素存在差异，能源贫困问题也存在特殊性。四川省位于中国的西南地区，具有地貌东西差异大、地形复杂多样的特点。在气候条件上，四川省可分为三大气候区，分别为四川盆地中亚热带湿润气候区、川西南山地亚热带半湿润气候区和川西北高山高原高寒气候区。由于复杂地形和不同季风环流的交替影响，四川省的气候复杂多样，东部盆地属于湿润气候，西部高原以垂直气候为主，南部山地到北部高原则从亚热带转变到亚寒带气候。四川省整体地势起伏大、气候垂直差异大，各地区能源需求也不同，因此有必要将气候条件纳入四川省能源贫困衡量。

复杂的地理位置和气候条件使四川省的能源贫困在地域上分布不均。目前四川省无电地区主要集中在边远山区和少数民族聚居区。通过国家发改委能源研究所对四川省阿坝藏族羌族自治州冬季清洁取暖情况的实地调研发现，阿坝州通过小区燃煤锅炉集中供暖的建筑面积仅为5万~8万平方米，占全自治州采暖建筑面积的10%~20%，其他供暖以电热、燃烧薪柴为主，可再生能源并未充分利用（张建国等，2019）。此外，与城镇相比，四川农村的能源贫困问题表现得更为突出。大多数城镇居民完全依靠现代能源生活，农村居民却仍依靠固体燃料生活。虽然近几年四川省政府在边远地区实施煤炭消费总量控制、开展燃煤锅炉综合整治、加快发展清洁能源和新能源、发展绿色交通体系等措施，但一些农村地区仍缺乏使用清洁高效能源的家庭设备，更缺乏对现代能源的支付能力，能源消费结构仍呈现高碳化和非清洁化特征（赵雪雁等，2018）。

近年来，社会规范对能源贫困的影响已成为能源贫困研究领域中一个很有前途的方向。社会规范考虑了当地具体的社会情况，能因地制宜评估能源贫困。值得一提的是，在中国，“送礼”是最常见的会对能源贫困造成影响的社会规范（Bian，1997；Hu等，2021）。现有证据已经证明，人情支出虽然能维持社会网络关系，但在某种程度上已然成为家庭经济负担（Hu等，2021；Townsend，1994），而经济负担可能会加剧家庭的能源贫困（Farrell & Fry，2021）。

综上所述，四川省整体地势起伏大、气候垂直差异大，各地区能源需求不同；人均能源占有量少，且城乡能源消费量差别大，能源结构不合理。因此，有必要对四川的隐形能源贫困情况进行衡量。此外，基于社会规范是影响隐形能源贫困的潜在关键驱动因素，本节初探家庭的人情支出对隐形能源贫困的影响，为精准解决四川能源贫困，提高人民生活水平提供新思路。

基于以上背景，本节研究的创新性体现在以下三点：①通过2014—2018年“中国家庭追踪调查数据”（China family panel studies，CFPS），分析四川隐形能源贫困的动态变化情况；②通过随机效应模型和控制函数法（control function，CF）等，实证研究人情礼金对隐形能源贫困的影响；③根据收入阈值对隐形能源贫困群体分类，以探讨人情支出在不同收入群体的隐形能源贫困方面的异质性。结果发现，送礼的挤出效应只在非收入隐形能源贫困群体中显著。

借此，探讨能源贫困的社会规范因素具备必要性，主要体现在：第一，社会规范的重要性在监测不同情景下的能源贫困方面得到了广泛认可（Betto等，2020），从而成为能源贫困的前沿研究方向。第二，现有研究发现单纯的经济政策远远不能解决能源贫困问题，而加之构建合适的社会规范将有利于缓解能源贫困（Choudhuri & Desai，2020）。在最近的研究中，Chaudhry & Shafiullah（2021）指出，文化多样性会对世界各国的能源贫困产生影响。同样，通过对澳大利亚家庭调查数据表明，种族多样性和赌博是导致能源贫困的重要因素（Churchill & Smyth，2020；Farrell & Fry，2021）。相较之下，送礼是中国最普遍的社会规范之一，中国家庭的人情支出年增长率高达 30%（Bulte 等，2018）。

中国社会是人情社会，人们为维系和发展社会关系网络常互相赠送礼金和礼物（周广肃和马荣光，2015）；同时，中国社会也是一个“面子”社会，社会地位与礼钱金额通常正相关。因此人情支出作为一种特殊必需品，具有连带外部正效应的特点，即社会个体有攀比人情支出以博取更多面子的心理动机（李源，2013）。如今由婚丧、乔迁、升学等事件导致的人情支出数不胜数，中国人情支出的增长速度远超过居民收入的增长速度，成为一些家庭的重要经济负担（周广肃和马光荣，2015）。根据 CFPS 数据，以家庭为单位计算的人情支出平均数从 2010 年的 2 286 元上升到 2018 年的 4 188 元，涨幅约为 83.2%。人情支出占家庭收入比例从 2010 年的 6.87% 上升到 2018 年的 9.52%。有研究发现，人情支出会挤压家庭用于食品消费上的支出（Zhang & Chen，2017），甚至威胁到个人的主观福利（Hu 等，2021）。因此，尽管在“礼尚往来”的社会法则下家庭可以实现跨时期的消费平滑（Townsend，1994），人情支出会加重家庭的财政负担，这在中国得到了很好的证明。值得注意的是，家庭财政负担会影响家庭的能源消费，进而让家庭陷入能源贫困中（Hills，2011；Zhang 等，2019a）。

综上所述，在针对家庭能源贫困的研究时，应将社会规范对其的影响作用纳入分析。此外，一些文献已经证明，人情支出会对家庭的基本生活费用产生挤压效应，导致家庭经济困难。因此，本书假设，人情支出会导致家庭陷入隐形能源贫困。

7.2.2 研究方法与数据处理

7.2.2.1 *研究方法*

本节提出了一系列计量回归模型，以研究人情支出对家庭隐形能源贫困的影响。我们采用聚类到县级层面的随机效应（random effect，RE）模型作为我们的基准回归模型。基于此，我们还采用控制函数法来解决潜在的内生性问题。

首先，本节采用 Balestra & Nerlove（1966）提出的随机效应面板回归模型来检验人情支出（*Gift*）和家庭隐形能源贫困之间的因果关系。使用随机效应模型而不是固定效应模型的原因如下：本研究中的一些变量不会随时间而改变（如户主性别），然而，固定效应模型不能包括随着时间的推移而保持不变的变量（Sun & Lyu，2020）。此外，误差项之间存在相关性时会使回归结果有偏（Cameron 等，2011），本书参考 Petersen（2009）提出的聚类调整标准误（Cluster），将回归标准误聚集在区县层面（见公式 7-6 和公式 7-7）。其中，因变量分别为家庭 i 在第 t 年的低收入隐形能源指数和非低收入隐形能源贫困指数。我们比较低收入隐形能源贫困和非低收入隐形能源贫困的参数，检验人情支出对不同收入群体隐形能源贫困的影响是否存在异质效应。$X_{i,t}$ 为控制变量，包括一系列家庭特征、户主特征及其他控制项。在估计潜在的非线性因果推理时，CF 方法优先于两阶段最小二乘法（2SLS）。

$$LIEP\_index_{i,t} = \beta_0 + \beta_1 Gift_{i,t} + \beta_2 X_{i,t} + \mu_{i,t} \tag{7-6}$$

$$NLIEP\_index_{i,t} = \gamma_0 + \gamma_1 Gift_{i,t} + \gamma_2 X_{i,t} + \theta_{i,t} \tag{7-7}$$

其次，本节采用控制函数法（通过重复模拟 1 000 次自助法实现）解决模型中可能存在的内生性问题。Wooldridge（2011）将控制函数法定义为一种工具变量（instrumental variables，IV）方法。与两阶段最小二乘方法（two-stage least squares，2SLS）不同，控制函数法可以应用于非线性模型（Wooldridge，2005）。该方法通过在第一阶段估计中加入合适的控制函数，使内生的解释变量在第二阶段估计中成为合适的外生解释变量（Ng 等，2020）。本节选取同一区县除样本家庭本身外的平均送礼比率作为工具变量。

7.2.2.2 数据处理

本书利用中国家庭追踪调查 2014~2018 年最近三期的问卷数据进行研究。CFPS 调查了四川省什邡市（德阳市）、都江堰市（成都）、青神县（眉山市）、青川县（广元市）、金阳县（凉山彝族自治州）、珙县（宜宾市）和道孚县（甘孜藏族自治州）共 7 个行政区县。问卷调查从个人、家庭和社区层面收集了较为全面的信息，调研问题涉及家庭规模、家庭收入、人口规模、住房信息、各类支出和生活条件等情况，以及大人和小孩的年龄、性别、受教育程度等个人情况（见表 7-7）。筛选出四川省符合条件样本共 1099 户。此外，本书所需气候数据来源于天气后报网站的各地每日温度记录。

表 7-7 变量描述

变量种类	变量	变量描述
被解释变量	HEP_index	隐形能源贫困指数
	LIEP_index	低收入隐形能源贫困指数
	NLIEP_index	非低收入隐形能源贫困指数
核心解释量	礼金支出占比	家庭人情支出占家庭总支出的比例
家庭特征	家庭工作人数	家庭中有工作的人口数量
	家庭平均年龄	家庭中成年人的平均年龄
	家庭平均年龄平方	家庭中成年人平均年龄的平方
	平均受教育年限	家庭中成人平均受教育年限
	城镇家庭	是否在城镇居住，1=是，0=否
	家庭人口数量	家庭人口数量
	家庭居住面积	家庭居住面积（取对数）
	家庭儿童数量	家庭中孩子数量
	房屋拥有方式	家庭是否拥有房屋所有权，1=是，0=否
	是否拥有汽车	家庭是否拥有车辆，1=是，0=否
户主特征	户主性别	户主性别，1=男，0=女
	户主婚姻	户主是否已婚，1=是，0=否
	户主是否党员	户主是否加入中国共产党，1=是，0=否
地理特征	东部	家庭在四川省东部，1=是，0=不是
	西部	家庭在四川省西部，1=是，0=不是

2014~2018 年，四川省低收入隐形能源贫困和非低收入隐形能源贫困家庭占比均呈现出先上升后下降的趋势，且非低收入隐形能源贫困家庭比低收入隐形能源贫困家庭变化幅度大。2016 年低收入隐形能源贫困家庭相较 2014 年上升了 7.15%，2018 年下降了 2.6%。非低收入隐形能源贫困家庭 2016 年相较 2014 年上升了 20.75%，2018 年下降了 9.06%（见表 7-8）。相较低收入隐形能源贫困家庭，非低收入隐形能源贫困家庭表现出不稳定性。这可能与非低收入隐形能源贫困家庭不同年份人情支出情况不同有关。此外，非低收入隐形能源贫困家庭的能源贫困情况并不容易被监测到，所以在对四川家庭能源贫困进行研究时，非低收入隐形能源贫困家庭还需要得到更多关注。

在所有样本中，低收入隐形能源贫困家庭在2014年隐形能源贫困程度均值为0.06，最大值为0.62，2016年最大值为0.61，2018年为0.59，可见低收入隐形能源贫困家庭的能源贫困程度较低，且逐年下降，表明低收入隐形能源贫困家庭情况有所好转（见表7-8）。非低收入隐形能源贫困家庭的2014年能源贫困指数均值为0.14，2016年为0.12，2018年为0.09。虽然2014~2018年非低收入隐形能源贫困家庭能源贫困程度有所下降，但能源贫困程度仍明显高于低收入隐形能源贫困家庭。非低收入隐形能源贫困家庭的能源贫困抑制程度均值分别为0.35（2014年）、0.3（2016年）、0.24（2018年），最大值均为0.97。可见，非低收入隐形能源贫困家庭能源消费明显受到抑制，但抑制情况有所缓解。在人情礼金支出占家庭总支出比方面，2016年均值提高到了10%，2018年有所下降，这与非低收入隐形能源贫困家庭占比变化情况变化趋势一致，表明非低收入隐形能源贫困家庭与礼金支出之间关系明显，2016年礼金支出占比加多，而该年非低收入隐形能源贫困家庭占比也相对增加，2018年礼金支出占比下降有所下降，2018年非低收入隐形能源贫困家庭也有所下降。

表7-8 描述统计表

变量名称	年份	样本数	均值	标准差	最小值	最大值
LIEP_index	2014	321	0.06	0.13	0	0.62
	2016	460	0.06	0.13	0	0.61
	2018	318	0.04	0.12	0	0.59
NLIEP_index	2014	321	0.14	0.18	0	0.66
	2016	460	0.12	0.17	0	0.63
	2018	318	0.09	0.15	0	0.59
礼金支出占比	2014	321	0.09	0.09	0	0.73
	2016	460	0.10	0.09	0	0.61
	2018	318	0.08	0.08	0	0.57
家庭工作人数	2014	321	2.17	1.26	0	9
	2016	460	2.11	1.29	0	8
	2018	318	2.14	1.24	0	6

表7-8(续)

变量名称	年份	样本数	均值	标准差	最小值	最大值
家庭平均年龄	2014	321	46.75	10.55	22.3	71.5
	2016	460	46.93	10.89	22.3	71.5
	2018	318	45.85	12.93	22.3	71.5
平均受教育年限	2014	321	4.77	3.43	0	14.67
	2016	460	4.20	3.48	0	15.5
	2018	318	5.13	3.62	0	15
城镇家庭	2014	321	0.47	0.50	0	1
	2016	460	0.47	0.50	0	1
	2018	318	0.48	0.50	0	1
家庭人口数	2014	321	3.63	1.84	1	12
	2016	460	3.91	2.05	1	13
	2018	318	3.8	1.87	1	14
家庭居住面积	2014	321	4.88	0.54	2.49	6.8
	2016	460	4.91	0.62	1.1	7.31
	2018	318	4.77	0.74	1.1	7.31
家庭儿童数	2014	321	0.89	1.22	0	7
	2016	460	0.85	1.20	0	6
	2018	318	0.87	1.26	0	6
房屋拥有方式	2014	321	0.93	0.25	0	1
	2016	460	0.94	0.25	0	1
	2018	318	0.91	0.29	0	1
是否拥有汽车	2014	321	0.11	0.31	0	1
	2016	460	0.18	0.39	0	1
	2018	318	0.27	0.44	0	1
户主性别	2014	321	0.57	0.50	0	1
	2016	460	0.51	0.50	0	1
	2018	318	0.52	0.50	0	1

表7-8(续)

变量名称	年份	样本数	均值	标准差	最小值	最大值
户主婚姻	2014	321	0.88	0.33	0	1
	2016	460	0.85	0.35	0	1
	2018	318	0.86	0.35	0	1
户主是否党员	2014	321	0.41	0.49	0	1
	2016	460	0.18	0.39	0	1
	2018	318	0.38	0.49	0	1
东西部	2014	321	1	0	1	1
	2016	460	1	0	1	1
	2018	318	1	0.06	0	1

7.2.3 研究结果

这里采用计量经济学模型来调查四川省不同收入类型的家庭陷入隐形能源贫困的原因。特别是，初步探讨了人情支出对不同类型隐形能源贫困家庭的影响，试图从社会规范的角度建立在中国国情下有意义的能源贫困指标。这一研究方向对于推进对能源贫困的理解至关重要。表7-9为RE和CF回归结果。

表7-9 RE和CF回归结果

	随机效应模型		控制函数法	
	LIEP_index	NLIEP_index	LIEP_index	NLIEP_index
礼金支出占比	-0.060	0.092**	-0.056	0.123***
	(0.030)	(0.043)	(0.030)	(0.044)
城镇/农村家庭	-0.017	-0.035	-0.015	-0.007
	(0.013)	(0.023)	(0.014)	(0.017)
家庭工作人数	-0.004	-0.003	-0.003	0.003
	(0.002)	(0.007)	(0.003)	(0.008)
户主性别	-0.018	0.008	-0.018	0.009

表7-9(续)

	随机效应模型		控制函数法	
	LIEP_index	NLIEP_index	LIEP_index	NLIEP_index
	(0.012)	(0.011)	(0.012)	(0.011)
户主婚姻	-0.002	0.010	-0.003	-0.005
	(0.009)	(0.017)	(0.010)	(0.016)
平均受教育年限	-0.000	-0.000	-0.000	-0.002
	(0.001)	(0.002)	(0.001)	(0.002)
家庭平均年龄	-0.001	0.002	-0.001	0.004
	(0.002)	(0.004)	(0.002)	(0.004)
家庭平均年龄平方	0.000	-0.000	0.000	-0.000
	(0.000)	(0.000)	(0.000)	(0.000)
家庭人口数	0.011***	0.007*	0.009***	-0.003
	(0.002)	(0.004)	(0.003)	(0.006)
家庭居住面积	-0.006	0.014	-0.004	0.034**
	(0.004)	(0.013)	(0.006)	(0.016)
是否拥有汽车	-0.025***	0.023*	-0.029***	-0.017
	(0.006)	(0.013)	(0.009)	(0.011)
家庭儿童数	-0.000	-0.014	0.001	-0.005
	(0.003)	(0.011)	(0.002)	(0.007)
房屋拥有方式	-0.001	0.009	-0.002	0.001
	(0.014)	(0.023)	(0.015)	(0.024)
户主是否党员	0.007	0.007	0.004	-0.015
	(0.010)	(0.025)	(0.010)	(0.014)
东西部	-0.021	0.143***	-0.078	-0.420**
	(0.024)	(0.036)	(0.075)	(0.185)
2016年	0.024**	0.026***	0.025**	0.031**

表7-9(续)

	随机效应模型		控制函数法	
	LIEP_index	NLIEP_index	LIEP_index	NLIEP_index
	(0.010)	(0.008)	(0.010)	(0.014)
2018 年	0.006	-0.003	0.005	-0.011
	(0.007)	(0.009)	(0.008)	(0.012)
残差			-0.141	-1.405***
			(0.200)	(0.507)
截距	0.069	-0.175*	0.129	0.412**
	(0.072)	(0.104)	(0.099)	(0.207)
样本量	1 099	1 099	1 099	1 099

注：***、**和*分别表示1%~5%和10%的水平显著，括号中是稳健标准差。

表7-9为回归结果，从上表中可以看出，RE方法和CF方法结果显示一致，即礼金支出占比不影响低收入隐形能源贫困群体的能源贫困程度，但会加重非低收入隐形能源贫困群体的能源贫困程度，且会加重非低收入隐形能源贫困群体的能源贫困抑制程度。

RE回归结果显示，礼金支出占比在99%水平下对非低收入隐形能源贫困家庭能源贫困有显著影响，即非低收入隐形能源贫困家庭礼金支出占比越多，该家庭能源贫困程度越高，且该家庭能源消费因礼金支出而受到抑制。数据表明，当礼金支出占比增加1%时，非低收入隐形能源贫困家庭能源贫困程度会增加0.92，能源抑制程度增加0.188。

CF回归通过解决回归中的反向因果关系，进一步检验了RE回归的稳健性。CF回归结果显示，礼金支出占比增加会显著影响非低收入隐形能源贫困家庭能源贫困。这可能是因为相较于低收入隐形能源贫困家庭，非低收入隐形能源贫困家庭用于维系社会网络的人情支出更多，人情支出挤出了家庭在能源部门上的消费，从而使这类家庭陷入隐形能源贫困。数据显示，非低收入隐形能源贫困家庭礼金支出占比增加1%时，该家庭能源贫困程度增加0.123。

7.3 本章小结

本书通过系统分析当前中国能源贫困问题，得出中国能源贫困具备特殊性和复杂性等特征，因此在制定缓解能源贫困的相关政策时，构建适用于中国的能源贫困指标至关重要。尽管现有研究在能源贫困的多维度层面达成一定共识，但是鲜有研究关注中国家庭的隐形能源贫困问题，并通过多项异质性特征构建综合能源贫困评价指数。该方面研究在发展中国家更加稀缺，因为大部分发展中国家同时关注能源的可获得性和可支付性这些相对显著的能源贫困问题，而基于中国家庭在能源消费方面的严重不足，隐形能源贫困在中国亟须展开一系列研究。基于对现有能源贫困指标的归纳，发现使用传统能源贫困衡量方法难以识别收入较高而能源消费受限的群体，即隐形能源贫困群体。在此背景下，本章针对中国的能源贫困特点，采用相关微观数据构建隐形能源贫困指标。

具体而言，本章基于寒冷气候区无供暖、低能源支出和住房状况差三个维度，构建了中国家庭的隐形能源贫困指标。通过对 CFPS 2014~2018 年最新三期近 25 000 个样本家庭进行分析，结果表明在 2014 年有 46. 35%的中国家庭陷入隐形能源贫困，且这一比例随着时间的推移而下降。然而，在全样本中有约 2/3 的隐形能源贫困家庭并非收入贫困。此外，与预期相符的是，位于寒冷和严寒气候区的隐形能源贫困家庭对气候更敏感，以上两个气候区的隐形能源贫困家庭占比以及隐形能源贫困严重程度均较其他三个气候区更高。值得注意的是，省级层面也存在隐形能源贫困的异质性。这一发现为政策制定者防止“一刀切”（Meyer 等，2018）提供了一系列科学证据。

基于上述结果，本章针对中国的隐形能源贫困问题给出如下政策建议：首先，在消除能源贫困的进程中，非收入贫困家庭也应引起政策制定者的重视，因为非收入贫困群体可能存在家庭能源消费远低于其实际需求的情况，而当前一些流行的能源贫困衡量方法（如 MEPI 或 LIHC 等）无法轻易识别这些家庭的能源贫困问题。本章结果充分表明针对缓解能源贫困的相关政策与消除经济贫困的政策不能简单地纳入同一扶贫框架进行政策制定。其次，不同地区应根据该地的能源贫困特点提供不同的政策设计。例如，上海市应重点关注非收入贫困人口的隐形能源贫困，而重庆市则需要为收入贫困的隐形能源贫困家庭提供更多的经济帮扶。最后，家庭的真实能源需求也存在异质性。因此，政策制定者应基于经济、地理和人口等方面因素来确定家庭的实际能源需求。

值得注意的是，一些文献已经证明，社会规范是影响隐形能源贫困的潜在关键因素。例如，礼金支出会对家庭基本生活费用产生挤出效应，可能导致家庭经济困难，最终出现能源贫困问题。因此，本章以四川省为例，对导致隐形能源贫困的经济、社会、家庭和文化等因素进行实证分析，并聚焦于探讨家庭礼金支出对能源贫困可能产生的负面影响。紧接着，本章通过寒冷气候区无供暖、低能源支出和住房状况差这三个维度，识别四川省隐形能源贫困家庭，并运用 RE、CF 模型探究人情支出对不同收入类型隐形能源贫困家庭的影响。本章得出以下结论：

第一，2014~2018 年，总体上四川省隐形能源贫困家庭占比不断下降，表明四川省能源贫困有所缓解。其中，非低收入隐形能源贫困家庭占比在2014—2018 年期间呈现出先增后减的趋势，但相较 2014 年，2018 年非低收入隐形能源贫困家庭占比仍有所增加，这种类型的家庭因其收入较高等特点常被忽略，关注度不够，应加强对非低收入家庭关注。对非低收入隐形能源贫困家庭也应该进行追踪探访（尤其是有儿童的家庭），强调能源贫困的影响以及保障家庭生活质量的首要性，引导其合理消费。第二，研究结果显示，礼金支出对低收入隐形能源贫困家庭没有显著影响。表明收入仍是导致低收入隐形能源贫困的主要原因，对于该类家庭，应首要解决收入问题，从而缓解其能源贫困。第三，对于非低收入隐形能源贫困家庭，该类家庭的礼金支出对能源贫困有显著影响。这说明这类家庭的社交需求可能高于低收入类型家庭，过高的礼金支出使其能源消费难以达到基本需求。中国人情社会的特殊性导致人情支出不可避免，但政府可倡导适当随礼等，从而缓解人情支出带给家庭的压力，进而缓解其对家庭能源消费的抑制，降低隐形能源贫困。

基于上述结果，本章针对四川的隐形能源贫困现状提出如下政策建议：西部地区许多居民的能源消费观点落后，更偏向使用易获取、成本低的传统生物质能。这种情况不限于低收入隐形能源贫困家庭，非低收入隐形能源贫困家庭也会因为偏向人情等其他方面支出而产生错误的能源消费观。因此，本章结果再一次充分证明针对缓解能源贫困的相关政策与消除经济贫困的政策不能简单地纳入同一扶贫框架进行政策制定。此外，由于人情支出会加剧部分家庭的能源贫困程度，政府有必要根据当地情况对快速增长的“送礼”这一社会规范作出限制。因此，应该鼓励居民提供一些其他手工制作的非奢侈品或精神属性上的礼物，以减轻社会联系的负担（Hu 等，2021）。

需要说明的是，本章仅从四川省样本出发，划分不同类型收入家庭，初步探究人情支出这一社会规范对家庭隐形能源贫困的影响。实际上，本章研究的深度和广度还不够，研究内容上仍存在不足。人情支出对隐形能源贫困的负面影响，是否同样存在于全国家庭及其影响机制还有待进一步验证。

8 能源贫困陷阱的形成与突破

能源贫困不仅具有广泛性，其严重性及持续性同样值得学术界和社会关注。本章呼应了前面章节对能源贫困陷阱理论的阐述，并在内容上进行更多的扩展和丰富。首先，本章结合中国家庭追踪调查数据 2012~2018 年的面板数据，通过多种方法估算中国家庭能源贫困，对中国是否存在能源贫困陷阱进行初次探讨；其次，前文已阐述众多发展中国家的能源贫困现状及特征，本章将结合贫困陷阱的相关理论研究，尝试对能源贫困陷阱的形成机制进行分析；最后，本章将基于众多能源扶贫实践，对突破能源贫困陷阱进行多元化、多层次的策略设计。以上政策层面的设计为后续实证研究能源贫困陷阱做重要铺垫。

8.1 能源贫困陷阱的概念

第二章的理论框架部分，已经介绍了贫困陷阱的定义、理论起源、理论发展、形成示意图以及近年来兴起的贫困陷阱类型研究。通过文献梳理，发现鲜有研究对能源贫困陷阱的概念、现象、特征等进行定义和描述。而贫困陷阱的发生往往是由多方面因素构成的，任意一种贫困陷阱都能让贫困家庭遭受到毁灭性打击（张蕴萍，2011；徐小言，2018）。中国经济发展呈现稳健前行的态势，为各种贫困陷阱的逃离提供了可能性，但部分偏远地区城镇及农村依然以相对低质低效的传统生物质能和高污染的化石能源为主，在能源的可及性、可利用性、可负担性等方面依然存在较大难题，限制了部分家庭能源结构的转型升级，进而无法有效增进民生福祉。因此，对能源贫困陷阱的深入剖析依然具有重要意义。

2001 年，世界银行的《能源、贫困与性别问题》报告指出中国贫困地区的农户通常会陷入能源贫困的恶性循环之中（IDS，2001），丁士军和陈传波（2002）认为经济贫困是导致能源贫困的主要原因，能源贫困又将致使家庭进一步加剧经济贫困而陷入能源贫困的恶性循环之中。当众多致贫因素相互交织，贫困就具有“循环放大”的特征，类似于一个陷阱（徐小言，2018），众多学者直接用“贫困陷阱”代替“恶性循环”来形容贫困的困厄和难以挣脱的特征，关于能源贫困陷阱的研究逐渐兴起。

畅华仪等（2020）将由资产贫困引致的能源使用不足和低效率问题定义为能源贫困陷阱，并借鉴其他类型的贫困陷阱，将能源使用中的“低收入—低能源消费—低能源使用效率—低经济活动时间和劳动生产率—低收入”描述为能源贫困陷阱的形成过程。Duflo 等（2008）和魏一鸣等（2014）认为能源使用中的“使用固体燃料进行炊事或取暖—室内空气污染—疾病—能力下降—经济贫困—继续使用固体燃料”的恶性循环就是能源贫困陷阱的形成过程。刘自敏等（2020）认为能源基础设施建设不完善，导致居民的基本能源生活需求得不到满足时，就会陷入能源贫困陷阱。Chaton & Lacroix（2018）在研究法国能源贫困时发现法国并不存在燃料贫困陷阱（fuel poverty trap），而家庭经济困难会持续恶化燃料贫困的状况，存在掉入能源贫困陷阱的风险；Robinson（2019b）直接将能源贫困陷阱的生成视为十分严峻的问题，并认为政府的有效干预措施能够最快速和最有效地破解此“陷阱”。综上，众多文献证明至今依然存在能源贫困陷阱（畅华仪等，2020），而中国深度贫困地区的微观主体更应值得关注。本章将能源贫困陷阱定义为：处于能源贫困状态的个人、家庭、群体或区域等主体或单位，由于能源贫困的存在致使能源的可及性、可利用性、可负担性和安全性等方面形成脆弱性，不利于各方面的持续良性发展，产生较强的相对剥夺感，但又难以依靠自身摆脱贫困的恶性循环。

在缺乏充足的能源服务与贫困之间往往存在恶性循环关系（解垩，2021），而中国家庭能源贫困问题非常突出，根据中国家庭追踪调查（CFPS）数据显示，中国在 2018 年仍有 26%的家庭以使用非清洁能源为主，并且众多新闻报道了部分地方的“保暖保供”“煤改电”等民生工程并未真切贴近当地的民生需求。综上，我们有理由怀疑中国农村的能源贫困陷阱依然存在，并且在短时间内不能真正破解。通过深入研究能源贫困陷阱，设计相关政策来阻断能源贫困陷阱的形成和固化，最终促成原深度贫困地区脱贫攻坚与乡村振兴有效衔接，是重要且紧迫的学术研究方向。

8.2 能源贫困陷阱的形成机制

早期关于宏观层面的贫困陷阱形成机制的研究已经相对成熟，即“临界点”模式，超过临界点，则经济起飞；处于临界点以下，则经济停滞（叶初升和刘亚飞，2012）。但临界效应或门槛效应不足以全面概括能源贫困陷阱的形成机制，需要基于能源贫困的主要成因来涵盖更多要素。在现有研究中，叶初升和刘亚飞（2012）将贫困陷阱的形成机制概括为互补性与协调失灵、制度与贫困陷阱、耐心与贫困陷阱三个方面；习明明和郭熙保（2012）则将其概括为三类：临界门槛效应、制度失灵和邻里效应。Fitz & Suresh（2021）则从微观、中观和宏观层面来论述贫困陷阱的形成机制。除此之外，本章还将借鉴深度贫困的发生机制，陈月和韩海涛（2021）将其总结为“地”“业”“人”三个层面的因素；李小云（2018）则认为深度贫困的特征可通过致贫的外因进行归纳，而贫困陷阱则属于致贫的内因，两者共同构成了深度贫困的致贫机制。

综上，基于能源贫困的主要成因，并结合早期关于贫困陷阱形成机制与深度贫困发生机制的研究，将能源贫困陷阱的形成机制归纳为“地”“业”“制度”“人”四个方面，每个方面都将贫困的持续性与能源脆弱维度（可负担性、可及性、灵活性、能源效率、能源需求和可实践性）(Thomson 等，2017a）紧密联系。从上述四方面，继续探索和挖掘能源贫困陷阱更细致、更明晰的形成机制，是有效开展能源贫困治理、破解深度能源贫困问题的前提和关键，也将成为“构建解决相对贫困的长效机制”的战略高地。

8.2.1 “地”与能源贫困陷阱

“地”是各类深度贫困问题的空间载体（陈月和韩海涛，2021）。地理条件上的资源匮乏与弱势积累是能源贫困陷阱的主要诱发因素，如我国“三区三州”等深度贫困地区，“一方水土养不好一方人”已成为短期内不可更改的事实。截至2018年年底，中国农村仍有高达1 660万的贫困人口，其主要分布在自然条件恶劣、生态环境脆弱、地理位置偏远、基础设施薄弱的深度贫困地区（程名望等，2020）。“老少边穷”地区面临着长久持续的地理禀赋贫困（袁航等，2017）、空间贫困（程名望等，2020）、环境因素制约型贫困（王亮亮和杨意蕾，2015；Gao 等，2021）等。该地区居民所使用的家庭能源处于能源阶梯的最底端，严重依赖低质低效、高污染的固体燃料，能源消费结构中缺少持续、稳定的现代化清洁能源。地理条件直接与人类发展的起始资本挂钩，自然资本和社会资本的缺乏是资源匮乏与弱势积累的直接体现（Haider 等，2018；陈月和韩海涛，2021）。

能源脆弱维度的可及性（accessibility）、可利用性（availability）与自然资本和社会资本缺乏所引致的致贫因素相互交织，在家庭能源使用方面直接或间接地作用于人和生态-社会资本方面，具体表现为“固体燃料低效使用—室内空气污染—健康恶化—可行能力下降—贫困—继续使用低效高污染的固体燃料”（方黎明和刘贺邦，2019）和“固体燃料低效使用—基本能源需求得不到满足—薪柴、煤等获取强度加大，生态恶化—加剧资源匮乏与弱势积累—贫困—继续使用低效高污染的固体燃料”的能源贫困恶性循环，继而深陷能源贫困陷阱。

8.2.2 “业”与能源贫困陷阱

“业”是依托特定地理资本和空间载体发展的不同产业形态（陈月和韩海涛，2021）。深度贫困地区的脱贫所需的起始资本，单靠居民自身是无法完成的，需要依托“业”来从事各种自然、市场和社会的物质交换活动（李小云和苑军军，2020；陈月和韩海涛，2021）。“业”的规模和前景体现该区域的生产力水平与发展动力，深刻影响该区域居民的生计资本和生计策略。第一产业附加值低，深度贫困地区的居民仅靠第一产业维持自给自足的生活，但能够产生薪柴等低品质燃料；第二产业范畴广泛，其中既有生产能源的产业，也有大量高能耗的产业；第三产业在某种程度上仅为消耗能源的产业，不生产能源。就能源领域而言，“业”的发展深刻影响着能源的供给端，进而直接影响居民的能源消费结构。

能源脆弱维度的可及性（accessibility）、可利用性（availability）、能源需求（energy needs）与能源产业的发展紧密联系。不同产业形态所依赖的能源类型不同，但有个别产业能够生产能源，即作用于能源的供给端；而家庭基本上都是处于消耗能源的一端，在某种程度上使用的能源结构要受制于特定区域的产业形态所生产的能源。再加上“业”深深影响居民的生计资本与生计策略，若“业”的发展处于深度贫困状态，那么家庭能源的供给、结构与利用方式也将随着“业”的发展困境而陷入“陷阱”。其具体表现为“家庭能源供给端受限—家庭能源结构囿于低质低效的传统能源—剥夺家庭劳动力的劳动时间与发展机会—特定区域产业发展严重缺乏活力—能源供给端持续受限”的能源贫困恶性循环，继而深陷能源贫困陷阱。

8.2.3 “制度”与能源贫困陷阱

“制度”是规范个体行为的社会结构，代表着一个社会的运行秩序。制度可以分为正式制度和非正式制度，并分别产生不同的路径来达到不同的成果。

在发展中国家，有效率的正式制度本身就是一种稀缺品，普遍依靠亲缘、地缘、友缘等非正式制度来发挥规范人们行为、形成确定性预期的作用（叶初升和刘亚飞，2012），其中社会规范就是非正式制度的典型形式，众多研究证实了社会规范与节约资源、减少污染等亲环保行为关系紧密（Videras & Owen，2011；Welsch & Kühling，2010；Churchill，2017；胡珺等，2017；罗岚等，2021）。值得注意的是，非正式制度一般是人们在长期的交往实践中逐步形成并得到社会认可、共同遵守的行为规则，一般表现为价值理念、文化传统、习俗道德等（潘加军，2021），更有可能产生一种消极的惰性，将人们吸附在一种低水平生活状态（叶初升和刘亚飞，2012）。由此可见，非正式制度直接影响家庭的经济主体行为，对家庭能源转型的影响极大；若非正式制度带来的是惰性，则会使众多家庭从主观上陷入能源贫困陷阱。因此，要重视正式制度的强大作用，并以此来引领非正式制度的走向。

能源脆弱维度的可及性（accessibility）、可实践性（practical）、能源需求（energy needs）等与制度紧密相关。在能源领域，良好的制度建设能够减缓能源贫困，如中国的能源扶贫政策提升了居民的用能福利，在发展中国家率先实现了居民用电100%覆盖，同时注重能源扶贫政策的稳定过渡与衔接；中国能源扶贫政策的演变从“能源可及”逐步跃升到“提高用能水平和效率、优化用能结构”（马翠萍和史丹，2020），在脱贫攻坚实践取得良好成效，同时也将成为继续破解能源贫困陷阱的现实路径。同时，在非正式制度方面，同样强调要利用除了经济、法律手段以外的社会规范来减缓能源贫困。基于前面章节的分析，可见能源贫困率较高的发展中国家（撒哈拉以南的非洲），制度建设都是混乱无序的，并且未彻底解决国家发展历史遗留下来的众多“路径依赖”难题，在短时期内难以进行能源服务的普及，以及无法依靠本国制度优势来实现现代清洁绿色能源的转型路径。

8.2.4 “人”与能源贫困陷阱

“人”的深度贫困是内生性致贫与外生性致贫的转化与互移（陈月和韩海涛，2021），致使先赋因素与自致因素均处于弱势地位。从“地”“业”“制度”与“人”的交互关系来看，“人”的内生性深度贫困往往受到“地”“业”“制度”等外生性致贫因素的客观影响，即“地”“业”“制度”所表现出的空间性深度贫困、经济性深度贫困和制度性深度贫困无法为“人”的生存和发展提供充足的物质保障和先进的社会文明（陈月和韩海涛，2021）。在此情况下，贫困主体所表现出的是安于现状和因循守旧。基于传统的社会规范，遵循着传统的生活方式和生产方式，在家庭能源使用方面以传统污染固体能源为主，家庭烹饪、取暖、洗浴设备等均较为简陋陈旧，这类贫困主体表现为多种贫困状态，能源贫困是其中之一，并且能源贫困形成的恶性循环还会严重影响贫困主体的身心健康、农业生产等，多重贫困叠加，进而在家庭能源使用方面陷入能源贫困陷阱。

能源脆弱维度的可利用性（availability）、可负担性（affordability）、灵活性（flexibility）、能源需求（energy needs）等与主体因素密切相关。同时，居民之间的相互影响会产生邻里效应，进而产生正的外部性和负的外部性，这对家庭能源结构的转型升级产生促进或阻碍作用。一般来说，能源贫困家庭主要表现为依赖传统生物质能进行炊事或取暖，在一定的社群范围内，众多家庭的生产方式和生活方式大致相同，若在长时间内社群内对传统生物质能的依赖没有得到改变，就会在某些方面区别于其他进步迅速的社群，会阻碍能源的转型升级。因此，在进行现代化清洁能源的推广中，需要进行试点推广，良好的带头作用会起到向上的拉力作用。

8.3 数据分析

本章基于2012~2018年中国家庭追踪调查数据（CFPS）的四次调查数据，首先通过10%指标法粗略估算中国的家庭能源贫困值，其次借鉴Lin & Wang（2020）的研究方法，该方法融合了10%指标法、低收入高消费法（LIHC）和基本能源需求量（MEE），将能源贫困家庭划分为生命线能源贫困和消费能源贫困。上述三种方法在某种程度上已得到了学界的部分认可，虽然操作性、实用性也各不相同，但是Lin & Wang（2020）的研究结果和Zhang等（2019a）、Nie等（2021）的研究结果接近，也符合中国区域经济发展的情形。

经过对CFPS数据的数据清洗，本章获得了一个平衡面板数据，其中样本家庭来自25个省（自治区、直辖市）。其中样本量最多的是甘肃省（994个样本家庭，占14.05%）、河南省（842个样本家庭，占11.90%）和辽宁省（768个样本家庭，占10.86%），最少的是重庆市（71个样本家庭，占1%）、天津市（46个样本家庭，占0.65%）、北京市（23个样本家庭，占0.33%）（图8-1）。

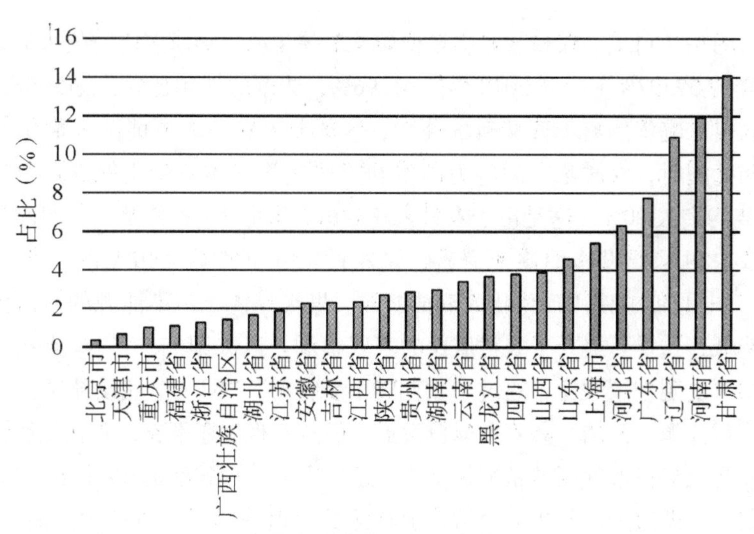

图 8-1　7 074 个样本家庭的区域分布占比图（2012 年）

在连续追踪调查的 7 074 个家庭中，农村家庭约占 58. 5%，城镇家庭约占 41. 5%，一般来说，城镇家庭和农村家庭的能源消费结构有较大的差异。与此同时，本书将家庭主要的炊事燃料分为 5 大类，分别是柴草、煤炭、天然气/煤气/液化气/管道煤气、太阳能/沼气、电力。如图 8-2 所示，7 074 个样本家庭主要炊事燃料的大致变化情况，其中柴草和煤炭的消费是不断下降的，天然气/煤气/液化气/管道煤气和电的消费是逐年增加的，太阳能/沼气的占比一直很低。时至 2018 年，7 074 个样本家庭中仍有 27. 17%的家庭以柴草作为家庭炊事的主要燃料，这是家庭能源贫困的直接表现。

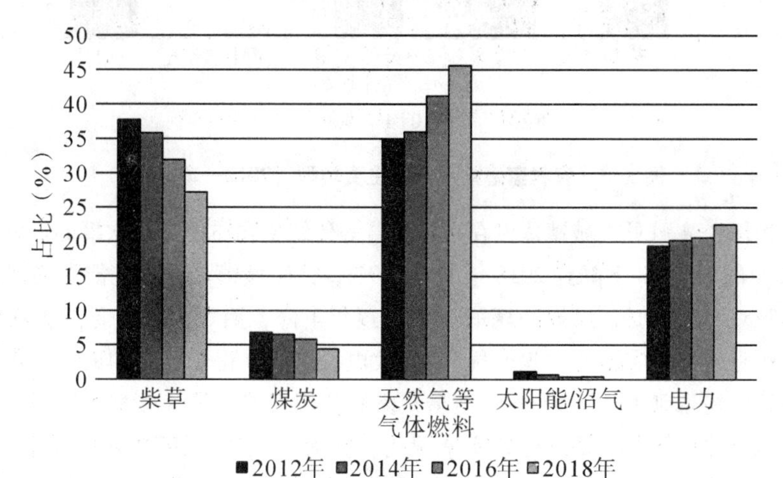

图 8-2　中国家庭炊事用能类型（2012—2018 年）

由图8-3可见，农村家庭主要依赖柴草等传统生物质能进行炊事活动，由2012年的52.97%下降到2018年的41.96%，柴草的使用比例逐渐降低，但大多数农村家庭依然离不开柴草的使用，这部分家庭很有可能陷入能源贫困陷阱。与此同时，农村家庭的电力消费和天然气等气体消费比例逐渐上升，在2018年均突破20%，这是由于农村家庭的电力服务100%普及、农网的改造升级以及农村基础设施的逐渐完善，让农村家庭也能够“用上电”和“用好电”，同时也能够使用现代化的清洁能源。煤炭等传统污染能源的使用比例也逐渐降低，这显著提升了农村居民的家庭福利。以太阳能/沼气等为代表的可再生能源受到政策关注，通过“太阳能下乡补贴”“沼气池建设补贴”等都是推动农村能源向清洁、高效和绿色发展，但普及程度还不够，并且光伏扶贫工程主要是服务偏远地区的精准扶贫户，主要涵盖了六省区的30个县，在CFPS数据的追踪调查中，并未完全涉及上述区域的追踪调查，所以太阳能/沼气等在此追踪调查数据中的占比依旧较低。

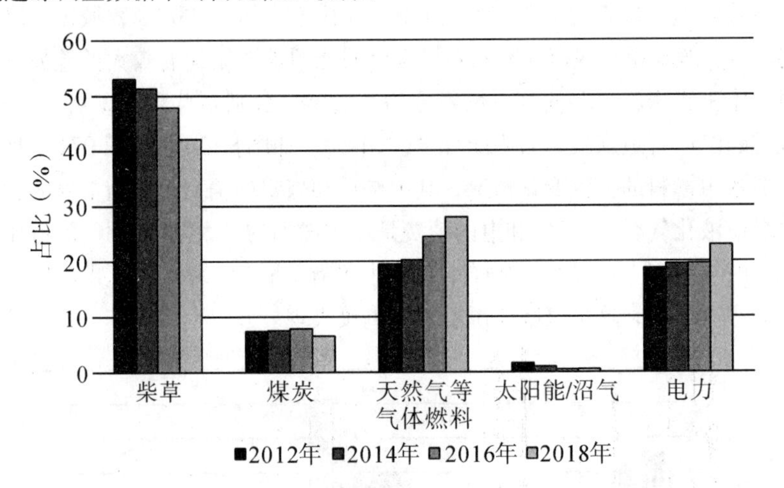

图8-3　农村家庭炊事用能主要类型（2012—2018年）

由图8-4可见，城镇依然存在以柴草等传统生物质能进行炊事的家庭，由2012年的16.72%下降到2018年的10.19%，证明城镇家庭存在能源堆栈使用的情形。与此同时，煤炭使用的比例也逐年下降，而煤炭主要是北方居民使用，可见近年来实施的“煤改气”“煤改电”工程取得了巨大的成效，让北方的城镇居民告别了“火炉时代”。城镇家庭使用天然气等气体燃料较多，同时辅以电力进行炊事，是符合现实情况的。而太阳能/沼气等使用频率非常低，一是因为城镇的居民建筑一般为单元住宅，并且水电气网设施等较为完备，并无多余的建筑空间进行太阳能/沼气的修建；二是并无国家针对城镇地区进行光伏扶贫或者沼气补贴等政策，所以城镇家庭的太阳能/沼气等使用频率非常低。

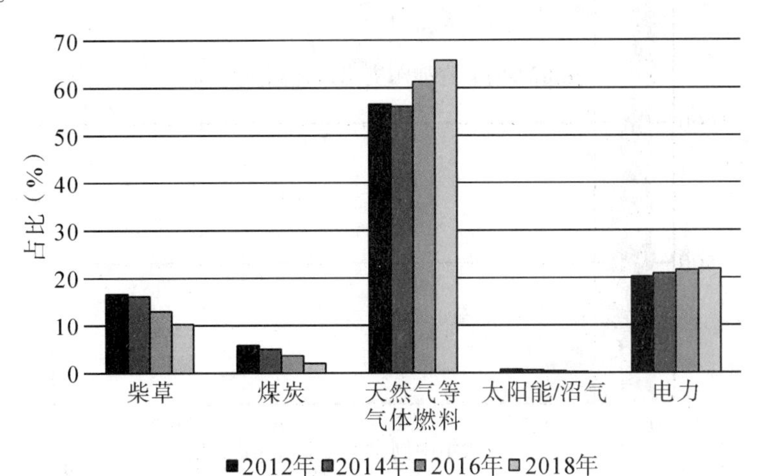

图 8-4　城镇家庭炊事用能主要类型（2012—2018 年）

除了关注上述家庭能源的类型外，家庭的能源可负担性同样非常重要，本章利用 10%指标法对中国家庭能源贫困率进行粗略估算，并借鉴 Lin & Wang（2020）对中国家庭能源贫困衡量的方法，进一步对 CFPS 数据进行估算，上述方法的详细介绍请看第四章。计算结果如图 8-5 所示，2012 年的中国家庭超过 10%阈值的有 26.82%，到 2018 年下降至 18.58%，证明中国的能源贫困家庭逐渐减少。与此同时，为了多维度衡量中国家庭的能源贫困值，并且得到一个较为精确的结果，特借鉴 Lin & Wang（2020）的方法，该方法囊括了家庭人口规模（EP-cu），房屋面积（EP-m^2），能源消费情况（EP-I），涵盖信息量较多，是符合中国家庭能源贫困的测量方法。按照 Lin & Wang（2020）的方法，分别用 3 个指标（EP-cu、EP-m^2、EP-I）来衡量，若一个家庭符合三个小指标中的任何一个，那么该家庭就被认为是能源贫困家庭。如表 8-1 所示，EP-cu、EP-m^2 和 EP-I 指标的计算结果均证明中国家庭的能源贫困程度有所减缓，按照 Lin & Wang（2020）的方法，计算出的结果由 2012 年的 45.48%下降到 2018 年的 25.56%。在此基础上，计算得出 4 次调查期间均为能源贫困的家庭有 639 个，其中农村家庭有 505 个，城镇家庭有 134 个，证明这些家庭存在陷入能源贫困陷阱的风险；4 次调查期间均不为能源贫困的家庭有 2 308 个，占样本家庭的 32.63%，其余为 1 次至 3 次被列为能源贫困的家庭，占比分别为 26.21%（1 854 个家庭）、18.43%（1 304 个家庭）、13.70%（969 个家庭）。

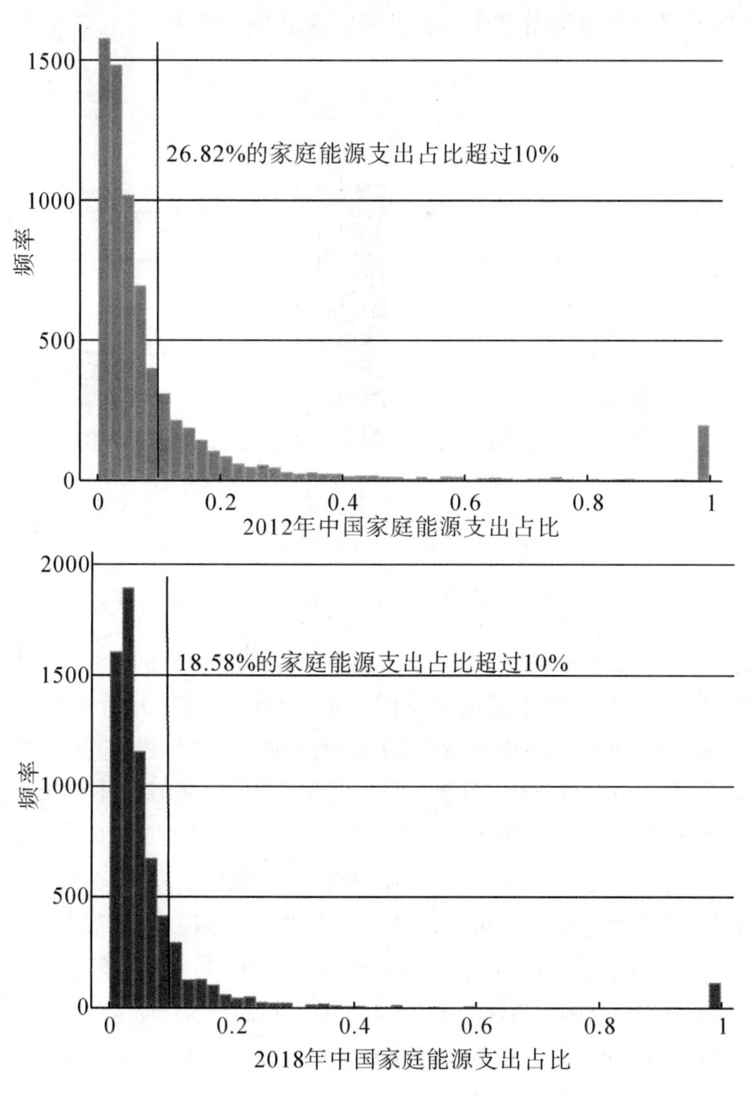

图 8-5　2012 年和 2018 年的能源贫困计算结果

表 8-1　基于生命线能源贫困和消费能源贫困视角的计算结果

衡量指标	2012 年	2014 年	2016 年	2018 年
EP-cu	31. 38%	25. 36%	20. 57%	14. 32%
EP-m^2	26. 51%	20. 89%	17. 16%	12. 91%
EP-I	25. 47%	24. 23%	16. 14%	15. 37%
EP	45. 48%	38. 56%	30. 70%	25. 56%

8.4　中国家庭的能源贫困陷阱初探

由此可见，中国家庭的能源贫困率依然非常高，并且可以预测部分家庭陷入了能源贫困陷阱。与此同时，本章设计了判定陷入能源贫困陷阱的三方面指标（图8-6），通过单一指标和综合指标来衡量能源贫困值，进而判断能源贫困的严重程度；然后，使用六大能源脆弱维度来多维度判断家庭能源脆弱性；再通过统计家庭固体污染能源使用的持续时长来衡量陷入能源贫困的时长。若某个家庭同时满足三方面的情况，则可以判定其陷入了能源贫困陷阱；若只满足某一方面的指标，则可认为其有陷入能源贫困陷阱的潜在可能。目前，课题组正在对能源贫困陷阱做更深入的研究，上述成果仅展示了前期的数据处理、文献梳理以及部分研究思路。为推进研究进展，以及启发读者更多的思考，特作出如下研究假设，以供更多读者更加了解能源贫困陷阱：

假设一：陷入能源贫困陷阱的家庭存在空间分异特征；

假设二：陷入能源贫困陷阱的家庭具有特定的能源消费结构；

假设三：能源消费支出超过某个阈值则可推动家庭突破能源贫困陷阱。

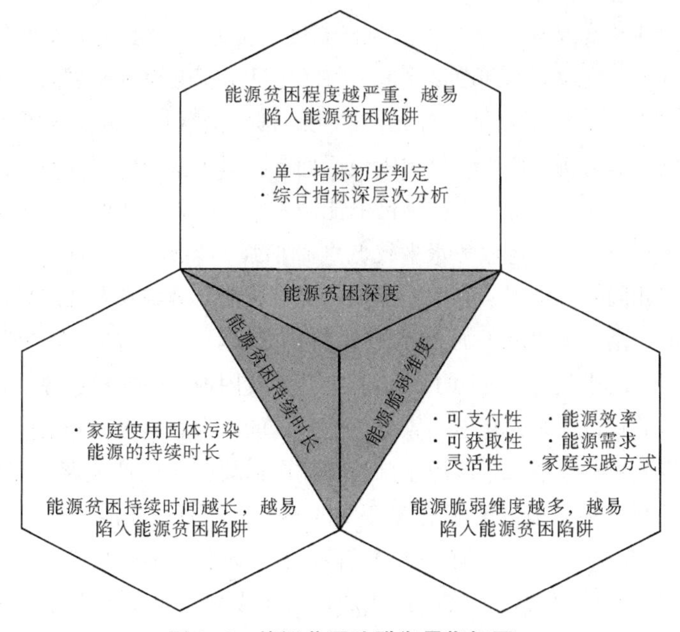

图8-6　能源贫困陷阱衡量指标图

8.5 能源贫困陷阱的突破策略构想

部分学者从宏观上给出了突破贫困陷阱的策略，比如钱运春（2012）认为跨越贫困陷阱的大推进理论、经济起飞论、增长极理论、涓滴理论等均是通过增加投资来摆脱贫困陷阱；而“扶贫必扶智，治贫先治愚”的教育扶贫在跨越贫困陷阱中起着基础性、先导性作用（史志乐和张琦，2018；李俊杰和宋来胜，2020）。由于课题组对能源贫困陷阱的形成机制还处于实证阶段的探索，暂时没有得出某一个国家或地区的例证分析结果，故不能提出系统的有针对性的突破策略，只能在突破策略的框架方面给予一定的启发思考；同时，关于能源贫困的政策框架请参考本书第十章。

从上述的能源贫困陷阱的形成机制来看，“地-业-制度-人”的交互关系，分别形成能源贫困的外生性致贫和内生性致贫因素，可直接或间接形成能源贫困陷阱。破解能源贫困陷阱是对接精准能源扶贫与巩固能源扶贫成果的关键，要将国家的大政方针细化为突出问题的瞄准与落实，狠抓解决问题的薄弱环节。本章将基于能源贫困的外生性致贫与内生性致贫因素，进一步厘清突破能源贫困陷阱的现实路径。

从外生性致贫因素来看，“地-业-制度”分别作用于地区发展的生态资本、社会资本、物质资本和政策制度，每一个环节都会影响能源的发展，并进一步影响“人”的民生福祉。首先，优化地理空间载体，夯实人类发展的起始资本。以中国为例，广大农村贫困地区拥有相对丰富的能源资源，囿于地理空间的偏远与不便，大部分农村地区的能源基础设施相对薄弱，能源资源开发程度较低，导致能源普遍服务水平较低（林伯强，2020），进而陷入了能源贫困陷阱；与此同时，中国家庭的能源贫困陷阱可能会因城乡发展差异而具有空间分异特征，是“假设一”成立的重要判断依据。但中国的“风光”扶贫项目已取得可喜的成效，并证明了因地制宜开发贫困地区的能源资源，在弥补家庭能源服务的缺口之余，还能为家庭创造一定的收入。其次，夯实能源产业基础，开发能源减贫新模式。能源基础设施建设需要强大的产业背景支撑，“风光”扶贫项目弥补了地区能源资源开发的不足，同时也在能源扶贫产业模式中，既促进贫困地区的能源消费结构向清洁化、现代化的转型升级，也为贫困地区创造了可观的收益，为贫困地区的可持续发展增强了“造血”能力，已然成为实现“减排”与“减贫”双目标的有效途径，也是突破能源贫困陷阱最有效的手段。很显然，能源产业的发展深刻影响着家庭的能源消费结构，若某地区没有良好的能源产业提供能源服务，则很有可能致使众多家庭陷入能源贫困陷阱，这部分家庭也会有特定的能源消费结构和相应的能源消费支出，是“假设二”和“假设三”成立的重要判断条件。最后，强化制度支撑，开创多元化的能源扶贫路径。国家制度的优化设计与持续供给，健全能源扶贫的工作机制，是破除能源贫困陷阱最坚实的后盾。当前的制度主要围绕能源技术研发、能源项目补贴、主导能源项目建设等，也从救济式的能源扶贫转向了开发保障式的能源扶贫模式，但也要注重非正式制度所产生的能源贫困，要基于性别平等、民族宗教、代际发展、亲环保行为等进行多元化的能源扶贫政策设计，才能真正破解能源贫困陷阱。

从内生性致贫因素来看，“人”是能源贫困的最终载体，而“人”的民生福祉、可持续发展是能源扶贫的最终落脚点。激发主体活力，培养脱“困”意识，是从根本上解决能源贫困陷阱的现实路径。“治贫先治愚，扶贫先扶志”“授之以鱼，不如授之以渔”等扶贫理念，旨在激发贫困人口的脱贫主动性。但目前能源扶贫的政策设计中，扶贫对象缺乏进一步的精准识别与精准施策，家庭中的老人、妇女和儿童是受能源贫困影响最为严重的主体，内生能源脱贫机制的构建要注重激发其健康意识、环保意识与发展意识，而不是以广泛的“贫困人口”概念来代称。以中国为例，近年来的脱贫攻坚基本解决了外生性致贫因素，阻断了外生性致贫因素的衍生，其中基础设施建设、居民生活环境的改善就是最好的证明，下一步要更加深化细化能源贫困群体的精确识别与精准施策，实施个性化的能源帮扶，才能从主体层面真正摆脱能源贫困陷阱。

8.6 本章小结

综上所述，本章以中国家庭追踪调查数据（CFPS）为例，进行中国家庭能源贫困陷阱的初探。本章进一步探讨了能源贫困陷阱的概念、形成机制与突破策略，即通过贫困陷阱与深度能源贫困的情形结合起来，凝练为能源贫困陷阱的概念，并在此基础上从“地”“业”“制度”“人”四个维度来探究能源贫困陷阱的形成机制及突破策略。在后续研究中，课题组成员将运用理论和实证模型探讨中国家庭是否存在能源贫困陷阱以及相关形成原因和突破策略。

9 性别平等对中国家庭绿色能源消费行为的影响

本章探讨性别平等对中国家庭绿色消费行为决策的影响及其背后的机制。现有文献发现女性比男性更具备环保特质，基于此，本章提出性别平等程度越高的家庭将采取更加绿色的生活方式的推断。本章利用 2015 年中国综合社会调查数据（CGSS）实证发现，县级层面性别平等程度越高，家庭使用节能电器越多，并且参与节能项目的意愿更高。本章结合多项社会因素和经济因素，进一步探讨性别平等对家庭绿色消费行为决策的影响机制。研究表明促进性别平等不仅有利于社会福利的提升，还将带来环境溢出效益。本章从微观层面和自下而上的视角为绿色可持续发展提供了全新见解。

9.1 社会规范对绿色消费的影响概述

9.1.1 研究背景

为应对全球变暖等气候变化所带来的一系列环境问题，世界各国开始大力倡导绿色可持续发展理念（Liu 等，2019）。其中，中国提出在 2030 年实现温室气体排放峰值（Ji & Zhang，2019），在 2060 年前实现“碳中和”目标。碳中和是全球气候治理中的重要指标，但最终影响温控目标实现的是随时间积累的总碳排放量。提前达到峰值并加快长期减排将有助于控制中国的二氧化碳累积排放量。中国碳中和目标的实现，意味着需要快速大规模地推广低碳能源。应对全球性挑战，我们必须从根本上转变传统的生产方式、生活方式和消费模式，推动转型和创新，走绿色、低碳、循环的发展道路。众所周知，家庭部门通过直接消耗燃料和间接消费商品以及服务而产生大量温室气体（Shui & Dowlatabadi，2005）。因此，在经济增长的同时，为实现中国节能减排的宏伟目标，亟须开展微观层面的绿色生活方式和绿色消费行为研究（Li 等，2019a）。

现有文献将家庭绿色消费行为与社会经济因素相联系（Weber & Perrels，2000；Owen & Videras，2008；Stephenson 等，2010；Li 等，2019a）。消费决策本身受多种因素驱动，因此准确衡量消费行为存在较大困难。例如，一部分消费者在预算约束下购买低能效产品；另一部分消费者虽然拥有节能电器，但是却无节制的消耗能源。以上两种情况虽然表现形式不尽相同，且不易准确观测，但均是导致低效率的能源消费行为。相比复杂的社会因素，收入、价格等经济因素对家庭绿色消费行为影响机制较为清晰。有研究表明，社会环境、文化和规范会对个人行为的形成产生巨大影响（Yang 等，2016）。此外，个人生活方式、意识和偏好等都是影响消费者消费决策的关键因素（Ajzen & Fishbein，1977）。尽管以上影响因素通常很难测量，随着微观调查数据的公开和普及，相关研究受到越来越多的关注。

对此，性别不平等这一社会因素的相关研究也在中国不断兴起（Fincher，2016a，2016b）。据统计数据显示，性别不平等是社会规范领域中的一个世界性难题。性别不平等广泛存在于世界各国，包括印度、韩国（Easterly，2001），甚至美国（Dahl & Moretti，2004）。性别不平等导致女性在教育、就业（Goldin & Rouse，2000）、政治参与（Mikkola，2005）以及家庭决策（Bertocchi 等，2014）等方面处于劣势。

女性和男性本质上的不同导致了不同的消费决策。大量文献表明，女性比男性更厌恶风险（Eckel & Grossman，2008；Jianakoplos & Bernasek，2010），女性表现出更多的利他主义（Andreoni & Vesterlund，2001）和对家人的关心（Eagly & Steffen，1986）。女性的以上固有特性对亲环境行为有着重要的影响。例如，Kollmuss & Agyeman（2002）强调移情和利他主义对亲环境行为的重要性。Zelezny 等（2000）在性别差异的研究中发现，女性比男性持有更明确的环保态度，且女性的环保态度更多引发她们的环保行为。最新证据也表明，女性更认同亲环境行为（Casalo & Escario，2018）。

根据上述分析，本章提出性别平等有益于推动家庭绿色消费行为的假设。因此，促进性别平等不仅有利于社会福利，而且将带来良好的环境溢出效益。赋予女性权力对实现国家和社会绿色可持续发展具有重大意义（UN Women，2018）。本章旨在实证研究性别平等对绿色消费行为的促进作用，为促进性别平等相关政策的实施提供有力的证据支持。在此基础上，提出从社会规范角度减缓能源贫困的全新策略。

本章运用2015年中国综合社会调查数据（CGSS），该数据包含家庭能源消费行为，以及相关电器消费的详细信息。利用该信息可直观获取样本家庭对不同类型电器以及不同等级能效电器的选择。

Dollar & Gatti（1999）用同一地区男女教育差异来衡量性别不平等。本章将以此进行区域层面性别不平等的衡量。另外，中国综合社会调查获悉了每个样本家庭多方面的性别平等态度，本章利用该数据对家庭层面的性别平等态度进行测量。随后，利用稳健性测试对结果进行检验。本章实证结果表明性别平等显著提升了家庭绿色消费行为。

本章学术贡献主要体现在以下三方面。首先，本章实证检验了中国家庭性别平等与绿色消费行为之间的因果关系。现有文献大多仅仅关注性别与环境问题的关系，而本章将性别问题聚焦在性别平等上。虽然大众普遍认同女性更加注重环保，但是地区和家庭层面的性别平等通过何种渠道影响家庭的绿色消费行为并不清楚。值得一提的是，本章不仅考虑家庭层面的性别平等，还纳入了地区性别平等，使结果具有更强的政策意义。其次，本章探讨了性别差异对家庭绿色消费行为决策的影响机制，包括主观因素在内的一系列家庭特征，以此提出全新见解。最后，本章丰富了性别平等相关文献，提出赋予女性更高权利对环境保护的重要意义。此外，性别平等问题并非仅在中国出现，许多新兴经济体同样面临该问题，因此本章的研究可进一步推广到其他发展中国家。

9.1.2 文献回顾

Li 等（2019a）利用中国微观调查数据探讨了个人主观因素对家庭碳排放的影响，强调家庭消费决策在中国绿色可持续发展中的重要影响。家庭消费能源、商品和服务等会产生大量温室气体（Baiocchi & Minx，2010；Bin & Dowlatabadi，2005）。政策制定者正在不断重视家庭层面的消费行为。绿色消费行为的含义较为广泛。从微观层面，Clark 等（2003）认为可以用是否参加绿色电力项目来代表是否开展绿色消费行为。Gilg 等（2005）认为绿色消费是指个人购买对环境危害较小或者具有环保功能的产品。而 Hartmann & Apaolaza Ibanez（2012）把购买绿色能源商品的意向作为对绿色消费行为的衡量。Yadav & Pathak（2016）指出消费者对环境的关注是驱动绿色消费行为最关键的因素。结合本章研究内容，本小节重点关注家庭能源消费行为和性别平等及其两者关系的相关文献。

家庭能源消费行为的研究不断深入。Van Raaij & Verhallen（1983）调查了社会人口、经济、社会规范等因素对家庭能源消费行为的作用。Black 等

(1985）和 Stern（1992）讨论了个体相关因素及其心理特征对家庭能源消费决策的影响。该研究表明单一的经济因素无法解释消费者的决策，还需纳入心理和社会人口特征等方面。心理特征（如态度）对能源消费行为的影响程度比经济因素更重要（Staddon 等，2016）。虽然这些研究的出发点是心理层面，也为深入研究家庭能源消费行为奠定了基础。

随着世界各国对气候变化所带来的负面影响的认知日益深入，越来越多学者开展家庭层面绿色能源消费行为的研究（Mizobuchi & Takeuchi，2013；Du 等，2017）。Broadstock 等（2016）通过估计中国家庭能源消费效率发现，高收入家庭不一定存在节能行为，因此更多非经济因素会对家庭消费行为及其效率产生直接影响。尽管世界各国在积极推广绿色能源消费，并不断促进人们对节能和增效的了解，但是人们对绿色能源的认识与绿色能源的使用之间存在意识-行为鸿沟。因此，有必要引入行为经济学和心理学进一步研究（Frederiks 等，2015）。Zhang 等（2016a）明确提出家庭生活方式在居民消费中存在重要作用，政策应引导人们采取绿色消费生活方式。Yang 等（2016）发现当地社区在决定居民碳排放方面有显著影响。例如在中国北京的部分居民区，环保型家庭的碳排放量一般较低。

大多文献已将性别纳入能源模式和绿色消费行为的实证研究中（Dietz 等，2002；Barr & Gilg，2006），并证实了女性更倾向于亲环境行为。Liobikienė & Juknys（2016）发现性别在亲环境行为中具有统计意义上的显著影响。Liobikienė 等（2017）利用奥地利和立陶宛的数据也证实了性别在环境中发挥的积极作用。Liu（2016）将性别纳入分析，评估了中国的环境问题。

尽管学者们普遍关注到了性别这一主题，但大多研究仅将其作为控制变量。例如 Vicente-Molina 等（2018）检验了性别是否会影响亲环境行为。同时，这些研究大多从个人视角出发，虽然承认男性和女性之间的差异，但提供的政策含义并不明晰。本章旨在证实女性和男性在消费决策上的差异，检验地区和家庭层面的性别平等对家庭消费行为的影响。

性别平等是现代社会的热点问题，它涵盖的信息和意义比性别本身更丰富，也更重要。性别不平等是一种社会规范（Inglehart & Norris，2003），在不同的国家和文化中存在显著差异。如在发展中国家的社会规范中，许多家庭更喜欢儿子，因为普遍的观念认为儿子可以赡养老年父母，女儿则因为出嫁而弱化了对自己父母的关照（Ebenstein & Leung，2010）。在中国农村，人们认为女孩最终会出嫁并离开原生家庭，因此会减少对女孩的教育投资。这些传统观念导致女孩无法受到平等的教育（Hammum 等，2009）。性别不平等会进一步导致性别比例失衡和女性就业率低等社会问题（Jayachandran，2015），从而产生严重的经济后果。

从 19 世纪至 20 世纪初，世界上已出现了三次为争取平等权利的女权主义浪潮（Lorber，2001）。国际组织团体也在不断支持性别平等观念发展壮大。如联合国（UN Women，2018）提出将性别平等作为 2030 年可持续发展目标之一。虽然全球范围内的性别不平等状况有所改善，但此社会规范往往根植于地区文化之中并代代相传（Fernández 等，2004；Alesina 等，2013）。

虽然性别不平等问题一直在改善，但仍然广泛存在。例如在中国，即使经济高速发展，也依旧存在性别不平等现象。中国随着城市化进程加快，农村留守女性现象不断加剧，这也突显了性别不平等问题（Fincher，2016a，2016b）。事实证明，性别不平等对中国社会的许多方面都产生了巨大影响。在中国传统认知里，女性应该更注重家庭，而应减少劳动力市场中的参与度。这一传统观念不仅存在于中国，也在其他深受儒家文化影响的东亚和东南亚国家中普遍存在。

现有资料表明，当一个社会的性别平等程度越高，女性的决策权就越大，该国环保行为也相对普遍。虽有大量文献研究性别在亲环境行为中的作用，但很少研究探讨性别平等对家庭绿色消费行为的影响。此外，由于中国性别平等问题存在明显的地区差异，而实现绿色可持续发展需要在全国范围内开展，因此研究中国的性别平等与家庭绿色消费行为具有重要意义。

9.2 数据处理与研究方法

9.2.1 数据处理

9.2.1.1 数据来源

本章数据来源于 2015 年中国综合社会调查（CGSS）数据。CGSS 于 2003 年由中国人民大学国家调查研究中心发起，是一项用于研究中国家庭社会经济问题的全国性代表调查。CGSS 数据被广泛用于定量研究中国家庭的经济、社会和文化行为。Xiao & Hong（2010、2017）分别使用 2003 CGSS 和 2010 CGSS 调查数据关注不同性别在环境知识上的差异，研究发现尽管女性具有比男性更低的环境相关的知识水平，但她们更关心环境问题。

CGSS 调查不仅涵盖了教育、多样化经济行为、家庭信息等基本特征，且该调查还包括了一些与本研究相关的重要信息。如 2015 年的 CGSS 调查包含了详尽的家庭能源消费行为信息。该调查涵盖 31 个省（自治区、直辖市）的 10 968 户家庭，但包含能源模块信息的样本相对较少，在清除缺失数据并排除异常值后，本章最终有效样本量为 3 262 户。

9.2.1.2 性别平等的衡量

性别平等可以通过多种方式衡量。宏观层面上，联合国开发计划署（2003）利用性别发展指数（GDI）、性别赋权措施（GEM）等方式量化各国的性别平等指标。微观层面上，性别平等可以用合法权利、就业、预期寿命和教育等方面衡量。Dollar & Gatti（1999）运用中学教育的入学率来衡量性别平等，得到了学术界的广泛使用。

本章选取教育水平作为衡量性别平等的第一个指标。在中国，高中是继九年义务教育之后的教育阶段，所在地区接受高中教育的女性所占百分比越高，则男女平等现象就越显著。由此，本章构建了县级高中男女入学率指标，可利用该指标从教育角度衡量性别平等。如果大多数地区的男女入学率指标超过 1，从而反映当地性别不平等情况的严重程度。

随后，本章将主观态度作为衡量性别平等的第二个指标。CGSS 调查中涵盖了五个与性别平等相关的问题，包括家庭成员对职业、家务等的态度（如"男性应该专注于工作，而女性应该专注于家庭""在经济衰退时应该先解雇女性""男性天生比女性优秀"等）。受访者可以从完全不同意到完全同意给出个人态度（即 1~5 分）。分数越低，表明该受访者所在家庭具备更高性别平等程度。

本章首先将上述五个问题结合，计算家庭层面有关性别平等态度的均值，在此基础上构建县级性别平等指标。其次，使用主成分分析法（PCA）构建县级态度指数。与教育水平衡量的性别平等相比，主观态度具有较强的地区文化，所以建立的综合态度指数能够反映一个地区对性别平等态度的普遍社会规范。

两种指标衡量的性别平等分布如图 9-1 所示。图左部分为教育水平的性别平等分布图，图右部分是主观态度在地区层面的性别平等分布图（该指标标准化后取值为 0~1）。以上两种分布的经济学含义为：数值越低，该地区性别平等现象越显著。例如，图 9-1 左部分显示了 2015 CGSS 调查样本中的中国性别平等分布情况，得出性别平等分布明显向右倾斜。

此外，本章使用主观态度（主成分分析结果）和家庭内部男女受教育比例作为家庭层面的性别平等指标，用以进行稳健性检验。

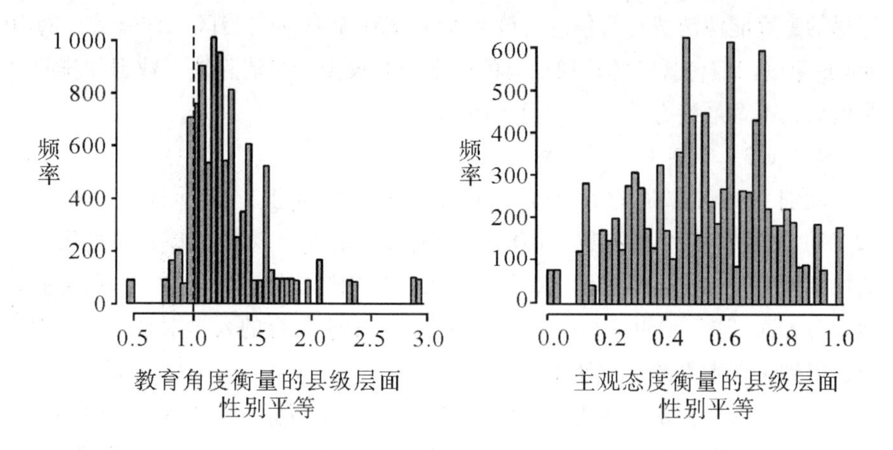

图 9-1　从教育和主观态度衡量的县级层面性别平等

注：①左图为县级男女高中入学率，低于 1 表示教育平等；右图为用主成分分析法衡量的县级性别平等，值越低表示一个县的性别平等程度越高。

②我们使用主成分分析法（PCA）来构造两个态度指数，数据经过正态化处理，介于 0~1。所有非离散变量都在 1%的水平上排序。

9.2.1.3　绿色消费行为的测量

本章使用 2015 CGSS 能源模块数据构建相关指标，衡量家庭能源消费行为。首先，我们通过家用电器（如冰箱、洗衣机和空调）的能效标识进行衡量。2005 年 3 月 1 日，国家发改委和国家质量监督检验检疫总局要求电力企业需在商品表面贴上能源标签用以反映能效水平。一级标签表示电器的能效达到国际先进水平，二级标签表示电器能效高于平均水平。以此类推，五级标签表示电器能效达到最低要求。

本章用贴一级和二级标签的家用电器累计百分比衡量一个家庭的能源效率。该比例介于 0~1，数值越大代表家庭能效越环保。

此外，我们还依据住户是否愿意参加非高峰期差别电价项目进行绿色消费行为的衡量。该项目旨在为住户节约能源，但需住户持身份证到相关电力部门申请。因此，本章将是否有意愿加入该节能项目作为衡量家庭绿色消费行为的第二个指标。

9.2.1.4　描述性统计

本章在实证模型引入了一系列家庭特征、社会经济因素和区位等控制因素。表 9-1 是主要变量的定义及描述性统计结果。数据显示，中国平均 34.4%的家庭拥有节能电器，约 26.5%的家庭愿意参与差别电价项目。由此可见，中国家庭的绿色消费行为还有很大的改善空间。县级教育层面的性别平等衡量均值为 1.277，表明在 2015 年，中国男性接受高中教育的比例更高。且县级的性别平等指数低于家庭层面性别平等指数。

本章模型的控制变量还包括家庭收入、房屋所有权、家庭人数、家庭平均年龄、是否拥有汽车。上述变量对家庭能源消费行为有较大影响。由于家庭的户主对能源消费和电器购买拥有较大决策权，户主特征对消费决策有重要作用。因此，本章纳入以下户主特征：受教育年限、是否加入中国共产党以及开展社会活动和学习的频率。我们预期受过良好教育的个体往往环保意识更强，中共党员因思想的先进性往往比非中共党员节省更多的能源。频繁与社会接触和参与学习也可能产生绿色消费行为。此外，本章根据现有文献还选取了户主的心理健康、幸福感、互联网使用和娱乐四个额外变量用于进一步研究（Li 等，2019a）。

实证模型部分，我们控制了地区和省级虚拟变量。因城市和农村家庭的能源消耗和能源可获得性存在显著差异，本章将家庭居住类型也纳入分析。表 9-1表明样本家庭中约 54%位于南方，59%来自城市地区，该结果与国家统计局的数据一致。

9.2.2 研究方法

基于本章核心变量，建立县级层面性别平等对家庭绿色消费行为影响模型，如公式（9-1）所示：

$$green\_consumption_{ij} = \alpha_1 \, equality_j + \alpha_2 X_{ij} + \mu_{ij} \tag{9-1}$$

其中 $green\_consumption_{ij}$ 代表 j 县家庭 i 的绿色消费行为。基于现有文献，本章使用两种指标表示家庭绿色消费行为：家庭购买的节能产品（Gilg 等，2005）和家庭节能意愿（Clark 等，2003）。$equality_j$ 代表 j 县的性别平等程度。性别平等的指标分别为客观估算的男女高中入学率和主观回答的针对男女平等问题的态度。

表 9-1 变量定义和描述性统计

变量	定义	平均值	标准差	最小值	最大值	样本
主要变量						
效率	家庭高效能家用电器百分比	0.344	0.349	0	1	3 201
意愿	参加节能项目的意愿	0.265	0.441	0	1	3 262
教育性别平等	县级层面男女中学入学比例	1.277	0.358	0.471	2.9	130
县级主观态度性别平等	县级层面性别平等态度的主成分得分	0.490	0.219	0	1	130
家庭主观态度性别平等	家庭层面性别平等态度的主成分得分	0.475	0.195	0	1	3 129
家庭教育差距	家庭男女入学比率	2.979	4.734	0.5	18	1 225
控制变量						
教育水平	户主受教育年限	8.851	4.686	0	19	3 258
收入	家庭总收入（取对数）	10.532	1.091	7.090	12.900	3 262
户主身份	户主是否为中国共产党员	0.109	0.311	0	1	3 262
学习	户主的学习频率	1.973	1.079	1	5	3 256
社交	户主的社交频率	2.778	1.054	1	5	3 261

表9-1(续)

变量	定义	平均值	标准差	最小值	最大值	样本
家庭人口数	家中常住人口数	2. 873	1. 376	1	10	3 254
住房	房屋是否自有	0. 875	0. 331	0	1	3 262
住房建筑面积	住房建筑面积（取对数）	4. 551	0. 644	1. 609	6. 957	3 262
年龄	平均年龄（取对数）	44. 236	14. 721	18. 2	82	3 262
汽车	是否拥有汽车	0. 164	0. 371	0	1	3 262
南方	居住在中国南方	0. 540	0. 499	0	1	3 262
城市	居住在城市地区	0. 594	0. 491	0	1	3 262
其他变量						
心理健康	户主的心理健康	3. 840	0. 909	1	5	3 258
幸福感	户主的幸福感等级	3. 885	0. 807	1	5	3 258
休闲娱乐	户主的休闲娱乐频率	3. 340	0. 948	1	5	3 257
上网频率	户主使用互联网频率	2. 385	1. 637	1	5	3 256

在实证模型中，家庭绿色消费行为由性别平等变量（ $equality_j$ ）决定。模型中还包括省级、地区的虚拟变量，以及收入、教育、家庭和户主特征等附加因素（ X_i ）。利用公式（9-1），可检验县级性别不平等是否显著影响家庭的绿色能源消费行为。

本章利用公式（9-2）对家庭层面的性别平等进行估计：

$$green\_consumption_i = \alpha_1 equality_i + \alpha_2 X_i + \mu_i \tag{9-2}$$

其中 $equality_i$ 由家庭态度指数（介于0~1）和该家庭的在男女收入方面的性别差距刻画。模型中引入了多个交互项，提供相关潜在机制的探讨。

9.3 研究结果

本节首先对实证结果进行展示和分析，并进一步探讨地区性别平等如何影响家庭绿色消费行为。在实证分析中，本章分别利用 Tobit 模型和 Logit 模型定量分析家电能效和参与意愿对家庭能源消费行为的影响。随后分析家庭层面性别平等对绿色消费行为的影响作用，并通过引入交互项揭示内在影响机制。

9.3.1 县级层面实证结果

表 9-2 是对应公式（9-1）的回归结果。虽然衡量绿色消费行为的方式存在差异，这里的主要结果与本章研究假设基本一致，男女教育平等前的系数显著为负，表明性别越平等的地区，绿色能源消费行为越普遍。虽然能源消费效率的衡量方式多样，本章仅使用高能效家用电器的占比作为衡量家庭高效能源消费的标准。此外，收入和对家电使用频率也会影响家电的选择和使用。但这超出了本章讨论范围，本章对此暂不做进一步探讨。

本章实证发现，性别平等对参与节能项目的意愿有显著正影响。一个县的性别平等程度越高，家庭参与节能项目的意愿就越高，此结论证实了上述讨论。在现有文献的基础上（Dietz 等，2002；Barr & Gilg，2006），我们发现女性更倾向于采取绿色消费行为。该结果表明，一个地区的性别平等是由文化、传统和社会规范共同导致的结果，这对家庭层面的绿色消费行为产生显著的正面影响。这种影响从客观教育角度和主观态度角度都是显著的。此外，推动社会中的性别平等对于环境有溢出效应，这利于中国的总体可持续发展。

表 9-2 县级层面性别不平等回归结果

	Tobit 效率	Tobit 效率	Logit 意愿	Logit 意愿
教育性别平等	−0.07*		−0.49***	
	(0.04)		(0.18)	
县级主观态度 性别平等		0.03		−0.82**
		(0.08)		(0.32)
教育	0.01*	0.01**	0.05***	0.05***
	(0.00)	(0.00)	(0.01)	(0.01)
收入	0.04**	0.04***	0.09	0.09
	(0.01)	(0.01)	(0.06)	(0.06)
家庭人口数	−0.02*	−0.02*	0.03	0.03
	(0.01)	(0.01)	(0.04)	(0.04)
户主身份	0.01	0.01	0.43***	0.41***
	(0.04)	(0.04)	(0.15)	(0.15)
住房	0.12***	0.12***	0.08	0.09
	(0.04)	(0.04)	(0.15)	(0.15)
住房建筑面积	0.05**	0.04*	0.07	0.08
	(0.02)	(0.02)	(0.09)	(0.10)
年龄	−0.00***	−0.00***	0.00	0.00
	(0.00)	(0.00)	(0.00)	(0.00)
社交	0.02*	0.02*	0.02	0.03
	(0.01)	(0.01)	(0.05)	(0.05)
学习	0.02*	0.02*	0.13**	0.12**
	(0.01)	(0.01)	(0.05)	(0.05)
南方	0.09	0.11	3.41***	3.27***
	(0.13)	(0.13)	(0.59)	(0.60)
汽车	0.05	0.05	0.04	0.04
	(0.03)	(0.03)	(0.13)	(0.13)

表9-2(续)

	Tobit 效率	Tobit 效率	Logit 意愿	Logit 意愿
城市	0.07**	0.07**	0.45***	0.45***
	(0.03)	(0.03)	(0.12)	(0.12)
截距	-0.34	-0.47**	-3.84***	-3.91***
	(0.21)	(0.21)	(0.89)	(0.90)
地区虚拟变量	是	是	是	是
样本量	3 187	3 187	3 244	3 244
R-squared	0.056	0.056	0.222	0.221

注：***、** 和 * 分别表示在1%、5%和10%的水平下显著，括号中是稳健标准差。

总体上，表9-2控制变量的结果与经济直觉一致，即更高的教育水平或学习频率会促使家庭采取更多绿色消费行为。该观点与Li等（2019a）的观点一致，即接受高教育水平的个人倾向于绿色消费决策。此外，学者发现收入对能效有重要的影响作用，但在变量参与意愿中的回归结果并不显著，Sun等（2019）研究中国绿色消费时也发现类似问题。该问题可通过Bai & Liu（2013）和Broadstock等（2016）研究中提及的意识—行为差距理论来解释，即有节能环保意识的个体并不直接表明其具备节能环保行为。此外，相比北方家庭，中国南方家庭和城市家庭会采取更多的环保消费行为。这背后的原因可能是城市居民能接触到更多的绿色发展信息，具有相对信息对称所带来的优势。

9.3.2 家庭层面实证结果

表9-3 家庭层面的回归结果

	Tobit 效率	Tobit 效率	Logit 意愿	Logit 意愿
家庭教育差距	-0.01*		-0.03*	
	(0.00)		(0.02)	
家庭主观态度性别平等		0.10		-0.56**
		(0.06)		(0.22)
教育	0.01*	0.01**	0.07***	0.05***

表9-3(续)

	Tobit 效率	Tobit 效率	Logit 意愿	Logit 意愿
	(0.01)	(0.00)	(0.02)	(0.01)
收入	0.03	0.03**	0.09	0.09*
	(0.02)	(0.01)	(0.08)	(0.05)
家庭人口数	-0.00	-0.02*	0.08	0.09***
	(0.01)	(0.01)	(0.05)	(0.03)
户主身份	-0.02	0.01	0.21	0.26*
	(0.05)	(0.04)	(0.19)	(0.14)
住房	0.11*	0.12***	0.16	0.23*
	(0.06)	(0.04)	(0.23)	(0.14)
住房建筑面积	0.07*	0.04*	0.22	0.12
	(0.04)	(0.02)	(0.14)	(0.08)
年龄	-0.00*	-0.00***	0.00	0.00
	(0.00)	(0.00)	(0.01)	(0.00)
社交	0.03	0.02	0.07	-0.00
	(0.02)	(0.01)	(0.06)	(0.04)
学习	0.03	0.02*	0.16**	0.11**
	(0.02)	(0.01)	(0.07)	(0.04)
南方	-0.06	0.14	1.71**	1.67***
	(0.21)	(0.13)	(0.84)	(0.46)
汽车	0.01	0.05	0.07	0.08
	(0.05)	(0.03)	(0.19)	(0.12)
城市	0.11**	0.07**	0.65***	0.56***
	(0.05)	(0.03)	(0.17)	(0.10)
截距	-0.60*	-0.47**	-5.14***	-3.86***
	(0.33)	(0.21)	(1.26)	(0.73)
地区虚拟变量	是	是	是	是

表9-3(续)

	Tobit 效率	Tobit 效率	Logit 意愿	Logit 意愿
样本量	1 201	3 061	1 221	3 113
(Pseudo) R^2	0.067	0.053	0.152	0.121

注：***、** 和 * 分别表示在1%、5%和10%的水平下显著，括号中是稳健标准差。

表9-3展示了基于家庭层面，性别平等对家庭绿色消费行为影响的回归结果，包括从客观教育和主观态度视角衡量的性别平等。家庭实证结果与县级实证结果相似：教育层面的性别差距对家电能效的负面影响较小，但这两个指标对参与差别电价项目意愿的负面影响非常显著。同时，教育和学习对家庭绿色消费选择的影响至关重要。相比之下，收入对家庭绿色消费选择的影响极为微小。其他变量的影响作用几乎与表9-2一致，因此不做进一步讨论。

值得注意的是，相比于地区（县）性别不平等，家庭层面的性别平等在显著性水平和程度上的影响都更小。这表明文化和社会规范往往对个人行为影响更强烈、更广泛，因此本章的研究结果具有更重要的政策相关性。

9.3.3 机制探讨

越来越多的学者纳入主观因素探讨个人行为对能源消费和环境问题的影响。现有研究发现个人的积极态度会激发所在社会和其他居民责任感，并鼓励他们采纳更多环保消费行为（Carter，2011；Li等，2019a）。相反，Wilson等（2013）和Sekulova & van den Bergh（2013）的研究则证明，高水平的消费在增多温室气体排放的同时会提高消费者的幸福感。行为经济学理论普遍认为人类行为是有限理性的（Kahneman，2003）。本节将会纳入上述因素，展开对问题背后的机制探讨。

此外，本章还发现心理健康和参与家庭休闲娱乐对用家电能效衡量的行为指标的重要作用。实证发现，家庭成员的心理健康水平越高，会降低对低效率电器的选择率。提高家庭成员心理健康水平还可以减轻地区性别不平等对非绿色消费行为所产生的负面影响。因为心理健康的户主通常来源于那些拥有更和谐、且不受性别不平等传统思想束缚的家庭。此内在机制也可以解释休闲娱乐变量的回归结果。

在将参与意愿作为绿色消费行为的衡量标准时，不同主观因素的作用有所不同。虽然我们用主观态度衡量性别平等时发现了有效的缓解机制，但主观因素对用意愿衡量的绿色消费行为影响是复杂的。休闲娱乐和互联网使用频率可以降低教育角度衡量的性别不平等对节能项目参与意愿的负面影响。而幸福感仅体现在改善主观态度的性别不平等状况。综上，本章的研究结论是，任何促进家庭性别平等的因素都会鼓励家庭开展更多绿色消费行为，这体现了女性在家庭绿色消费和环保消费中发挥了重要作用。

表 9-4　交互项回归结果

	Tobit 效率	Tobit 效率	Tobit 效率	Logit 意愿	Logit 意愿	Logit 意愿
教育性别不平等/县级主观态度	-0.74***	-0.40*	-0.31**	-2.04***	-2.94**	-0.88***
	(0.25)	(0.21)	(0.15)	(0.55)	(1.25)	(0.27)
县级主观态度×心理健康	0.20***					
	(0.06)					
心理健康	-0.11***					
	(0.03)					
区县态度×休闲娱乐		0.13**				
		(0.06)				
教育性别不平等×休闲娱乐				0.45***		
				(0.15)		
休闲娱乐		-0.07**		-0.54***		
		(0.03)		(0.20)		
教育不平等×幸福感			0.06*			
			(0.04)			
县级主观态度×幸福感					0.55*	
					(0.31)	
幸福感			-0.05		-0.23	
			(0.05)		(0.16)	

表9-4(续)

	Tobit 效率	Tobit 效率	Tobit 效率	Logit 意愿	Logit 意愿	Logit 意愿
教育不平等×上网频率						0.18**
						(0.09)
上网频率						-0.18
						(0.12)
教育	0.01*	0.01*	0.01*	0.05***	0.05***	0.04***
	(0.00)	(0.00)	(0.00)	(0.01)	(0.01)	(0.01)
收入	0.04***	0.04***	0.03**	0.09	0.08	0.08
	(0.01)	(0.01)	(0.01)	(0.06)	(0.06)	(0.06)
家庭人口数	-0.02*	-0.02*	-0.02*	0.03	0.04	0.04
	(0.01)	(0.01)	(0.01)	(0.04)	(0.04)	(0.04)
户主身份	0.01	0.01	0.00	0.43***	0.42***	0.45***
	(0.04)	(0.04)	(0.04)	(0.15)	(0.15)	(0.15)
住房	0.12***	0.12***	0.12***	0.08	0.08	0.08
	(0.04)	(0.04)	(0.04)	(0.15)	(0.15)	(0.15)
住房建筑面积	0.04*	0.04*	0.04*	0.07	0.08	0.08
	(0.02)	(0.02)	(0.02)	(0.10)	(0.10)	(0.10)
年龄	-0.00***	-0.00***	-0.00***	0.00	0.00	0.00
	(0.00)	(0.00)	(0.00)	(0.00)	(0.00)	(0.00)
社交	0.02*	0.02*	0.02*	0.01	0.02	0.02
	(0.01)	(0.01)	(0.01)	(0.05)	(0.05)	(0.05)
学习	0.02*	0.02*	0.02*	0.12**	0.12**	0.11**
	(0.01)	(0.01)	(0.01)	(0.05)	(0.05)	(0.05)
南方	0.10	0.11	0.11	3.42***	3.29***	3.48***
	(0.13)	(0.13)	(0.13)	(0.58)	(0.60)	(0.59)
汽车	0.05	0.05	0.05	0.05	0.04	0.03
	(0.03)	(0.03)	(0.03)	(0.13)	(0.13)	(0.13)

表9-4(续)

	Tobit 效率	Tobit 效率	Tobit 效率	Logit 意愿	Logit 意愿	Logit 意愿
城市	0.07**	0.07**	0.07**	0.45***	0.46***	0.44***
	(0.03)	(0.03)	(0.03)	(0.12)	(0.12)	(0.12)
截距	-0.02	-0.25	-0.08	-1.95*	-3.00***	-3.40***
	(0.25)	(0.24)	(0.28)	(1.10)	(1.08)	(0.92)
地区虚拟变量	是	是	是	是	是	是
样本量	3 183	3 183	3 184	3 240	3 241	3 238
R-squared	0.057	0.056	0.057	0.224	0.222	0.223

注：***、** 和 * 分别表示在1%、5%和10%的水平下显著；括号中是稳健标准差；未展示所有可能的交互作用回归，表仅列出了有意义的结果。

9.4 本章小结

众所周知，促进绿色消费对社会和谐发展和全球可持续发展至关重要。基于大量相关文献，本章以独特的视角考察了中国地区层面和家庭层面的性别平等对家庭绿色消费行为的影响。实证结果表明：性别平等增强了家庭节能电器的使用和参与节能项目的参与意愿。

已有研究证实女性更具备亲环境态度和环保行为，本研究在男女性别平等方面进行了定量研究。结果表明，性别与环境问题不仅在个体层面有所体现，而且直观反映了当地文化和社会规范。当一个社会更加推崇可持续发展并有相关政策支持时，从个体偏好到文化和地区视角的延伸才具有更大的作用，这在存在性别不平等现象的地区更具有现实意义（Jayachandran，2015）。换言之，政府应采取措施改善性别不平等现状，从而助力社会绿色可持续发展。

本章提出以下政策建议：首先，政策制定者应大力促进男女获取教育资源的平等机会。目前，中国各地的男性的高中入学率明显高于女性，基于本章研究结果，这将不利于家庭节能产品选购和节能项目的参与。其次，政策制定者应该进一步促进性别平等观念。本章数据显示，地区性别平等态度在综合指标和职业方面的指标中都更倾向于男性。例如，人们普遍认为男性具有更好的职业潜力。实证结果还表明，男女收入差距显著影响家庭绿色消费决策，因此政府还需要制定更多缩小男女工资差距的政策。

本章虽然使用中国的数据，但研究结果对其他新兴经济体也具有一定意义。教育机会方面的性别偏见并非中国独有，它普遍存在于大多数新兴经济体（Ukhova，2015）。由于性别平等与亲环境行为息息相关，因此社会需要更广泛地促进性别平等。在这一领域还需要更多的后续研究。

促进性别平等不仅有利于家庭亲环境行为，还能缓解能源贫困。国际能源署将无法获取高级能源，而只能依靠生物质能取暖、炊事和照明的家庭定义为能源贫困家庭（IEA，2015）。然而能源贫困不仅仅受能源的可获得性、可支付性影响，还受当地的风俗习惯、社会规范等影响。因此，引导消费者参与节能项目，购买高效能电器，使用清洁能源等绿色行为是缓解能源贫困的重要途径之一。Clancy 等（2002）指出女性会通过缩短烹饪时间、购买其他燃料等方式应对燃料短缺等问题。本章实证研究也表明，女性的环保意识更强，更倾向于购买节能电器、使用清洁能源，因此提高女性家庭地位会促进家庭绿色消费行为，从而能缓解家庭能源贫困。且随着县级等区域层面性别平等程度的提高，家庭绿色消费会进一步缓解区域性能源贫困。

本章的局限性有如下两方面：一方面，个人行为和动机难以准确衡量，且常会出现测量误差。即使有非常详细的家庭调查信息，某项决策背后也可能存在复杂的产生原因，因此该研究结果还需要进一步、多维度的验证。另一方面，我们仅仅用了一年的调查数据，即本章使用的是横截面数据，多年数据因不可获取则无法观测性别平等动态变化对家庭绿色消费行为的影响。总体上，我们的实证结果为政策改进和学术研究指出了新方向。随着微观调查数据的丰富，将进一步探索性别平等和绿色消费行为这一主题，将揭示更多重要结果，为实现绿色可持续发展提供高效路径。

10 缓解能源贫困的策略与建议

基于前文对能源贫困多个问题、多个视角的理论和实践探索，本章一方面梳理现有政策相关的文献资料和最新报告；另一方面立足于当前国际形势，旨在构建一个缓解能源贫困的政策框架。本章有助于为政策制定者扩宽能源缓贫渠道视野，深入了解不同政策和国情下的能源扶贫成效，并在此基础上提供能源扶贫的一系列可行措施。长期而言，本章旨在为应对能源贫困系列问题的顶层设计提出一些前瞻性思路和参考。

10.1 缓解能源贫困的政策框架

为实现联合国可持续发展目标之一的全民清洁能源（SDG7）和防止能源返贫现象的持续发生，缓解能源贫困已成为一项全球共同面临的巨大挑战。从能源贫困概念的形成（Bradshaw & Hutton，1983）至今，社会对能源贫困问题的关注从未停歇。最新研究表明，制定缓解能源贫困的有效政策的前提是对能源贫困的精准测度，且保证相关测度指标具备国家和地区特质性（Betto 等，2020；Farrell & Fry，2021）。该论断在隐形能源贫困研究章节已以中国为例开展了系列实证探讨。

现有诸多文献和资料对能源贫困的成因及其应对措施已进行了多角度的深入研究。本研究在 Web of Science 数据库中对 1985 年至 2022 年期间以“减少能源贫困”和“政策”为关键词的 561 篇文章的标题、摘要进行关键词搜索，可以得到以上相关主题在学术领域的关注度及其关联情况。其中，图 10-1 显示，通过使用 VOSviewer，可以得出所选论文的标题和摘要中出现最频繁的主题为“能源贫困”（出现 44 次）、“政策”（出现 30 次）和“家庭”（出现 23 次）。这三个主题的圆圈的尺寸较大，并且主要分布在地图的中心，而边缘位置的一些关键词在所选文章中出现的频率较少，如“农村家庭”只出现了 4 次。

值得注意的是，在新冠肺炎疫情和双碳目标的重大冲击下，伴随着快速发展的全球化和技术进步，缓解能源贫困的相关政策也将发生系列变化。据此，本章将从四个方面构建缓解能源贫困的现有政策框架，以全球性视角、区域性视角、不同主体视角和多维度视角四个方面切入：首先，全球性视角的政策建议强调全方位推进国际间合作，包括发挥国际组织引领作用和坚持各国能源协调发展等相关政策梳理。其次，区域性视角的政策建议强调多区域个性化能源减贫，包括减缓城市能源消费增长和帮扶农村清洁能源发展等。再次，不同主体视角的政策建议强调多层次实施能源减贫政策，包括强化政府公共服务职能、支持企业新业态发展、构建亲环境邻里社区和开展家庭节能新风尚等。最后，多维度视角的政策建议强调多维度构建能源发展体系，包括有效推进经济政策措施、融合发展社会规范机制、完善保障人权的法治体系、积极应对全球性气候变化和突破相关领域的科技创新等，具体如图 10-2 所示。

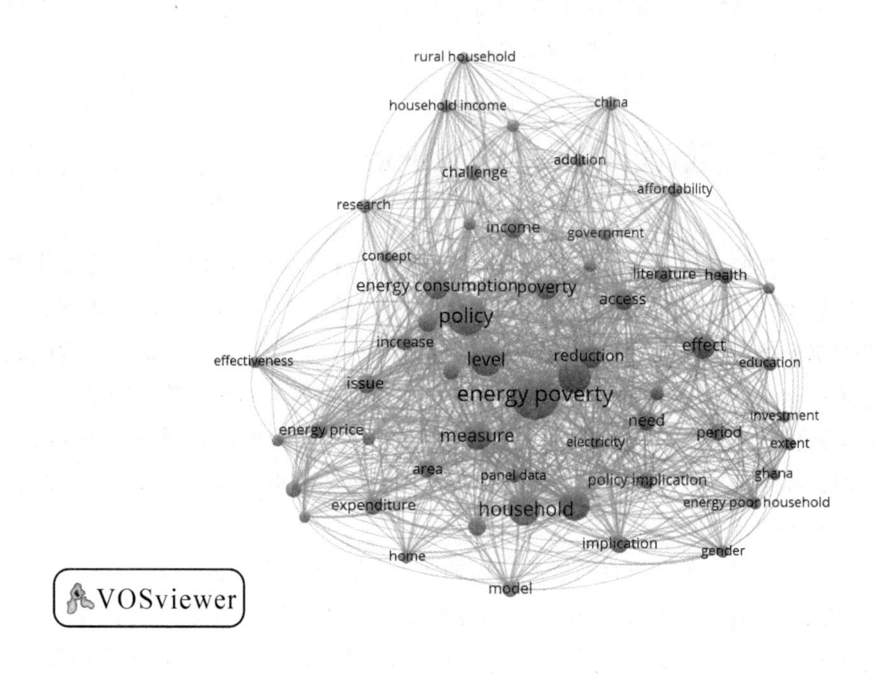

图 10-1　能源减贫政策相关文献关键词分析图

注：该图系作者根据 Web of science 与“能源减贫”和“政策”为关键词搜索相关的 561 篇文章的标题、摘要进行共词分析的 VOSviewer 示意图。

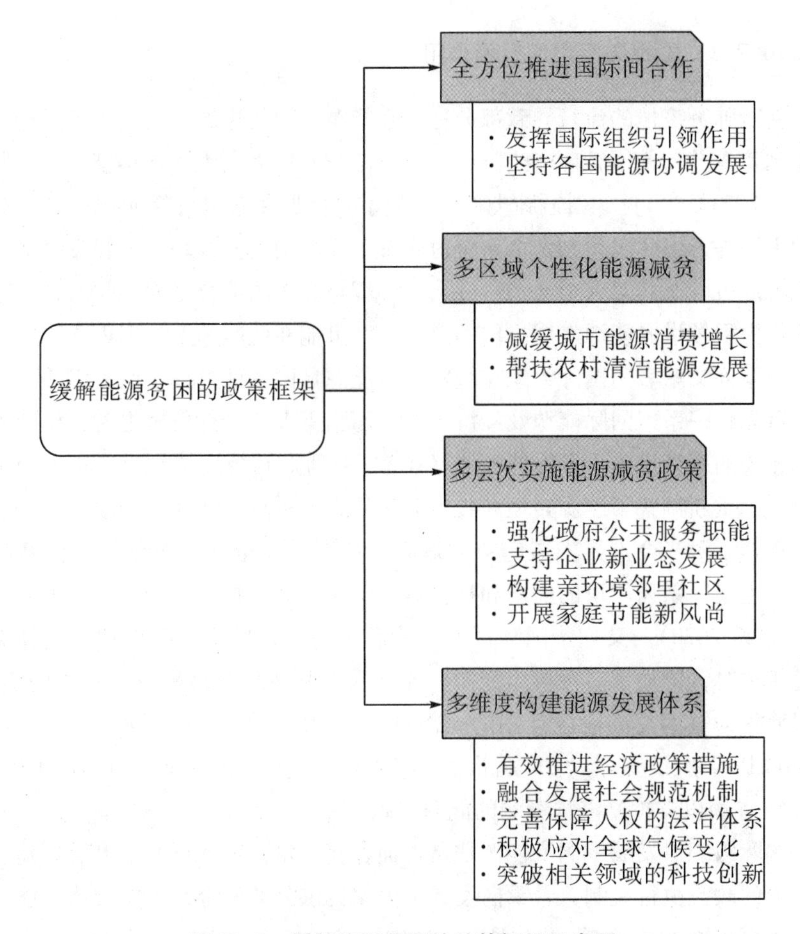

图 10-2　缓解能源贫困的政策框架示意图

10.2　全方位推进国际间合作

团结合作是缓解能源贫困的重要途径，这场突如其来的新冠肺炎疫情再次说明人类命运休戚与共，各国之间的利益紧密相连，世界是一个不可分割的命运共同体。无论是赢得全球抗疫最终胜利，还是推动世界能源复苏，国际社会必须团结协作以共同应对危机考验；同时各国应走可持续发展道路，通过提高能源效率、加强能源领域的国际合作能力，完善该领域的发展机制和政策制定。

10.2.1 发挥国际组织引领作用

新冠肺炎疫情的流行导致部分地区在能源获取的进展方面发生了逆转，如截止到2020年，新冠肺炎疫情导致非洲多出3 000万人无法获得基本电力服务（IEA，2021）。可见，新冠肺炎疫情加速了全世界在获得可靠能源及其服务方面的不平等，因此亟须制定最新应对政策，以帮助人们减轻新冠肺炎疫情引发的能源危机，及其对人类经济、社会、环境等方面的综合影响。此时，全球性政策作为引领世界能源发展方向的总指挥，可能在此问题上发挥重要作用；其中，一系列文献表明国际组织在缓解全球能源贫困方面发挥了巨大优势。

首先，一系列国际能源及经济组织在面临重大全球性危机之时，出台了与能源相关的政策措施。国际能源署（IEA）对新冠肺炎疫情做出了迅速而果断的反应，重新调整了能源转型和技术升级的工作重点，从而帮助政府、企业和居民更新了对当今世界发展趋势的理解。特别是在全球能源价格空前暴跌之后，产生了一系列严重的经济和社会后果，对此IEA提出了切实可行的政策建议（IEA，2020）。又如，国际可再生能源机构（IRENA）在面对新冠肺炎疫情危机之时，增加了对可再生能源、能源效率和技术升级等方面的投资建议，并以此作为短期复苏能源计划的一部分（IRENA，2020①）。同样，世界银行（World Bank）设立了2019冠状病毒疾病能源获取救助基金（World Bank，2021②），用以支持受疫情影响的能源组织。

国际组织对发展中国家能源扶贫方面存在一定倾向。IEA指出需要建立更强有力的政策执行机制，着重向发展中国家提供公共资金，以支持清洁能源研发和可再生能源生产等项目的开发（IEA，2021）。据IEA数据显示，2000~2018年，国际组织向发展中国家资助发展清洁能源的国际资金额度不断升高，如图10-3所示。再加上2010~2018年活跃捐助者增加了59%，这一结果表明国际捐助者对发展中国家可再生能源的支持日益增加；自2010年以来，流向发展中国家的资金越来越多聚焦在太阳能产业的开发和应用方面，从2010年的约4%增长到2016~2018年的20%~50%，如图10-4所示。由此可见，以上相关国际政策和措施有助于能源缓贫。

---

① IRENA, 2020. Post-COVID recovery: an agenda for resilience, development and equality. https://www.irena.org/publications/2020/Jun/Post-COVID-Recovery

② World Bank, 2021. https://www.worldbank.org/en/news/press-release/2021/03/11/world-bank-adds-funding-to-the-regional-off-grid-electricity-access-project-to-promote-solar-products-in-western-and-cen

图 10-3　2000—2018 年国际组织向发展中国家支持清洁能源的国际公共资金流动（10 亿美元）①

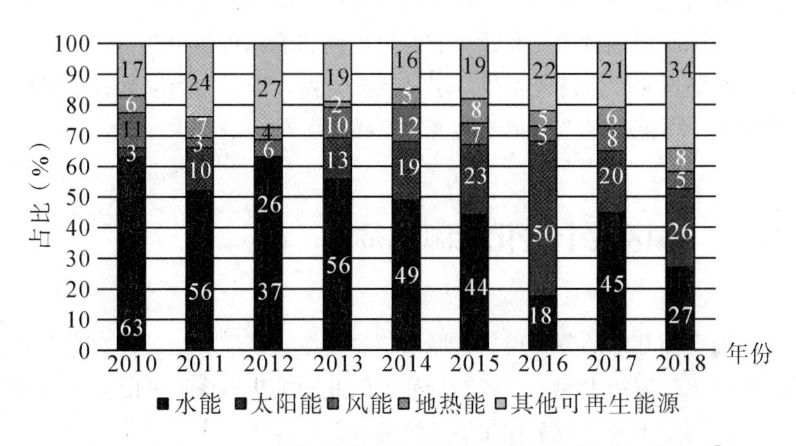

图 10-4　2010—2018 年按技术分列的年度投资金额（亿美元）②

10.2.2　坚持各国能源协调发展

除了一系列国际组织，发达国家在能源问题上应该担负起更大的责任。IEA 指出，发达国家为发展中国家、弱势与边缘化社区群体提供和调动官方气候融资是缓解欠发达地区能源缓贫的策略之一（IEA，2021）。《联合国气候变化框架公约》（《气候公约》）第二十六届缔约方会议所提出的重要目标中，其中一项是兑现发达国家为发展中国家筹集 1 000 亿美元年度资金支持的承诺

① 数据来源于国际能源署官网。

② 数据来源于国际能源署官网。

（IEA，2021）。

发达国家的典型能源贫困问题主要集中在支付能源账单困难方面，Che 等（2021）指出发达国家已经完成大幅度改善家庭能源清洁普及率的系统工作，该研究还提出发达国家需进一步限制传统能源的获取并且以可再生能源替代传统能源，在此基础上增加一系列能源效率激励措施，通过激励措施来降低能源消耗和提高清洁度。

而对于发展中国家，首先是确保能源供应，以满足居民的基本能源需求。能源供给可以通过拓宽能源进口渠道的方式得以部分实现（IEA，2021）。其次，改善能源基础设施有助于满足能源需求缺口。例如优化光伏发电技术不仅可以改善现代能源载体的获取，还可以通过出售剩余电力来缓解清洁能源禀赋的不平等以及贫困问题（IEA，2020）。最后，Che 等（2021）指出能源可得性、能源可负担性和能源可清洁性可以促进新兴国家的能源减贫进程，其中能源清洁性对缓解能源贫困更有效。能源可用性和能源可负担性与家庭活动息息相关，因此确保家庭维持基本生活水平至关重要，即只有当家庭有一定社会和经济基础，才可能主动选择清洁能源，突破能源贫困困境。

10.3 多区域个性化能源减贫

我们根据前几章的分析得出：城市与农村在经济、文化、社会等方面存在差异，在能源贫困的表现上也各有特征，因此相关应对政策需要分城市和农村进行梳理，制定不同区域个性化能源减贫政策。

10.3.1 减缓城市能源消费增长

首先，城市需要改善基础设施，加大城市基础设施的承载力（包括建立或扩大电动汽车、公共交通的充电网络）（IEA，2021）。其次，Rao 等（2022）提出开展可持续的基础设施和现有住房的翻新有益于进一步提升清洁能源可获得性和改善能源使用效率。最后，减缓城市能源消费增长也可缓解城市能源贫困（Mahumane & Mulder，2022）。随着城市化进程的推进，城市地区的能源贫困主要体现交通能源使用的增加所带来的能源支出增加（Mahumane & Mulder，2022），因此需要控制城市能源消费的增长以防止城市能源贫困加深。以上措施最终将实现节省能源开支，提供更健康的生活条件并且缓解能源贫困。

10.3.2 帮扶农村清洁能源发展

新冠肺炎疫情导致能源供应的缩减，对发展中国家，尤其是农村地区的打击尤为严重（IEA，2021）。其应对措施有如下两个方面：一方面，疫情后政府和相关部门需要尽快恢复社会经济和社区能源的供应以及恢复电网，为相关能源供应部门及时提供了救济（IEA，2021）；另一方面，要着力于清洁烹饪燃料的推广。据 IEA 推断，到 2030 年仍存在 24 亿人口无法获得清洁燃料用以烹饪。其应对策略可以是发展替代燃料（如沼气或生物乙醇）。例如沼气是一种可行的替代能源，沼气不仅可以提供烹饪所需的能源，还可以提供家庭照明和取暖所需的能源。又如，发展由太阳能光伏发电和电池供电的超低成本电器。该类电器不会加重配电系统或微型电网的负担，同时与电力供应可能形成协同效应，因此也是一种实现清洁烹饪的解决方案。

除此之外，现有研究表明亟须进一步缩小城乡之间在获取清洁烹饪方面的巨大差距。由于城市地区在发展清洁燃料时具有更加充分的物质支持、技术支持和设施支持，而且居住在城市地区的居民收入普遍高于农村居民，因此具有更多享有清洁燃料的机会（IEA，2021）。据 IEA 数据显示，2000~2010 年，世界范围内城乡地区在获得清洁烹饪方面的差距保持在一个较为稳定的水平；但是在 2019 年，由于农村地区获取清洁烹饪年增长率持续上升，而城市人口的年增长率一直在下降，导致城市获取烹饪年增长率下降，这意味着如果人口增长速度继续超过清洁燃料的使用速度，城市地区获得清洁烹饪的比例预计将下降（IEA，2021），城乡在清洁烹饪的占比差距上将有缩小趋势。因此，在城市化高速发展的国家和地区，稳定增长城市清洁能源普及率依然不容忽视。

10.4 多层次实施能源减贫政策

在制定能源减贫政策的过程中，社会中的各个主体都发挥着不同的职责，产生不同的效应，因此要针对不同的主体及主体所处的层级来制定能源减贫政策，从而实现自上而下与自下而上共同作用以缓解能源贫困。

10.4.1 强化政府公共服务职能

政府在缓解能源贫困政策中承担着重要的主导作用。以政府为主体的相关能源扶贫政策如下：第一，政府应根据家庭的异质性特征进行合理的能源补贴和节能措施。具体而言，政府的经济补贴可以根据居民的收入水平、住房环境以及能源计划进行合理分类，针对能源贫困的居民还需采取适当的能源补贴和住房租赁补贴（Chen 等，2020）。另外，政府在出台节能政策时针对高收入、高消费家庭可采取限制家庭用电、经济惩罚等措施；而针对收入水平低、能源成本相对较高的家庭，应该给予额外的经济补贴（Chen 等，2020）。

第二，政府在公共设施和电网服务方面需要提供稳定的能源支持。由于新冠肺炎疫情的影响，清洁能源升级等相关能源项目进展预期将减缓（IEA，2021），缺乏可靠的能源供应或将造成居民健康问题。例如，据 IEA 的数据报告显示，撒哈拉以南的非洲约四分之一的卫生设施根本无法获得可靠电力。电力是保障医疗器械的正常运作以及药物和疫苗的冷藏储存的关键，因此政府提供稳定的能源供应对卫生医疗系统有着积极影响，同样对于抑制疫情发展、保障居民健康、防止能源返贫等情况发生也起着重要作用。

第三，由于相关研究指出政府的财政支出对能源消费的影响存在倒 U 形效应，因此要谨慎决策财政支出额度以达到合理能源消费水平的政策导向目的（Nguyen & Su，2022）。政府的财政支出通过影响经济发展和收入分配来影响能源贫困（Nguyen & Su，2022）。政府适度的财政支出可能会产生挤入效应，促进经济的发展（Bahal 等，2018），从而提高居民的收入水平和消费水平，以期缓解能源贫困；而过度的财政支出可能会产生挤出效应，反而阻碍经济的发展（Kandil，2017），从而加剧收入分配的不平等，使基尼系数升高，最终加重了能源贫困问题（Asimakopoulos & Karavias，2016）。在新冠肺炎疫情的大背景下，任何与刺激经济增长相关的政府方案都可能对缓解能源贫困的进程产生影响，因此政府在制定长期战略中应考虑应对能源贫困的财政支出水平，这不仅有利于经济发展，而且对于能源贫困等社会问题也具有重要意义。

10.4.2 支持企业新业态发展

与能源供给密切相关的行业和企业实现向清洁能源的快速转型过程中必须增加清洁能源项目低成本融资的机会（IEA，2021）。可再生能源市场的扩大要有长期的政策方向，该类企业要为投资者提供各项生产设备，甚至整个供应链，从而有助于吸引投资、限制风险（Cicek 等，2021）。与此同时，相关企业也要加强公司财务部门行动的安全性，包括考虑资金流向符合法律法规，这对于降低项目的承购人和投资者所承担的风险至关重要。企业具备清晰的政策框架和健康的运营体系是吸引融资者的重要因素（IEA，2021）。

在特殊时期，金融性质的企业可考虑发行能源救济基金，为能源供给企业在必要的时候提供流动性资金支持，从而维持这类企业的良好运营，最终为居民提供稳定的能源服务（IEA，2021）。随着新冠肺炎疫情的大肆蔓延，部分国家或地区的政府采取强硬手段要求能源型企业不间断提供能源服务（Mh 等，2021），该举措加大了能源供给企业因收入受损和债务的增加而面临破产危机，因此金融机构提供的能源救济基金可以增加能源型企业资金的流动性，从而降低破产的风险性。

在应对气候变化与提升能源使用率的道路上，诸多企业采用多样的方式进行节能减排。如华为公司发布的《全球能源转型及零碳发展白皮书》，提出了构建零碳型的智慧能源体系，该体系基于电、热、氢、油气等而设计，旨在实现可靠安全、高效经济、绿色清洁的目标，助力实现数字化转型；京东公司在"双十一"购物节坚持"低碳"运行，通过使用减量化包装、可循环包装和回收材料等举措推动节能减碳；霍尼韦尔国际公司所提出的"低碳智炼"，有助于实现炼化转型及炼化一体化，提高生产安全性的同时有效减少碳足迹，实现可持续发展（孙庭阳和肖翊，2021）。

10.4.3 构建亲环境邻里社区

社区的存在不仅可以在一定程度上帮助能源贫困家庭减轻心理负担，还可以增强家庭面临能源危机时的复原能力（Lennon 等，2019）。具体而言，当个体倾向于自己寻求解决方案以减少能源费用时，可能会造成心理焦虑；但是，当个体及其家庭处在一个和谐友好的社区环境里，邻里之间相互关怀与帮助有助于家庭重获美好生活的希望。邻里效应会影响居民对家电产品的选择，从而影响能源的消费量（雷丽彩等，2021）。从社会关系视角，如果家庭与邻居处于同一网络关系网中，那么邻居对家电产品的使用感和推荐度会更容易让人信服（虞义华和邓慧慧，2017）。基于邻居效应的存在，社区可推动居民开展节约能源消耗和践行绿色消费行为的探讨与互动，居民可根据自己的生活习惯和消费偏好来选择节能产品，以此提高社区邻里间能源使用的效率。另外，社区的相关公告与节能宣传是解决包括能源贫困问题在内多方面生活问题的有效途径（Stojilovska 等，2021）。

社区应加大能源政策教育的力度，增加居民能源低碳消费意识与能源贫困问题意识。现有研究表明，正确的政策认知比电价政策更易改变居民用电习惯行为（Wang 等，2020）。阶梯电价政策旨在通过外部机制纠正不合理的电力消费行为，对节约用电、缓解环境恶化和减轻能源压力具有重要意义（Du 等，2015）；阶梯电价政策的节电效果受电价和收入的影响（Khanna 等，2016），提价会在一定程度上产生节电效果，但效果不明显（Hung & Chie，2017），而政策认知可以显著影响居民的用电量。所以社区可通过社区大屏幕广告放映、手机信息推送、增加社区活动等方式，加大电价政策的宣传力度，从而使居民可以更好地理解阶梯电价政策的内涵，构建政策认知，产生内在动力，确保节电行为的效率和持久性。教育是家庭多维能源贫困的社会经济决定因素（Abbas 等，2020），由于家庭成员受教育水平的限制，对能源贫困的认知不够，从而在减贫的道路中很难通过主观认知意识到家庭已陷入能源贫困。因此，社区加大能源政策教育的力度是十分必要的。

10.4.4 开展家庭节能新风尚

家庭作为组成社会的最小人口聚集单位和能源的终端消费者，在能源缓贫问题上发挥着非常关键的作用。现有研究表明，能源补贴和节能补贴在一定程度上会增加家庭的能源消耗量（Choi 等，2022），因此家庭需要在获取能源福利与实现节能减排之间进行权衡。节能补贴会提高能源的利用效率，所节约的能源成本将延伸在其他设施上，从而导致建筑物的能源消耗增加和节能率降低（Krewitt 等，2007）；同时，为解决低收入家庭能源贫困这一问题，政府会给予相应的能源补贴政策来支持这些家庭，但是当家庭摆脱能源贫困时，其住房温度较以前相比会升高，从而增加能源的消耗（Schipper & Grubb，2000），这一现象即“回弹效应”（Haas 等，1998）。因此，相关政策一方面需要保障低收入家庭保持舒适的室内热环境和足够的温暖，同时又要尽量避免上述回弹效应在家庭内部发生。

家庭在应对能源贫困时不应仅依赖技术，还可以根据家庭成员的具体需求和居住环境制定个性化策略（Stojilovska 等，2021）。一方面，家庭成员会根据自己的具体需求和行为偏好进行节能活动。例如，在供暖功能中断时，有些居民为降低能源支付费用选择使用热水袋和毛毯等生活用品保暖，在收入有限的情况下，权衡保暖支出与食物支出；性格积极温和的个体对行为规范和节能意识更为敏感，因此这类人在家庭节电环节中具有重要作用（Liu 等，2021）。另一方面，家庭成员的居住环境也会影响其决策行为。例如，生活在亲环境社区里的居民，更具备节能意识（Bergquist 等，2019）；受雾霾等空气污染影响的居民，其购买节能电器的意愿更强烈（Zhao 等，2019）。

10.5 多维度构建能源发展体系

能源发展体系的构建应从多维度的视角去考量，本章的多维度视角主要包括有效推进经济政策措施、融合发展社会规范机制、完善保障人权的法治体系、积极应对全球性气候变化和突破相关领域的科技创新五个方面来完善能源发展体系。

10.5.1 有效推进经济政策措施

一般而言，运用经济措施缓解各项贫困问题是最直接和最迅速的方式。一些常见的通过经济进行的能源扶贫政策和措施在世界各国均有体现。如 2011 年日本大地震造成了能源供应短缺和能源价格上涨的现象，调控能源价格成为缓解能源贫困的主要驱动因素（Okushima，2016）；中国自 2012 年为贫困地区的能源项目投资了超 2.7 万亿元，于 2020 年取得了全面解决 4 000 万无电人口用电问题的成效（章建华，2020）；西班牙政府在新冠肺炎疫情封锁期间，当地政府通过向失业人群和贫困家庭发放失业救济金和经济补贴来缓解能源贫困（Bienvenido，2021）。

除了以上经济补贴能源贫困群体的典型案例，能源定价在应对气候变化与能源缓贫中的作用也不断显现。众所周知，化石燃料的税和价格补贴持续盛行，导致可持续能源的发展道路变得更加艰难。化石燃料的补贴虽然可以刺激消费者对生活能源的消费，但是补贴过多可能会造成能源浪费现象（Lin & Li，2012）。在新冠肺炎疫情的影响下，居民能源消耗量不减，而能源供给愈发紧张，使得化石能源价格上升，同时化石能源补贴在 2021 年再次上升（IEA，2021）。由此可见，能源补贴负担的增加导致许多新兴市场和发展中经济体的财政压力加大。因此，合理的市场化定价改革对应对气候变化和缓解能源贫困两者的矛盾具有重要的影响。

有关能源市场定价的方式可以通过将拍卖功能加入本地能源市场，基于用户偏好和用户对异质能源支付溢价的意愿，协调能源供应商、零售商和消费者分布，从而增加对当地需求和当地能源供应的覆盖度和匹配度，最终实现个性化和简易化地处理能源供应问题（Zade，2022）。其中，上文提及的本地能源市场（LEM）是居民能源社区获取能源的一个实施工具，也是市场交易能源的一个分支，LEM 的参与者可以是发电商、产消者、零售商、电网运营商。有研究表明，充分考虑生产商的利益，有助于确保安全高效的能源系统运行，降低扩大和传递电网的成本，并通过供应商和零售商之间的积极协商以及零售商和消费者之间的交易，来不断增强能源供应的灵活性，从而加强当地社区的管理（Zhang，2021）。

此外，经济相关能源减贫政策还可以通过能源服务商业模式（ESBM）在一定程度上减少家庭能源需求和减缓气候变化（Brown 等，2021）。在传统的商业模式中，公用部门或能源供应商以原始形式向最终用户出售能源商品（即煤炭、石油或天然气）（Hall & Roelich，2016），而 ESBM 所提供的是一种能源服务，如直接给予照明、增加室温等服务。如今，国际能源署（IEA，2018）和欧盟委员会等跨国机构明确指出，以传统销售原始能源模式为基础的能源经济转向以提供能源服务为基础的能源经济具有重要时代意义（Boza-Kiss & Bertoldi，2017）。ESBM 在当下是一个巨大的机会，在该模式下，可直接出售具有低碳型和清洁型的能源服务，因此该模式有助于建造目标型房屋，实现家庭供暖脱碳，并为未来几十年的数百万家庭提供提高能源效率的措施（Brown 等，2021）。

10.5.2　融合发展社会规范机制

基于前文分析，能源贫困的形成除了与经济相关，还受到社会、历史、文化等诸多方面的影响。当前能源贫困问题严峻，相关措施需要充分考虑非经济因素在能源减贫中发挥的作用。本小节围绕社会因素对缓解能源贫困政策进行阐述。

社会视角主要关注社会规范、文化等方面，是经济缓贫的重要补充，旨在从该视角出发缓解能源贫困。首先，系列研究表明性别平等的社会规范对能源缓贫有重要作用。IEA 提出将性别平等和增强女性权能纳入与适应气候变化、气候智能型农业、能源供应以及应对灾害风险等相关政策中，确保妇女充分参与相关活动的管理层工作（IEA，2021）。具体而言，有以下三点措施可以提升女性地位以实现能源与环境溢出效应。第一，能源部门必须与相关行业合作，推广与妇女地位有关的能源管理决策。例如，世界银行的能源部门出版了《加强妇女在基础设施领域的科学、技术、工程和数学职业》（Schomer & Hammond，2020），旨在解决和平衡能源技术领域里的性别问题。该报告囊括案例研究、实践方案和项目进展等内容。第二，提高妇女能源相关职业的专业培训。一项全球调查发现，缺乏职业培训和职位晋升渠道是阻碍妇女参与相关能源部门的最大限制（IEA，2019）。第三，能源部门出台的相关政策和制度需要建立完善机制，允许以问责制和透明度较高的方式来监测和评估方案（IEA，2021）。

其次，宗教是文化的一个分支，其通过影响个人生活满意度和经济水平来缓解或加重能源贫困（Ampofo & Mabefam，2021；Okulicz-Kozaryn，2010），因此，在制定缓解能源贫困的政策时，应根据当地宗教情况制定适宜的应对措施。一方面，由于宗教信仰有助于缓解因经济实力不强而带来的痛苦（Okulicz-Kozaryn，2010），此观点更可能存在虔诚度高的信徒中。另一方面，宗教活动人数的增加可能会伴随着能源贫困人口的增加。宗教组织会定期举办宗教活动，信徒在宗教活动中花费的时间越多，其参与工作的时间就越少（Martin，1993）据此，在某些宗教国家和地区，政府可以与宗教组织合作开展各种经济方案，改善其成员的财务状况，增进福祉，给予一定补贴，从而减少能源贫困的发生概率。

再次，社会需要联合政府等其他部门加大对人力资本的投入和居民的环保节能教育，该方式不仅有利于可再生能源创新，还有助于提高家庭能源使用效率（Wen 等，2021）。在知识经济时代，人力资本通过吸收知识并将其转化为生产力达到创新的目的（Coccia，2013）。因此，可再生能源与创新可以通过人力资本这一枢纽相联结，继而发挥作用；同时由于可再生能源可以提高生活质量和满足人类需求（Wen 等，2022），有助于推进社会平等和获取能源的公平性；节能意识正向影响着节能行为，所以加强对居民的环保节能教育，有助于提高居民对能源使用的责任感（Han & Cudjoe，2020）。可见，社会加大对人力资本的投入、提高人力资本的质量、加大节能减排教育，有助于推动能源向清洁化、绿色化和低碳化的方向转型。

最后，社会工作者作为能源贫困和区域政策的连接者，应在能源缓贫中发挥作用（Zhang 等，2021）。相关研究发现能源贫困对欠发达地区的居民心理健康状况存在较大的负面影响，从而居民会花费更多医疗保健支出，甚至导致心理亚健康状态发生（Zhang 等，2021）。因此社会工作者此时可以为居民心理健康提供重要安抚作用（Scarpellini 等，2017）。例如，相关部门可以为社会工作者提供专门的培训和其他辅助工具，鼓励他们开展一系列心理辅导工作；还可以积极建立第三方协调单位，促进代理人与政府或公共性服务组织之间的沟通和合作。以上措施有助于最大限度地利用资源并缓释能源贫困给当地居民带来的身心危机。

10.5.3 完善保障人权的法治体系

除了经济与社会方面有关能源减贫的政策、措施，法律是不可或缺的一部分。法律可以作为经济与社会相关政策有效落实的重要保障。首先，完善法律条目中的能源权有助于显著缓解能源获取方面的不平等。例如，《美洲组织宪章》第十六条提到“每个人都享有获得基本公共服务的权利，其中包括能源服务”；国际人权监督机构的各方委员会承认“现有的基本权力不仅包括可以获得健康、安全、舒适和营养等基本设施的权力，还包括获得烹饪、取暖和照明能源，以及洗涤设施、食物储存手段、垃圾处理和应急服务等服务权利”（Hesselman，2020）。又如，1979年的《联合国妇女权利公约》明确承认农村妇女的“用电权”具有法律效应；在国际人权法中提到：享有某些“最低基本水平服务”的权利是人权保护里不可或缺的一个部分，如果没有实现每个人都享有以上权利，人权保护就在很大程度上失去了存在的理由（Leckie，1989）。受上述法律条文的影响，各国开始提升能源权在法律中的地位。例如，希腊将电力视为“体现现代人尊严至关重要的社会商品”。以此法律为参考，当地机构强制居民支付能源账单税款行为属于违反宪法（Merkouris，2016）；类似在印度，法院将用电的权利视为一项可以与生命权和自由权并肩的权利，当地法律指出电力是解决教育、健康、经济差距以及社会不平等的决定性因素（Chakraborty & Kumar，2016）；菲律宾的最高法院两次驳回了电价上调申请，其原因在于电力在该国不仅是一种经济商品，更是一种生活必备的基本权利（Hesselman，2020）；哥伦比亚最高法院将“获得电力”作为一项基本权利也受到宪法保护（Chávarro，2016）。由此可见，各国有义务通过法律条文的约束来保障所有人都能获得和负担得起能源，特别是能源贫困群体（Leckie，1989）。

值得注意的是，法律的过度保护有可能导致能源无法实现市场化改革等问题，因此相关政府部门需要权衡法律与经济措施的利弊和关联，避免两者产生排斥效应，最终反而不易于在能源扶贫方面起到较好成效。

10.5.4 积极应对全球性气候变化

IEA提出需要增强能源系统应对气候变化的弹性。世界各地的能源基础设施已经面临飓风、沿海洪水和供水不足的风险。随着时间的推移，这些风险必将增加，因此亟须提高能源系统在应对气候变化方面的复原力（IEA，2021）。据IEA估计，全球约有四分之一的电网正在面临飓风所带来的破坏性风险；超过十分之一的发电船队和沿海炼油厂易遭严重洪水；三分之一的淡水冷却火力发电厂正位于水压高的地区。按照上述情况推断，到2050年，极端天气发生的频率将比现在翻一番，从而将影响电网和热电厂的运行（IEA，2021）。若不能增强能源系统应对气候变化的弹性，将会对人们的生存带来挑战。具体如下：第一，加强能源系统应对气候变化的稳健性，如利用循环水替代河流或湖泊等天然资源来冷却火力发电厂更能抵御高温；第二，保证能源系统面对极端气候时可继续运营，如当洪水灾害发生时，带有防洪水库的水电站比其他水电站更有可能维持最低的运行水平；第三，巩固能源系统受气候灾害后的恢复重建功能，如良好的通信设施、充足的资产和劳动力应急计划等，都有助于能源系统恢复因气候影响所引起的系统中断（IEA，2020）。

气候变化所带来的温度冲击使能源贫困现象再次反弹，因此要重点关注深受温度冲击而能源返贫的地区。例如，越南北部和中部沿海地区的家庭更易受到气温变化的影响（Feeny等，2021）。其主要表现为极端温度会增大居民对空调、电风扇等现代能源设备的需求（Barreca等，2016）。对于拥有空调并能够满足其能源需求的家庭来说，能源支出占家庭总收入的比重有所升高，从而增大家庭能源返贫的可能性；对于无法获得或负担不起现代能源服务的家庭来说，他们可能会因工人无法得到有效降温而遭受劳动生产率下降的后果（Barreca等，2016）。同时与城市相比，由于农村家庭以农业为生，温度的极端变化直接影响农业生产，从而影响居民的收入水平，使家庭放弃获取清洁的能源并且继续使用化石燃料，导致家庭再度陷入能源贫困（Feeny等，2021）。因此，需要采取干预措施来提高家庭抵御温度冲击的能力，如适度降低贫困家庭的电费、使用节能电器、物理隔热、密封门窗防止通风以及使用百叶窗等。

10.5.5 突破相关领域的科技创新

当下，科技的进步与发展迅速，必定在缓解能源贫困政策的制定方面存在重要借鉴意义。IEA提出加快促进氢气、电池、碳捕获的利用和储存（ccus）、小型模块化核反应堆等关键技术领域的创新是人类走向碳中和和清洁能源的关键性技术路径之一（IEA，2021）。除了以上核心技术，数字化技术在21世纪开始普及，其与能源的关系如下：首先，新兴的数字技术不仅可以提高能源效率、降低生产成本，还可以减少石油和天然气生产的排放强度（IEA，2021）。其次，数字技术还可以通过其他方式促进能源市场运行，如分布式分类账技术和区块链技术。以上技术主要通过提供安全的支付系统，保障电力交易系统和电动汽车充电系统的稳定运行，并帮助整合分布式能源的资源。最后，数字技术如传感器、机器学习和无人机可以帮助发现能源系统的故障并恢复服务，对电力传输和配电网络进行预防性维护，以提高能源效率，延长设备的寿命，减少停机时间（IEA，2021）。

数字化正在为传统能源公司创造新机遇。数字化的盛行吸引着大型科技公司进入能源领域，如谷歌母公司 Alphabet 所支持的合资企业于 2020 年年底投资了 1 亿美元用于建造一座虚拟发电厂，该项目预期目标是聚集 75 万电力客户；意大利企业 Enel X 和印度工程集团于 2021 年年初宣布成立合资企业，将在印度销售、部署和管理智能电动汽车充电基础设施（IEA，2022）。

英国政府和英国电力市场（Ofgem）宣布了一项智能技术计划，用以帮助消费者削减开支并提高能源效率。并且，该计划通过在整个电网中释放智能技术可以创造多达 24 000 个英国就业机会并促进出口，预期到 2050 年，该计划还可以将管理能源系统的成本每年降低多达 100 亿英镑（GOV. UK，2021）；美国能源部（DOE）宣布为该机构的国家实验室提供高达 5 400 万美元的新资金，以推进微电子学的基础研究。微电子是笔记本电脑、智能手机和家用电器等现代设备的基本组成部分，具有为应对气候危机和国家安全等挑战的创新解决方案提供动力的潜力（U. S. Department of Energy，2021）。

10.6　本章小结

世界正高速向可持续发展的道路前进，新冠肺炎疫情对能源转型和能源贫困产生了重大影响。在人类命运共同体下，社会系统中的任何一个方面和主体都可能在能源系统中发挥作用。本章基于此背景，通过系统文献梳理，尝试构建能源减贫的政策框架。本章首先从全球性角度阐释了国际组织制定的总体性政策，该视角的相关政策对稳定世界的能源系统和协调世界的均衡发展有重要意义；其次，政府、企业、社区和家庭等主体需要在应对能源贫困过程中发挥各自的重要作用，政策的制定可以大到保障能源供应，小到个体行为偏好；最后，从社会、经济、法律等系统的各个方面入手，多维度、个性化地提供能源减贫的政策建议。稳定的能源系统是维持人类基本生存的必要条件，由此可见，缓解能源贫困的相关政策在新冠肺炎疫情和双碳目标的双重压力下变得尤为重要。

当今世界正面临百年未有之大变局，这是一场持久的战役，到 2030 年，确保普及负担得起、可靠的现代能源服务；到 2050 年，全球要实现“2050 年二氧化碳降至净零排放”的目标，需要能源生产、运输和消费方式的彻底转型。在刺激经济复苏和发展高效、可持续和有韧性的能源系统中可聚焦以下三方面策略：第一，支持清洁和可再生能源的国际资金流向发展中国家；第二，数字化技术可以在其中发挥关键作用；第三，持续跟踪家庭的清洁能源使用情况。

参考文献

中文参考文献

阿比吉特·班纳吉，埃斯特·迪弗洛，2013. 贫穷的本质：为什么我们摆脱不了贫困［M］. 景芳，译. 北京：中信出版集团.

比尔·盖茨，2021. 气候经济与人类未来［M］. 陈召强，译. 北京：中信出版集团.

蔡海亚，赵永亮，徐盈之，2021. 中国能源贫困的时空演变格局及其影响因素分析［J］. 软科学，35（4）：28-33，42.

曹慧，赵凯，2018. 农户化肥减量施用意向影响因素及其效应分解：基于VBN-TPB的实证分析［J］. 华中农业大学学报（社会科学版）（6）：29-38.

曾泉，杜兴强，常莹莹，2018. 宗教社会规范强度影响企业的节能减排成效吗？［J］. 经济管理，40（10）：27-43.

畅华仪，何可，张俊飚，2020. 挣扎与妥协：农村家庭缘何陷入能源贫困"陷阱"［J］. 中国人口·资源与环境，30（2）：11-20.

陈洪涛，岳书敬，朱雨婷，2019. 居民用电消费回弹效应研究：基于人均收入和性别差异的视角［J］. 中国环境管理，11（1）：37，47-52.

陈凯，高歌，2019. 绿色生活方式内涵及其促进机制研究［J］. 中国特色社会主义研究（6）：92-98.

陈睿山，郭晓娜，熊波，等，2021. 气候变化、土地退化和粮食安全问题：关联机制与解决途径［J］. 生态学报，41（7）：2918-2929.

陈维扬，谢天，2018. 社会规范的动态过程［J］. 心理科学进展，26（7）：1284-1293.

陈卫东，2021. 欧洲为何成为能源危机"震中"？［J］. 能源（11）：56-58.

陈月，韩海涛，2021. 跨越"贫困陷阱"的中国道路与历史经验：兼谈破除"陷阱论"的中国特色反贫困话语建构［J］. 理论导刊（9）：72-81.

陈志钢，阮茂琦，张力文，2021. 疫情下的全球食物安全及国际合作：中国的角色和应对策略［J］. 农业经济问题（9）：106-116.

程承，王震，刘慧慧，等，2019. 执行时间视角下的可再生能源发电项目激励政策优化研究［J］. 中国管理科学，27（3）：157-167.

程蕾，2018. 新时代中国能源安全分析及政策建议［J］. 中国能源，40（2）：10-15.

程名望，李礼连，张家平，2020. 空间贫困分异特征、陷阱形成与致贫因素分析［J］. 中国人口·资源与环境，30（2）：1-10.

丁从明，董诗涵，杨悦瑶，2020. 南稻北麦、家庭分工与女性社会地位［J］. 世界经济，43（7）：3-25.

丁士军，陈传波，2002. 贫困农户的能源使用及其对缓解贫困的影响［J］. 中国农村经济（12）：28-33.

丁仲礼，2021. 中国碳中和框架路线图研究［J］. 中国工业和信息化（8）：54-61.

范红丽，王英成，亓锐，2021. 城乡统筹医保与健康实质公平：跨越农村"健康贫困"陷阱［J］. 中国农村经济（4）：69-84.

范红丽，辛宝英，2019. 家庭老年照料与农村妇女非农就业：来自中国微观调查数据的经验分析［J］. 中国农村经济（2）：98-114.

范英，衣博文，2021. 能源转型的规律、驱动机制与中国路径［J］. 管理世界，37（8）：95-105.

方黎明，刘贺邦，2019. 生活能源、农村居民的健康风险和能源扶贫［J］. 农业技术经济（7）：115-125.

费红梅，唱晓阳，姜会明，2021. 政府规制、社会规范与农户耕地质量保护行为：基于吉林省黑土区的调查数据［J］. 农村经济（10）：53-61.

冯爱青，岳溪柳，巢清尘，等，2021. 中国气候变化风险与碳达峰、碳中和目标下的绿色保险应对［J］. 环境保护，49（8）：20-24.

冯思远，赵文武，华廷，等，2021. 后疫情时代全球可持续发展目标加速行动的推动［J］. 生态学报，41（20）：7955-7964.

高艳云，2012. 中国城乡多维贫困的测度及比较［J］. 统计研究，29（11）：61-66.

葛万达，盛光华，2020. 社会规范对绿色消费的影响及作用机制［J］. 商业研究（1）：26-34.

郭清卉，李昊，李世平，等，2020. 社会规范、个人规范与土壤污染防治：

来自农户微观数据的证据［J］. 干旱区资源与环境，34（11）：1-7.

洪名勇，吴昭洋，龚丽娟，2018. 贫困心理陷阱理论研究进展［J］. 经济学动态（7）：101-114.

胡珺，宋献中，王红建，2017. 非正式制度、家乡认同与企业环境治理［J］. 管理世界（3）：76-94，187-188.

胡润青，任东明，孙培军，2021. “十三五”中国光伏扶贫的经验与启示［J］. 中国能源，43（2）：7-12.

胡允银，吴珊瑚，李金花，2019. 创新社区共享社会规范的反创新性研究［J］. 中国科技论坛（12）：40-47，57.

黄震，谢晓敏，2021. 碳中和愿景下的能源变革［J］. 中国科学院院刊，36（9）：1010-1018.

贾海彦，2020. “健康贫困”陷阱的自我强化与减贫的内生动力：基于中国家庭追踪调查（CFPS）的实证分析［J］. 经济社会体制比较（4）：52-61，146.

解垩，2021. 中国农村家庭能源贫困的经济效应研究［J］. 华中农业大学学报（社会科学版）（1）：99-108，178-179.

雷丽彩，陈新雨，王辉，2021. 邻居效应对家庭节能产品消费行为的影响研究［J］. 消费经济，37（2）：57-66.

李宏，郑全全，2002. 错误管理理论：一种新的认知偏差理论［J］. 心理科学进展（1）：78-82.

李辉，徐美宵，张泉，2019. 改革开放40年中国能源政策回顾：从结构到逻辑［J］. 中国人口·资源与环境，29（10）：167-176.

李佳珈，2019. 中国家庭能源消费行为与效率研究［M］. 成都：西南财经大学出版社.

李俊杰，宋来胜，2020. 教育助推“三区三州”跨越贫困陷阱的对策研究［J］. 民族教育研究，31（1）：30-36.

李慷，刘春锋，魏一鸣，2011. 中国能源贫困问题现状分析［J］. 中国能源，33（8）：31-35.

李慷，王科，王亚璇，2014. 中国区域能源贫困综合评价［J］. 北京理工大学学报（社会科学版），16（2）：1-12.

李慷，2014. 能源贫困综合评估方法及其应用研究［D］. 北京：北京理工大学.

李兰兰，邹小燕，吴晓英，2020. 能源贫困问题的测度方法综述［J］. 能源环境保护，34（6）：8-13.

李默洁，王璐雯，米志付，2014. 中国消除能源贫困的政策与行动［J］. 中国能源，36（8）：40-43.

李娜，张广来，周应恒，等，2022. 中国减贫实践：农村“光伏扶贫”政策的社会经济效益评价［J］. 中国农业大学学报，27（2）：294-310.

李鹏娜，王延伸，杨金花，等，2017. 行为决策理论在能源节约管理中的应用［J］. 心理科学，40（3）：760-765.

李世祥，李丽娟，2020. 中国农村能源贫困区域差异及其影响因素分析［J］. 农林经济管理学报，19（2）：210-217.

李文，2021. 认知偏差与税收遵从意愿：一个行为经济学视角［J］. 税务研究（6）：112-118.

李文欢，王桂霞，2019. 社会规范对农民环境治理行为的影响研究：以畜禽粪污资源化利用为例［J］. 干旱区资源与环境，33（7）：10-15.

李小云，苑军军，2020. 脱离“贫困陷阱”：以西南H村产业扶贫为例［J］. 华中农业大学学报（社会科学版）（2）：8-14，161.

李小云，2018. 冲破“贫困陷阱”：深度贫困地区的脱贫攻坚［J］. 人民论坛·学术前沿（14）：6-13.

李源，2013. 中国农村居民人情支出行为研究［D］. 太原：山西财经大学.

李仲武，王群勇，2020. 提高女性家庭地位的心理途径：自我认同的例子［J］. 统计研究，37（11）：44-56.

廖华，唐鑫，魏一鸣，2015. 能源贫困研究现状与展望［J］. 中国软科学（8）：58-71.

廖华，伍敬文，朱帮助，2017. 美国居民生活用能状况与趋势：30年微观调查数据分析［J］. 中国人口·资源与环境，27（6）：49-56.

廖华，向福洲，2021. 中国“十四五”能源需求预测与展望［J］. 北京理工大学学报（社会科学版），23（2）：1-8.

林伯强，2020. 中国能源发展报告2020［M］. 北京：北京大学出版社.

林卫斌，吴嘉仪，2021. 碳中和目标下中国能源转型框架路线图探讨［J］. 价格理论与实践（6）：9-12.

刘强，王恰，洪倩倩，2021. “碳中和”情景下能源转型的选择与路径［J］. 中国能源，43（4）：19-26.

刘雯赫，2021. 新冠肺炎疫情对全球能源产业链影响的“四阶段”模型分析及应对［J］. 工业技术经济，40（1）：3-12.

刘霞，刘善存，张强，2020. 信息认知偏差、有限竞争与资产定价 [J]. 中国管理科学 (1)：1-13.

刘自敏，邓明艳，崔志伟，等，2020. 能源贫困对居民福利的影响及其机制：基于 CGSS 数据的分析 [J]. 中国软科学 (8)：143-163.

陆雄文. 2013. 管理学大辞典 [M]. 上海：上海辞书出版社.

罗岚，刘杨诚，李桦，等，2021. 第三域：非正式制度与正式制度如何促进绿色生产？[J]. 干旱区资源与环境，35 (6)：8-14.

吕江，2021. "一带一路"与后疫情时代国际能源秩序重塑：全球挑战、治理反思与中国选择 [J]. 社会主义研究 (4)：164-172.

马翠萍，史丹，2020. 中国能源扶贫 40 年及效果评价 [J]. 中国能源，42 (9)：10-14.

马鹏飞，苗海民，朱俊峰，2020. 我国农村可再生能源政策的经济效果研究 [J]. 生态经济，36 (1)：120-125.

芈凌云，顾曼，杨洁，等，2016. 城市居民能源消费行为低碳化的心理动因：以江苏省徐州市为例 [J]. 资源科学，38 (4)：609-621.

潘加军，2021. 非正式制度视域下的乡村环境治理路径创新 [J]. 求索 (5)：170-181.

齐良书，2005. 议价能力变化对家务劳动时间配置的影响：来自中国双收入家庭的经验证据 [J]. 经济研究 (9)：78-90.

祁毓，卢洪友，2015. "环境贫困陷阱"发生机理与中国环境拐点 [J]. 中国人口·资源与环境，25 (10)：71-78.

钱运春，2012. 经济发展与陷阱跨越：一个理论分析框架 [J]. 马克思主义研究 (11)：87-94.

全球能源互联网发展合作组织 (GEIDCO)，2021. 中国碳达峰碳中和成果发布暨研讨会. https://www.geidco.org.cn/html/qqnyhlw/zt20210120_1/index.html

商波，黄涛珍，2021. 可再生能源发电商最优减排补贴政策的激励效应研究 [J]. 运筹与管理，30 (3)：151-158.

尚卫平，姚智谋，2005. 多维贫困测度方法研究 [J]. 财经研究 (12)：88-94.

盛光华，葛万达，2019. 社会互动视角下驱动消费者绿色购买的社会机制研究 [J]. 华中农业大学学报 (社会科学版) (2)：81-90，167.

石志恒，张衡，2020. 基于扩展价值-信念-规范理论的农户绿色生产行为研究 [J]. 干旱区资源与环境，34 (8)：96-102.

史志乐，张琦，2018. 教育何以使脱贫成为可能？：基于家庭贫困陷阱的分析 [J]. 农村经济（10）：1-8.

宋玲玲，武娟妮，王兆苏，等，2020. 促进供暖能源转型的经济激励政策国际经验研究 [J]. 中国能源，42（1）：39-44.

宋敏，王宏新，王岩，等，2021. 能源系统面对气候变化的脆弱性与适应举措研究 [J]. 中国能源，43（1）：26-32.

孙健武，高军波，马志飞，等，2022. 不同地理环境下“空间贫困陷阱”分异机制比较：基于大别山与黄土高原的实证 [J]. 干旱区地理，45（2）：650-659.

孙前路，房可欣，刘天平，2020. 社会规范、社会监督对农村人居环境整治参与意愿与行为的影响：基于广义连续比模型的实证分析 [J]. 资源科学，42（12）：2354-2369.

孙庭阳，肖翊，2021. 进博会刮起“绿色低碳风”企业减碳节能展妙招 [J]. 中国经济周刊（21）：26-29.

孙威，韩晓旭，梁育填，2014. 能源贫困的识别方法及其应用分析：以云南省怒江州为例 [J]. 自然资源学报，29（4）：575-586.

孙岩，冯立芳，庞阿荣，2013. 城市居民能源使用行为的影响因素分析 [J]. 科研管理，34（8）：139-146.

孙雨蒙，2021. 地球气候变化已到临界点 [J]. 生态经济，37（10）：5-8.

滕玉华，2019. 农户清洁能源应用行为形成机制与推进政策研究 [M]. 北京：经济管理出版社.

佟家栋，盛斌，蒋殿春，等，2020. 新冠肺炎疫情冲击下的全球经济与对中国的挑战 [J]. 国际经济评论（3）：4，9-28.

童毛弟，赵永乐，2009. 农户信贷行为的认知偏差及对其贷款困境的影响 [J]. 现代管理科学（2）：59-60，63.

涂建军，杨舟，2020. 新冠疫情对中国能源转型的影响 [J]. 能源（10）：60-65.

涂强，莫建雷，范英，2020. 中国可再生能源政策演化、效果评估与未来展望 [J]. 中国人口·资源与环境，30（3）：29-36.

万广南，魏升民，向景，2020. 减税降费对企业“获得感”影响研究：基于认知偏差视角 [J]. 税务研究（4）：14-21.

王红帅，李善同，2021. 可持续发展目标间关系类型分析 [J]. 中国人口·资源与环境，31（9）：154-160.

王冀宁，赵顺龙，2007. 外部性约束、认知偏差、行为偏差与农户贷款困境：来自716户农户贷款调查问卷数据的实证检验［J］. 管理世界（9）：69-75.

王进喜，2021. 法证科学中的认知偏差：司法鉴定出错的心理之源［J］. 清华法学，15（5）：20-40.

王静，方冰雪，罗先文，2022. 乡规民约促进脱贫成果巩固的机制研究：基于重庆市巫溪县实践的透视［J］. 农业经济问题（2）：14-25.

王亮亮，杨意蕾，2015. 贫困陷阱与贫困循环研究：以贵州麻山地区代化镇为例［J］. 中国农业资源与区划，36（2）：94-101.

王君涵，李文，冷淦潇，等，2020. 易地扶贫搬迁对贫困户生计资本和生计策略的影响——基于8省16县的3期微观数据分析［J］. 中国人口·资源与环境，30（10）：143-153.

王琳，李珂珂，周正涛，2021. "后脱贫时代"我国贫困治理的特征、问题与对策［J］. 兰州大学学报（社会科学版），49（5）：49-56.

王天穷，顾海英，2017. 我国农村能源政策以及收入水平对农户生活能源需求的影响研究［J］. 自然资源学报，32（8）：1286-1297.

王小林，ALKIRE S，2009. 中国多维贫困测量：估计和政策含义［J］. 中国农村经济（12）：4-10，23.

王雪，刘慧晖，2021. 科技优先领域遴选的决策认知偏误初探［J］. 科学学与科学技术管理，42（3）：76-86.

王伊琳，陈先洁，孙蓉，2021. 健康风险认知偏差对商业健康保险购买决策的影响：基于行为经济学视角［J］. 中国软科学（9）：66-74.

王永中，2021. 碳达峰、碳中和目标与中国的新能源革命［J］. 人民论坛·学术前沿（14）：88-96.

韦庆旺，孙健敏，2013. 对环保行为的心理学解读——规范焦点理论述评［J］. 心理科学进展，21（4）：751-760.

魏楚，韩晓，2018. 中国农村家庭能源消费结构：基于Meta方法的研究［J］. 中国地质大学学报（社会科学版），18（6）：23-35.

魏楚，王丹，吴宛忆，等，2017. 中国农村居民煤炭消费及影响因素研究［J］. 中国人口·资源与环境，27（9）：178-185.

魏一鸣，廖华，王科，等，2014. 中国能源报告（2014）：能源贫困研究［M］. 北京：科学出版社.

吴绍洪，赵东升，2020. 中国气候变化影响、风险与适应研究新进展［J］. 中国人口·资源与环境，30（6）：1-9.

吴施美，郑新业，2022. 收入增长与家庭能源消费阶梯——基于中国农村家庭能源消费调查数据的再检验［J］. 经济学（季刊），22（1）：45-66.

习明明，郭熙保，2012. 贫困陷阱理论研究的最新进展［J］. 经济学动态（3）：109-114.

谢凯宁，李世平，王瑛，2020. 农村居民生活垃圾集中处理支付意愿研究：基于拓展计划行为理论［J］. 生态经济，36（2）：177-182.

邢成举，2020. 村镇工厂与农村女性反贫困研究［J］. 妇女研究论丛（1）：47-55.

徐冠华，刘琦岩，罗晖，等，2021. 后疫情时代全球气候变化的应对与抉择［J］. 遥感学报，25（5）：1037-1042.

徐小言，2018. 农村居民"贫困-疾病"陷阱的形成分析［J］. 山东社会科学（8）：66-72.

徐盈之，徐菱，2020. 技术进步、能源贫困与我国包容性绿色发展［J］. 大连理工大学学报（社会科学版），41（6）：24-35.

许丽忠，陈芳，杨净，等，2013. 基于计划行为理论的公众环境保护支付意愿动机分析［J］. 福建师范大学学报（自然科学版），29（5）：87-93.

燕继荣，2020. 反贫困与国家治理：中国"脱贫攻坚"的创新意义［J］. 管理世界，36（4）：209-220.

杨君茹，王宇，2018. 基于计划行为理论的城镇居民家庭节能行为研究［J］. 财经论丛（5）：105-112.

杨子晖，陈雨恬，张平淼，2020. 重大突发公共事件下的宏观经济冲击、金融风险传导与治理应对［J］. 管理世界，36（5）：7，13-35.

姚怀生，姚易，2016. 民间社会规范对社区秩序的构建意义［J］. 人民论坛（17）：166-168.

叶初升，刘业飞，高考，2012. 贫困陷阱的微观机制与实证研究述评［J］. 经济学家（4）：21-28.

殷浩栋，毋亚男，汪三贵，等，2018."母凭子贵"：子女性别对贫困地区农村妇女家庭决策权的影响［J］. 中国农村经济（1）：108-123.

于伟，2010. 基于计划行为理论的居民环境行为形成机理研究——基于山东省内大中城市的调查［J］. 生态经济（6）：160-163.

余英时，1987. 士与中国文化［M］. 中国文化史丛书. 上海：上海人民出版社.

虞义华，邓慧慧，2017. 基于空间 Probit 模型的农村家庭低碳产品购买决策研究［J］. 求索（12）：45-53.

袁航，刘梦璐，刘景景，2017. 基于健康营养调查（CHNS）对地理禀赋贫困陷阱的实证分析［J］. 经济地理，37（6）：45-51.

张福德，2016. 环境治理的社会规范路径［J］. 中国人口·资源与环境，26（11）：10-18.

张建国，白泉，吕斌，2019. 长江经济带寒冷地区冬季清洁取暖的思考——来自四川阿坝的调研报告［J］. 中国能源，41（1）：15-18.

张金良，帕拉沙提，刘玲，等，2007. 中国农村室内空气污染及其对健康的危害［J］. 环境与职业医学（4）：412-416.

张丽君，董益铭，韩石，2015. 西部民族地区空间贫困陷阱分析［J］. 民族研究（1）：25-35，124.

张锐，王健，2021. 新冠肺炎疫情对全球能源转型的影响：阻碍抑或促进？［J］. 中国电力企业管理（4）：38-41.

张馨，2018. 能源消费转型及其社会、经济和环境影响研究［M］. 北京：中国社会科学出版社.

张永生，2021. 为什么碳中和必须纳入生态文明建设整体布局——理论解释及其政策含义［J］. 中国人口·资源与环境，31（9）：6-15.

张郁，万心雨，2021. 个体规范、社会规范对城市居民垃圾分类的影响研究［J］. 长江流域资源与环境，30（7）：1714-1723.

张蕴萍，2011. 中国农村贫困形成机理的内外因素探析［J］. 山东社会科学（8）：33-37.

张忠朝，2014. 农村家庭能源贫困问题研究——基于贵州省盘县的问卷调查［J］. 中国能源，36（1）：29-33.

张梓榆，舒鸿婷，2020. 多维能源贫困与居民健康［J］. 山西财经大学学报，42（8）：16-26.

章建华，2020. 为全力打赢脱贫攻坚战提供坚强能源保障［J］. 宏观经济管理（12）：14-16.

赵秋倩，夏显力，2020. 社会规范何以影响农户农药减量化施用——基于道德责任感中介效应与社会经济地位差异的调节效应分析［J］. 农业技术经济（10）：61-73.

赵雪雁，陈欢欢，马艳艳，等，2018. 2000—2015年中国农村能源贫困的时空变化与影响因素［J］. 地理研究，37（6）：1115-1126.

郑石明，何裕捷，邹克，2021. 气候政策协同：机制与效应［J］. 中国人口·资源与环境，31（8）：1-12.

郑小强，平方，2020. 中国能源安全政策演进特征与实践转向——基于能源五年规划的内容分析［J］. 中国能源，42（12）：14-20.

郑新业，魏楚，虞义华，等，2017. 2016中国家庭能源消费研究报告［M］. 北京：科学出版社.

郑新业. 中国家庭能源消费研究报告［M］. 2016，北京：科学出版社.

中国气象局气候变化中心，2021. 中国气候变化蓝皮书（2021）［M］. 北京：科学出版社.

钟宁桦，解咪，钱一蕾，等，2021. 全球经济危机后中国的信贷配置与稳就业成效［J］. 经济研究，56（9）：21-38.

周广肃，马光荣，2015. 人情支出挤出了正常消费吗？——来自中国家户数据的证据［J］. 浙江社会科学（3）：15-26，156.

周宏春，史作廷，江晓军，2021. 中国可持续发展30年：回顾、阶段热点及其展望［J］. 中国人口·资源与环境，31（9）：171-178.

朱松丽，朱磊，赵小凡，等，2020. "十二五"以来中国应对气候变化政策和行动评述［J］. 中国人口·资源与环境，30（4）：1-8.

英文参考文献

ABBAS K，LI S，XU D，et al.，2020. Do socioeconomic factors determine household multidimensional energy poverty? Empirical evidence from South Asia［J］. Energy policy，146：111754.

ABDEEN A，KHARVARI F，O´BRIEN W，et al.，2021. The impact of the COVID-19 on households´ hourly electricity consumption in Canada［J］. Energy & Buildings，250：111280.

AGRAWAL S，MANI S，JAIN A，et al.，2020. State of electricity access in india：Insights from the India residential energy survey（IRES）2020［M］. Council on Energy，Environment and Water.

AGRAWAL S，YAMAMOTO S，2015. Effect of indoor air pollution from biomass and solid fuel combustion on symptoms of preeclampsia/eclampsia in Indian women［J］. Indoor air，25（3）：341-352.

AHMAD S，PUPPIM DE OLIVEIRA JA，2015. Fuel switching in slum and non-slum households in urban India［J］. Journal ofcleaner production，94：130-136.

AJZEN I，1991. The theory of planned behavior［J］. Organizational behavior and human performance，50（2）：179-211.

AJZEN I, FISHBEIN M, 1977. Attitude-behavior relations: a theoretical analysis and review of empirical research [J]. Psychological bulletin, 84 (5): 888-918.

AKLIN M, BLANKENSHIP B, NANDAN V, et al., 2021a. The great equalizer: inequality in tribal energy access and policies to address it [J]. Energy research & Social science, 79: 102132.

AKLIN M, CHINDARKAR N, URPELAINEN J, et al., 2021b. The hedonic treadmill: electricity access in India has increased, but so have expectations [J]. Energy Policy, 156: 112391.

AKLIN M, HARISH S P, URPELAINEN J, 2018. A global analysis of progress in household electrification [J]. Energy policy, 122: 421-428.

ALESINA A, GIULIANO P, NUNN N, 2013. On the origins of gender roles: women and the plough [J]. The quarterly journal of economics, 128 (2): 469-530.

ALKIRE S, FOSTER J, 2010. Counting and multidimensional poverty measurement [J]. Journal of public economics, 95 (7): 476-487.

ALKIRE S, SANTOS M E, 2014. Measuring acute poverty in the developing world: robustness and scope of the multidimensional poverty index [J]. World development, 59 (1): 251-274.

AMBROSE A, BAKER W, SHERRIFF G, et al., 2021. Cold comfort: COVID-19, lockdown and the coping strategies of fuel poor households [J]. Energy reports, 7: 5589-5596.

AMPOFO A, MABEFAM M G, 2021. Religiosity and energy poverty: Empirical evidence across countries [J]. Energy economics, 102 (3): 105463.

ANDERSON K, SONG K, LEE S H, et al., 2017. Longitudinal analysis of normative energy use feedback on dormitory occupants [J]. Applied energy, 189: 623-639.

ANDERSON W, WHITE V, FINNEY A, 2012. Coping with low incomes and cold homes [J]. Energy policy, 49: 40-52.

ANDREONI J, VESTERLUND L, 2001. Which is the fair sex? Gender differences in altruism [J]. The quarterly journal of economics, 116 (1): 293-312.

ANDRIJEVIC M, CUARESMA C J, LISSNER T, et al., 2020. Overcoming gender inequality for climate resilient development [J]. Nature communications, 11

(1): 6261.

APPIAH M O, 2018. Investigating the multivariate granger causality between energy consumption, economic growth and CO2 emissions in Ghana [J]. Energy policy, 112: 198-208.

ARISTONDO O, ONAINDIA E, 2018. Inequality of energy poverty between groups in Spain [J]. Energy, 153: 431-442.

ARYAL J P, RAHUT D B, MOTTALEB K A, et al., 2019. Gender and household energy choice using exogenous switching treatment regression: Evidence from Bhutan [J]. Environmental development, 30: 61-75.

ASIMAKOPOULOS S, KARAVIAS Y, 2016. The impact of government size on economic growth: a threshold analysis [J]. Economics letters, 139: 65-68.

BAGOZZI R P, 1992. The self-regulation of attitudes, intentions and behavior [J]. Social psychology quarterly, 55 (2): 178-204.

BAHAL G, RAISSI M, TULIN V, 2018. Crowding-out or crowding-in? public and private investment in India [J]. World development, 109: 323-333.

BAI Y, LIU Y, 2013. An exploration of residents′ low-carbon awareness and behavior in Tianjin, China [J]. Energy policy, 61: 1261-1270.

BAIOCCHI G, MINX J C, 2010. Understanding changes in the UK' s CO_2 emissions: a global perspective [J]. Environmental science & Technology, 44 (4): 1177-1184.

BALESTRA P, NERLOVE M, 1966. Pooling cross section and time-series data in the estimation of a dynamic model: the demand for natural Gas [J]. Econometrica, 34: 585-612.

BARNES D F, KHANDKER S R, SAMAD H A, 2011. Energy poverty in rural Bangladesh [J]. Energy policy, 39 (2): 894-904.

BARR S, GILG A, 2006. Sustainable lifestyles: framing environmental action in and around the home [J]. Geoforum, 37 (6): 906-920.

BARRECA A, CLAY K, DESCHENES O, et al., 2016. Adapting to climate change: the remarkable decline in the US temperature-mortality relationship over the twentieth century [J]. Journal of political economy, 124 (1): 105-159.

BECKER G S, 1976. The economic approach to human behavior [M]. Chicago: University of Chicago Press.

BECKER G S, 1981. A treatise on the family [M]. Cambridge: Havard University Press.

BEDNAR D J, REAMES T G, 2020. Recognition of and response to energy poverty in the United States [J]. Nature Energy, 5 (6): 432-439.

BERGEN D C, 2008. Effects of poverty on cognitive function: a hidden neurologic epidemic [J]. Neurology, 71 (6): 447-451.

BERGQUIST M, NILSSON A, SCHULTZ W P A, 2019. Meta-analysis of field-experiments using social norms to promote pro-environmental behaviors [J]. Global environmental change, 59: 101941.

BERTOCCHI G, BRUNETTI M, TORRICELLI C, 2014. Who holds the purse strings within the household? the determinants of intra-family decision making [J]. Journal of economic behavior and organization, 101: 65-86.

BETTO F, GARENGO P, LORENZONI A, 2020. A new measure of Italian hidden energy poverty [J]. Energy policy, 138: 111237.

BHATTACHARYYA S C, SRIVASTAVA L, 2009. Emerging regulatory challenges facing the Indian rural electrification programme [J]. Energy policy, 37 (1): 68-79.

BHIDE A, MONROY C R, 2011. Energy poverty: a special focus on energy poverty in India and renewable energy technologies [J]. Renewable and sustainable energy reviews, 15 (2): 1057-1066.

BKSA B, DFDRC A, SG D, 2020. Contextualizing theCOVID-19 pandemic for a carbon-constrained world: insights for sustainability transitions, energy justice, and research methodology [J]. Energy research & Social science, 68: 101701.

BIAN Y, 1997. Bringing strong ties back in: indirect ties, network bridges, and job searches in China [J]. American sociological review, 62 (3): 139-149.

BIENVENIDO-HUERTAS D, 2021. Do unemployment benefits and economic aids to pay electricity bills remove the energy poverty risk of Spanish family units during lockdown? a study of COVID-19-induced lockdown [J]. Energy policy, 150: 112117.

BIN S, DOWLATABADI H, 2005. Consumer lifestyle approach to US energy use and the related CO_2 emissions [J]. Energy policy, 33 (2): 197-208.

BLACK J S, STERN P C, ELWORTH J T, 1985. Personal and contextual influences on household energy adoptions [J]. Journal of applied psychology, 70 (1): 3-21.

BLAKE J, 1999. Overcoming the "value-action gap" in environmental policy:

tensions between national policy and local experience [J]. Local environment, 4 (3): 257-278.

BOARDMAN B, 1991. Fuel poverty: from cold homes to affordable warmth [M]. London: Behaven Press.

BOARDMAN B, 2010. Fixing fuel poverty: challenges and solutions [M]. London: Routledge.

BOLTZ W, PICHLER F, 2014. Getting it right: defining and fighting energy poverty in Austria [J]. ICER Chron, 2: 19-24.

BONATZ N, GUO R, WU W, LIU L, 2018. A comparative study of the inter-linkages between low carbon development and energy poverty in China and Germany by developing an energy poverty index [J]. Energy & Buildings, 183: 817-831.

BOURKE M, CRAIKE M, HILLAND T A, 2019. Moderating effect of gender on the associations of perceived attributes of the neighbourhood environment and social norms on transport cycling behaviours [J]. Journalof transport & Health, 13: 63-71.

BOUZAROVSKI S, 2014. Energy poverty in the European Union: landscapes of vulnerability [J]. Wiley interdisciplinary reviews-energy and environment, 3 (3): 276-289.

BOZA-KISS B, BERTOLDI P, ECONOMIDOU M, 2017. Energy service companies in the EU: status review and recommendations for further market development with a focus on energy performance contracting [R]. https: //policycommons. net/artifacts/2163444/energy-service-companies-in-the-eu/2919044/.

BRABHUKUMR A, MALHI P, RAVINDRA K, et al., 2019. Exposure to household air pollution during first 3 years of life and IQ level among 6-8-year-old children in India: a cross-sectional study [J]. Science of the total environment, 709: 135110.

BRADSHAW J, HUTTON S, 1983. Social policy opinions and fuel poverty [J]. Journal of economic psychology, 3 (3): 249-266.

BROADSTOCK D, LI J, ZHANG D, 2016. Efficiency snakes and energy ladders: a (meta-) frontier demand analysis of electricity consumption efficiency in Chinese households [J]. Energy policy, 91: 383-396.

BROSEMER K, SCHELLY C, GAGNON V, et al., 2020. The energy crises revealed by COVID: intersections of indigeneity, inequity, and health [J]. Energy research & Social science, 68: 101661.

BROWN D, HALL S, MARTISKAINEN M, et al., 2021. Conceptualising domestic energy service business models: a typology and policy recommendations [J]. Energy policy, 161: 112704.

BULTE E, WANG R, ZHANG X, 2018. Forced gifts: the burden of being a friend [J]. Journal of economic behaviour & Organization, 155: 79-98.

BURKE P J, DUNDAS G, 2015. Female labor force participation and household dependence on biomass energy: evidence from national longitudinal data [J]. World development, 67: 424-437

CABALLERO N, VALLE N D, 2020. Tackling energy poverty through behavioral change: a pilot study on social comparison interventions in social housing districts [J]. Frontiers in sustainable cities, 2: 1-20.

CAMERON A C, GELBACH J B, MILLER D L, 2011. Robust inference with multi-way clustering [J]. Journal of business & Economic statistics, 29: 238-249.

CARTER D M, 2011. Recognizing the role of positive emotions in fostering environmentally responsible behaviors [J]. Ecopsychology, 3 (1): 65-69.

CASALO L V, ESCARIO J J, 2018. Heterogeneity in the association between environmental attitudes and pro-environmental behavior: a multilevel regression approach [J]. Journal of cleaner production, 175: 155-163.

CASALÓ L V, ESCARIO J J, 2018. Heterogeneity in the association between environmental attitudes and pro-environmental behavior: a multilevel regression approach [J]. Journal of cleaner production, 175: 155-163.

ÇELIK A K, OKTAY E, 2019. Modelling households' fuel stacking behaviour for space heating in Turkey using ordered and unordered discrete choice approaches [J]. Energy & Buildings, 204: 109466.

CHAKRABORTY D, KUMAR S, 2016. The 'fundamental' right to access energy: issues, opportunities and challenges in India [J]. Energy law and policy in India, 3-22.

CHAKRAVARTY S, TAVONI M, 2013. Energy poverty alleviation and climate change mitigation: is there a trade off? [J]. Climate change and sustainable development, 40: S67-S73.

CHARD R, WALKER G, 2016. Living with fuel poverty in older age: coping strategies and their problematic implications [J]. Energy research & Social science, 18: 62-70.

CHARLIER D, KAHOULI S, 2019. From residential energy demand to fuel poverty: income-induced non-linearities in the reactions of households to energy price fluctuations [J]. The energy journal, 40 (2): 101-137.

CHATON C, LACROIX E, 2018. Does France have a fuel poverty trap? [J]. Energy policy, 113: 258-268.

CHAUDHRY M S, SHAFIULLAH M, 2021. Does culture affect energy poverty? Evidence from a cross-country analysis [J]. Energy economics, 102: 105536.

CHÁVARRO J M., 2016. Access to effective remedies for the protection of human rights in essential public services provision in Colombia [M]. Socio-Economic Human Rights in Essential Public Services Provision. Routledge, 268-286.

CHE X, ZHU B, WANG P, 2021. Assessing global energy poverty: an integrated approach [J]. Energy Policy, 149: 112099.

CHEN C F, RUBENS G Z, XU X, et al., 2020. Coronavirus comes home? energy use, home energy management, and the social-psychological factors of COVID-19 [J]. Energy research & Social science, 68: 101688.

CHENG C, URPELAINEN J, 2014. Fuel stacking in India: Changes in the cooking and lighting mix, 1987-2010 [J]. Energy, 76: 306-317.

CHESHMEHZANGI A, 2020. COVID-19 and household energy implications: what are the main impacts on energy use? [J]. Heliyon, 6: e05202.

CHOI Y, SONG D, OZAKI A, et al., 2022. Do energy subsidies affect the indoor temperature and heating energy consumption in low-income households? [J]. Energy & Buildings, 256: 111678

CHOUDHURI P, DESAI S, 2020. Gender inequalities and household fuel choice in India [J]. Journal of cleaner production, 265: 121487.

CHURCHILL S A, 2017. Microfinance and ethnic diversity [J]. Economic record, 93: 112-141.

CHURCHILL S A, SMYTH R, 2020. Ethnic diversity, energy poverty and the mediating role of trust: Evidence from household panel data for Australia [J]. Energy economics, 133: 901-913.

CIALDINI R B, RENO R R, KALLGREN C A, 1990. A focus theory of normative conduct: recycling the concept of norms to reduce littering in public places [J]. Journal of personality and social psychology, 58 (6): 1015-1026.

CICEK A, GÜZEL S, ERDINÇ O, et al., 2021. Comprehensive survey on support policies and optimal market participation of renewable energy [J]. Electric power systems research, 201: 107522.

CLARKA C F, KOTCHENB M J, MOOREA M R, 2003. Internal and external influences on pro- environmental behavior: participation in a green electricity program [J]. Journal of environmental psychology, 23 (3): 237-246.

CLANCY J S, SKUTSCH M, BATCHELOR S. 2002. The gender-Energy-Poverty NEXUS: finding the energy to address gender concerns in development. UK Department for International Development.

COCCIA M, 2013. What are the likely interactions among innovation, government debt, and employment? [J]. Innovation: The European journal of social science research, 26 (4): 456-471.

DAHL G, MORETT E, 2004. The demand for sons: evidence from divorce, fertility, and shot gun marriage [J]. Department of economics, Working Paper Series, 75 (35): 1324-1326.

DANG D A, LA H A, 2019. Does electricity reliability matter? evidence from rural Viet Nam [J]. Energy policy, 131: 399-409.

DELLAVALLE N, 2019. People' s decisions matter: understanding and addressing energy poverty with behavioral economics [J]. Energy & Buildings, 204: 109515.

DERKSEN L, GARTRELL J, 1993. The social context of recycling [J]. Americansociological review, 58 (3): 434-442.

DEROUBAIX A, LABUHN I, CAMREDON M, et al., 2021. Large uncertainties in trends of energy demand for heating and cooling under climate change [J]. Nature communications, 12 (1): 5197.

DIETZ T, KALOF L, STERN P C, 2002. Gender, values, and environmentalism [J]. Socialscience quarterly, 83 (1): 353-364.

DING W, HE L, ZEWUDIE D, et al., 2019. Gender and renewable energy study in Tibetan pastoral areas of China [J]. Renewable energy, 133: 901-913.

DINKELMAN T, 2011. The effects of rural electrification on employment: new evidence from South Africa [J]. The American economic Review, 101 (7): 3078-3108.

DOLLAR D, GATTI R, 1999. Gender inequality, income, and growth: are good times good for women? The World Bank [J]. Development research group/poverty reduction and economic management network, 1: 1-42.

DU G, LIN W, SUN C, et al., 2015. Residential electricity consumption after the reform of tiered pricing for household electricity in China [J]. Applied energy, 157: 276-283.

DU L, GUO J, WEI C, 2017. Impact of information feedback on residential electricity demand in China [J]. Resources, conservation and recycling, 125: 324-334.

DUBOIS U, 2012. From targeting to implementation: the role of identification of fuel poor households [J]. Energy policy, 49: 107-115.

DUFLO E, 2012. Women empowerment and economic development [R]. Journal of economic literature, 50 (4): 1051-1079.

DUFLO E, GREENSTONE M, HANNA R, 2008. Indoor air pollution, health and economic well-being [J]. Surveys and perspectives integrating environment & Society, 1 (1): 7-16.

DUTHEIL F, BAKER J S, NAVEL V, 2020. COVID-19 as a factor influencing air pollution? [J]. Environmental pollution, 263: 114466.

DYRENG S D, MAYEW W J, WILLIAMS C D, 2012. Religious social norms and corporate financial reporting [J]. Journal of business finance & Accounting, 39 (7-8) : 845-875.

EAGLY A H, STEFFEN V J, 1986. Gender and aggressive behavior: a meta-analytic review of the social psychological literature [J]. Psychological bulletin, 100 (3): 309-330.

EASTERLY W, 2001. The elusive quest for growth [M]. London: MIT Press.

EBENSTEIN A, LEUNG S, 2010. Son preference and access to social insurance: evidence from China' s rural pension program [J]. Population and development review, 36: 47-70.

ECKEL C C, GROSSMAN P J, 2008. Forecasting risk attitudes: an experimental study using actual and forecast gamble choices [J]. Journal of economic behavior and organization, 68 (1): 1-17.

ELGAAIED-GAMBIER L, MONNOT E, RENIOU F, 2018. Using descriptive norm appeals effectively to promote green behavior [J]. Journal of business research, 82: 179-191.

ELSTER J, 1989. Social norms and economic theory [J]. Journal of economic perspectives, 3 (4): 99-117.

FARINONI M, 2016. Energy poverty: measurement strategies and solutions [D]. Barcelona: Universitat Politècnica de Catalunya.

FARRELL L, FRY M J, 2021. Australia's gambling epidemic and energy poverty [J]. Energy economics, 927: 105218.

FEENY S, TRINH T A, ZHU A, 2021. Temperature shocks and energy poverty: findings from Vietnam [J]. Energy economics, 99: 105310.

FERNÁNDEZ R, FOGLI A, OLIVETTI C, 2004. Mothers and sons: preference formation and female labor force dynamics [J]. The quarterly journal of economics, 119: 1249-1299.

FINCHER L H, 2016a. Feminism, Chinese [M]. London: The Wiley Blackwell Encyclopedia of Gender and Sexuality Studies.

FINCHER L H, 2016b. Leftover Women: The Resurgence of Gender Inequality in China [M]. London: Bloomsbury Publishing.

FISHBEIN M, AJZEN I, 1975. Belief, attitude, intention and behavior: an introduction to theory and research [J]. Reading, MA: Addison-Wesley.

FITZ D, SURESH S G, 2021. Poverty traps across levels of aggregation [J]. Journal of Economic Interaction and Coordination, 5: 1-45.

FOSTER M E, 1997. Energy conservation in the UK housing sector: an exploration of technical and social issues [D]. Edinburgh: Open University.

FREDERIKS E R, KAREN S, HOBMAN E V, 2015. Household energy use: applying behavioral economics to understand consumer decision-making and behavior [J]. Renewable and sustainable energy reviews, 41: 1385-1394.

GALL E T, CARTER E M, EARNEST C M, et al., 2013. Indoor air pollution in developing countries: research and implementation needs for improvements in global public health [J]. American journal of public health, 103 (4): 67-72.

GAO Q, XU H, YUAN B, 2021. Environmental change and fishermen's income: is there a poverty trap: evidence from China's coastal areas [J]. Environmental science and pollution research, 11: 1-16.

GEBRESLASSIE M G, 2020. COVID-19 and energy access: an opportunity or a challenge for the African continent? [J]. Energy research & Social science, 68: 101677.

GHILARDI A, GUERRERO G, MASERA O, 2009. A GIS-based methodology for highlighting fuelwood supply/demand imbalances at the local level: a case study for Central Mexico [J]. Biomass and bioenergy, 33 (6): 957-972 .

GILG A, BARR S, FORD N, 2005. Green consumption or sustainable lifestyles? identifying the sustainable consumer [J]. Futures, 37 (6): 481-504.

GOLDIN C, ROUSE C, 2000. Orchestrating impartiality: the impact of "blind" auditions on female musicians [J]. American economic review, 90 (4): 715-741.

GORJINEZHAD S, KERIMRAY A, TORKMAHALLEH M A, et al., 2017. Quantifying trace elements in the emitted particulate matter during cooking and health risk assessment [J]. Environmental science & Pollution research, 24 (10): 9515-9529.

GOULD C F, URPELAINEN J, 2018. LPG as a clean cooking fuel: adoption, use, and impact in rural India [J]. Energy policy, 122: 395-408.

GOULD C F, URPELAINEN J, 2020. The gendered nature of liquefied petroleum gas stove adoption and use in rural India [J]. The journal of development studies, 56 (7): 1309-1329.

GOUVEIA J P, SEIXAS J, LONG G, 2018. Mining households´ energy data to disclose fuel poverty: lessons for Southern Europe [J]. Journal of cleaner production, 178: 534-550.

Government of India, 2011. Houselisting and housing census data highlights. https://www.indiawaterportal.org/data/houselisting-and-housing-census-data-highlights-2011-0

GROOT J I M, STEG L, 2010. Relationships between value orientations, self-determined motivational types and pro-environmental behavioural intentions [J]. Journal of environmental psychology, 30 (4): 368-378.

GUAGNANO G A, STERN P C, DIETZ T, 1995. Influences on attitude-behavior relationships [J]. Environment and behavior, 27 (5): 699-718.

HAAS R, AUER H, BIERMAYR P, 1998. The impact of consumer behavior on residential energy demand for space heating [J]. Energy and buildings, 27 (2): 195-205.

HAIDER L J, BOONSTRA W J, PETERSON G D, et al., 2018. Traps and sustainable development in rural areas: a review [J]. World development, 101: 311-321.

HALL S, ROELICH K, 2016. Business model innovation in electricity supply markets: The role of complex value in the United Kingdom [J]. Energy policy, 92: 286-298.

HAMMUM E, KONG P, ZHANG Y P, 2009. Family sources of educational gender inequality in rural China: a critical assessment [J]. International journal of educational development, 29 (5): 474-486.

HAN M S, CUDJOE D, 2020. Determinants of energy-saving behavior of urban residents: evidence from Myanmar [J]. Energy policy, 140: 111405.

HARTMANN P, APAOLAZA-IBÁÑEZ V, 2012. Consumer attitude and purchase intention toward green energy brands: the roles of psychological benefits and environmental concern [J]. Journal of business research, 65 (9): 1254-1263.

HE L, ZHANG S, HU J, et al., 2020a. On-road emission measurements of reactive nitrogen compounds from heavy-duty diesel trucks in China [J]. Environmental pollution, 262: 114280.

HE M Z, KINNEY P L, LI T, et al., 2020b. Short- and intermediate-term exposure to NO_2 and mortality: a multi-county analysis in China [J]. Environmental pollution, 261: 114165.

HEALY J D, 2003. Excess winter mortality in Europe: a cross country analysis identifying key risk factors [J]. J Epidemiol community health, 57 (10): 784-789.

HEALY J D, CLINCH J P, 2002. Fuel poverty, thermal comfort and occupancy: results of a national household-survey in Ireland [J]. Applied energy, 73 (3-4): 329-343.

HEALY J D, CLINCH J P, 2004. Quantifying the severity of fuel poverty, its relationship with poor housing and reasons for non-investment in energy-saving measures in Ireland [J]. Energy policy, 32 (2): 207-220.

HEDVIKA K, LUKÁŠ L, 2021. Energy poverty in the Czech Republic: individual responsibility or structural issue? [J]. Energy research & Social science, 72: 101877.

HEINDL P, 2015. Measuring fuel poverty: general considerations and application to German household data [J]. Public finance analysis, 71: 178-215.

HELTBERG R, 2004. Fuel switching: evidence from eight developing countries [J]. Energy economics, 26 (5): 869-887.

HELTBERG R, 2005. Factors determining household fuel choice in Guatemala

[J]. Environment & Development economics, 10 (3): 337-361.

HERINGTON M J, LANT P A, SMART S, et al., 2017. Defection, recruitment and social change in cooking practices: Energy poverty through a social practice lens [J]. Energy research & Social science, 34: 272-280.

HERRERO T S, 2017. Energy poverty indicators: a critical review of methods [J]. Indoor and built environment, 26 (7): 1018-1031.

HILLS J, 2011. Fuel poverty: the problem and its measurement [R]. London: Interim Report of the Fuel Poverty Review.

HORST H V D, HOVORKA A J, 2008. Reassessing the "energy ladder": household energy use in Maun, Botswana [J]. Energy policy, 36 (9): 3333-3344.

HOSIER R H, DOWD J, 1987. Household fuel choice in Zimbabwe : an empirical test of the energy ladder hypothesis [J]. Resources and energy, 9 (4): 347-361.

HU M, XIANG G, ZHONG S, 2021. The burden of socialconnectedness: do escalating gift expenditures make you happy? [J]. Journal of happiness studies, 22 (8): 1-19.

HUNG M F, CHIE B T, 2017. The long-run performance of increasing-block pricing in Taiwan's residential electricity sector [J]. Energy policy, 109: 782-793.

IEA, 2002. World Energy Outlook 2002 [R]. Paris: IEA.

IEA, 2004. World Energy Outlook 2004 [R]. Paris: IEA.

IEA, 2010. World Energy Outlook 2010 [R]. Paris: IEA.

IEA, 2010. Energy Poverty—How to make modern energy access universal? [M]. Paris: IEA.

IEA, 2013. World Energy Outlook 2013 [R]. Paris: IEA.

IEA, 2014. World Energy Outlook 2014 [R]. Paris: IEA.

IEA, 2015. World Energy Outlook 2015 [R]. Paris: IEA.

IEA, 2016. World Energy Outlook 2016 [R]. Paris: IEA.

IEA, 2017. World Energy Outlook 2017 [R]. Paris: IEA.

IEA, 2019. World Energy Outlook 2019 [R]. Paris: IEA.

IEA, 2020. World Energy Outlook 2020 [R]. Paris: IEA.

IEA, 2021. World Energy Outlook 2021 [R]. Paris: IEA.

IEA, 2022. World Energy Outlook 2022 [R]. Paris: IEA.

IEA, 2021. Clean Energy Transitions in the Sahel. https://www.iea.org/reports/clean-energy-transitions-in-the-sahel

IHALAINEN M, SCHURE J, SOLA P, 2020. Where are the women? A review and conceptual framework for addressing gender equity in charcoal value chains in Sub-Saharan Africa [J]. Energy for sustainable development, 55: 1-12.

IMELDA, 2020. Cooking that kills: cleaner energy access, indoor air pollution, and health [J]. Journal of development economics, 147: 102548.

IMRAN Q, 2021. A comparison of renewable and sustainable energy sector of the South Asian countries: An application of SWOT methodology [J]. Renewable energy. 181: 417-425.

IPMA, 2016. Daily temperature registries for 2014 - Evora [R]. Instituto Portugués do Mar e da Atmosfera. https://tcktcktck.org/evora/january-2014

INGLEHART R, NORRIS P, 2003. Rising Tide: Gender Equality and Cultural Change Around the World [J]. Cambridge england cambridge university press, 2 (2): 407-409.

IRENA, 2019. Renewable energy statistics 2019. https://www.irena.org/publications/2019/Jul/Renewable-energy-statistics-2019

IRENA, 2020. Renewable energy statistics 2020. https://irena.org/publications/2020/Jul/Renewable-energy-statistics-2020

IWONA B, PRITI P, 2018. To climb or not to climb? Investigating energy use behaviour among Solar Home System adopters through energy ladder and social practice lens [J]. Energyresearch & Social science, 44: 293-303.

JAYACHANDRAN S, 2015. The roots of gender inequality in developing countries [J]. Annual review of economics, 7 (1): 63-88.

JESSICA J L, SUBHRENDU K P, 2012. Who adopts improved fuels and cookstoves? A systematic review [J]. Environmental health perspectives, 120 (5): 637-645.

JHA SHAILY PATNAIK S, WARRIER R, 2021. Are India' s urban poor using clean cooking fuels? insights from slums in six states [J]. New Delhi: Council on Energy, Environment and Water.

JI Q, ZHANG D, 2019. China' s crude oil futures: introduction and some stylized facts [J]. Finance research letters, 28: 376-380.

JIANAKOPLOS N A, BERNASEK A, 2010. Are women more risk averse? [J].

Economicinquiry, 36 (4): 620-630.

JIANG L, YU L, XUE B, et al., 2020. Who is energy poor? Evidence from the least developed regions in China [J]. Energy policy, 137: 111-122.

JOHNSON O W, GERBER V, MUHOZA C, 2019. Gender, culture and energy transitions in rural Africa [J]. Energy research & Social science, 49: 169-179.

KAHNEMAN D, 2003. Maps of bounded rationality: psychology for behavioral economics [J]. American economic review, 93 (5): 1449-1475.

KAHOULI S, 2020. An economic approach to the study of the relationship between housing hazards and health: The case of residential fuel poverty in France [J]. Energy economics, 85: 104592.

KANDA W, KIVIMAA P, 2020. What opportunities could the COVID-19 outbreak offer for sustainability transitions research on electricity and mobility? [J]. Energy research & Social science, 68: 101-666.

KANDIL M, 2017. Crowding out or crowding in? Correlations of spending components within and across countries [J]. Research in international business and finance, 42: 1254-1273.

KARPINSKA L, MIECH S, 2020a. Breaking the cycle of energy poverty: will Poland make it? [J]. Energy economics, 94: 105063.

KARPINSKA L, MIECH S, 2020b. Invisible energy poverty? analysing housing costs in Central and Eastern Europe [J]. Energy research & Social science, 70: 101670.

KHAN M K, TENG J Z, KHAN M I, et al., 2019. Impact of globalization, economic factors and energy consumption on CO_2 emissions in Pakistan [J]. The science of the total environment, 688: 424-436.

KHANDKER S R, BARNES D F, SAMAD H A, 2012. Are the energy poor also income poor? Evidence from India [J]. Energy policy, 47: 1-12.

KHANNA N Z, GUO J, ZHENG X, 2016. Effects of demand side management on Chinese household electricity consumption: empirical findings from Chinese household survey [J]. Energypolicy, 95: 113-125.

KHANNA R A, LI Y, MHAISALKAR S, et al., 2019. Comprehensive energy poverty index: measuring energy poverty and identifying micro-level solutions in South and Southeast Asia [J]. Energy policy, 132: 379-391.

KÖHLIN G, SILLS E O, PATTANAYAK S K, et al., 2011. Energy, gender and development: what are the linkages? Where is the evidence? [J]. Policy Research Working Paper Series.

KOLLMUSS A, AGYEMAN J, 2002. Mind the gap: why do people act environmentally and what are the barriers to pro-environmental behavior? [J]. Environmental education research, 8 (3): 239-260.

KOPYTKO N, PERKINS J, 2011. Climate change, nuclear power, and the adaptation-mitigation dilemma [J]. Energy policy, 39 (1): 318-333.

KREWITT W, SIMON S, GRAUS W, et al., 2007. The 2℃ scenario—a sustainable world energy perspective [J]. Energy policy, 35 (10): 4969-4980.

KROON B V D, BROUWER R, BEUKERING P J H V, 2013. The energy ladder: Theoretical myth or empirical truth? Results from a meta-analysis [J]. Renewable and sustainable energy reviews, 20 (4): 504-513.

KRUGMANN H, GOLDEMBERG J, 1980. The energy cost of satisfying basic humanneeds [J]. Technological forecasting & Social change, 24 (1): 45-60.

KURTZ-COSTES B, ROWLEY S J, HARRIS-BRITT A, et al., 2008. Gender stereotypes about mathematics and science and self-perceptions of ability in late childhood and early adolescence [J]. Merrill-Palmer quarterly, 54 (3): 386-409.

LAKNER C, MAHLER D G, NEGRE M, et al., 2020. How much does reducing inequality matter for global poverty? [J]. Policy Research Working Paper Series.

LEACH G, 1992. The energy transition [J]. Energy policy, 20 (2): 116-123.

LECKIE S, 1989. The un committee on economic, social and cultural rights and the right to adequate housing: towards an appropriate approach [J]. Human rights quarterly, 11 (4): 522-560.

LEGENDRE B, RICCI O, 2015. Measuring fuel poverty inFrance: which households are the most fuel vulnerable? [J]. Energy economics, 49: 620-628.

LENNON B, DUNPHY N P, SANVICENTE E, 2019. Community acceptability and the energy transition: a citizens' perspective [J]. Energy, sustainability and society, 9 (1): 1-18.

LEWIS P, 1982. Fuel poverty can be stopped [R]. Bradford: National Right to Fuel Campaign.

LI J, ZHANG D, SU B, 2019a. The impact of social awareness and lifestyles on household carbon emissions inChina [J]. Ecological economics, 160: 145-155.

LI J, ZHANG J, ZHANG D, et al., 2019b. Does gender inequality affect household green consumption behaviour in China? [J]. Energy policy, 135: 111071.

LI X, ZHANG D, ZHANG T, et al., 2021. Awareness, energy consumption and pro-environmental choices of Chinese households [J]. Journal of cleaner production, 279 (5): 123734.

LIANG J, LI B, WU Y, et al., 2007. An investigation of the existing situation and trends in building energy efficiency management in China [J]. Energy and buildings, 39: 1089-1106.

LIDDELL C, MORRIS C, MCKENZIE S J P, et al., 2012. Measuring and monitoring fuel poverty in the UK: national and regional perspectives [J]. Energy policy, 49: 27-32.

Lighting Africa, 2018. Off-Grid energy has key role in Kenya's new electrification strategy. https://www.lightingafrica.org/off-grid-energy-has-key-role-in-kenyas-new-electrification-strategy/

LIM S S, VOS T, FLAXMAN A D, et al., 2013. A comparative risk assessment of burden of disease and injury attributable to 67 risk factors and risk factor clusters in 21 regions, 1990-2010: a systematic analysis for the Global Burden of Disease Study 2010 [J]. Lancet, 380 (9859): 2224-2260.

LIN B, JIA Z, 2019. Economic, energy and environmental impact of coal-to-electricity policy in China: a dynamic recursive CGE study [J]. Science of the total environment, 698: 134-241.

LIN B, LI A, 2012. Impacts of removing fossil fuel subsidies on China: how large and how to mitigate? [J]. Energy, 44 (1): 741-749.

LIN B, WANG Y, 2020. Does energy poverty really exist in China? From the perspective of residential electricity consumption [J]. Energy policy, 143: 111557.

LIOBIKIENĖ G, GRINCEVICIENĖ Š, BERNATONIENĖ J, 2017. Environmentally friendly behaviour and green purchase in Austria and Lithuania [J]. Journal of cleaner production, 142: 3789-3797.

LIOBIKIENĖ G, JUKNYS R, 2016. The role of values, environmental risk perception, awareness of consequences, and willingness to assume responsibility for environmentally-friendly behavior: the Lithuanian case [J]. Journal of cleaner production, 112: 3413-3422.

LIU C, 2016. Are women greener? Corporate gender diversity and environmental violations [J]. Journal of corporate finance, 52: 118-142.

LIU J, ZHANG D, CAI J, et al., 2019. Legal systems, national governance and renewable energy investment: evidence from around the world [J]. British journal of management, 32 (3): 579-610.

LIU X, WANG Q C, JIAN I Y, et al., 2021. Are you an energy saver at home? The personality insights of household energy conservation behaviors based on theory of planned behavior [J]. Resources, conservation and recycling, 174: 105823.

LIU X, XUE C, 2016. Exploring the challenges to housing design quality in China: an empirical study [J]. Habitat international, 57: 242-249.

LIU Z, LI J, ROMMEL J, et al., 2020b. Health impacts of cooking fuel choice in rural China [J]. Energy economics, 89: 104811.

LLORCA M, RODRIGUEZ-ALVAREZ A, JAMASB T, 2020. Objective vs. subjective fuel poverty and self-assessed health [J]. Energy economics, 87: 104736.

LONGA F D, SWEERTS B, ZWAAN B, 2021. Exploring the complex origins of energy poverty in theNetherlands with machine learning [J]. Energy policy, 156 (4): 112373.

LORBER J, 2001. Gender Inequality [J]. Roxbury, Los Angeles, CA.

MACK J, LANSLEY S, HALSEY A H, 1985. Poor Britain [M]. Allen & Unwin.

MACKINNON CATHARINE A, 1983. Feminism, marxism, method, and the state: toward feminist jurisprudence [J]. Signs journal of women in culture & Society, 8 (4): 635-658.

MAHUMANE G, MULDER P, 2022. Urbanization of energy poverty? The case of Mozambique [J]. Renewable and sustainable energy reviews, 159: 112089.

MALTHUS T R, Essay on the Principle of Population: the 1803 Edition [M]. New Haven: Yale University Press.

MANI A, MULLAINATHAN S, SHAFIR E, et al., 2013. Poverty impedes cognitive function [J]. Science, 341 (6149): 976-980.

MARTIN D, 1993. A general theory of secularization [M]. Texas: Gregg Revivals.

MASERA O R, SAATKAMP B D, KAMMEN D M, 2000. From linear fuel switching to multiple cooking strategies: a critique and alternative to the energy ladder model [J]. World development, 28 (12): 2083-2103.

MASTROPIETRO P, RODILLA P, BATLLE C, 2020. Emergency measures to protect energy consumers during theCOVID-19 pandemic: a global review and critical analysis [J]. Energy research & Social science, 68: 101678.

MASTRUCCI A, BYERS E, PACHAURI S, et al., 2019. Improving the SDG energy poverty targets: residential cooling needs in the Global South [J]. Energy & Buildings, 186: 405-415.

MEHRA M, BHATTACHARYA G, 2019. Energy transitions inIndia implications for energy access, greener energy, and energy security [J]. Georgetown journal of Asian affairs, 4 (2): 88-97.

MEMMOTT T, CARLEY S GRAFF M, KONISKY D M, 2021. Sociodemographic disparities in energy insecurity among low-income households before and during the COVID-19 pandemic [J]. Nature energy, 6 (02): 186-193.

MENDOZA C B, CAYONTE D, LEABRES M S, et al., 2019. Understanding multidimensional energy poverty in the Philippines [J]. Energy policy, 133: 110886.

MERKOURIS P, 2016. Is Cutting People' s Electricity Off "Cut Off" from the ECtHR' s Jurisdiction Ratione Materiae? [M] //Socio-Economic Human Rights in Essential Public Services Provision. Routledge, taylor and francis group: 83-102.

MEYER S, LAURENCE H, BART D, et al., 2018. Capturing the multifaceted nature of energy poverty: Lessons from Belgium [J]. Energy research & Social science, 40: 273-282.

MH A, AV B, RG C, et al., 2021. Energy poverty in the COVID-19 era: mapping global responses in light of momentum for the right to energy [J]. Energy Research & Social Science, 81: 102246.

MILLER G, MOBARAK A M, 2011. Gender differences in preferences, intra-household externalities, and low demand for improved cookstoves [R]. Working Paper, Social science electronic publishing.

MINIACI R, SCARPA C, VALBONESI P, 2014. Energy affordability and the benefits system in Italy [J]. Energy policy, 75: 289-300.

MIZOBUCHI K, TAKEUCHI K, 2013. The influences of financial and non-financial factors on energy-saving behavior: A field experiment in Japan [J]. Energy policy, 63: 775-787.

MOULD R, BAKER K J, 2017. Documenting fuel poverty from the householders' perspective [J]. Energy research & Social science, 31: 21-31.

MUAZU N B, OGUJIUBA K, TUKUR H R, 2020. Biomass energy dependence in South Africa: Are the western cape province households descending the energy ladder after improvement in electricity access? [J]. Energy reports, 6: 207-213.

MUHAMMAD S, LONG X, SALMAN M, 2020. COVID-19 pandemic and environmental pollution: A blessing in disguise? [J]. Science of the total environment, 728: 138-820.

MUSTAPA S I, RASIAH R, JAAFFAR A H, et al., 2021. Implications of COVID-19 pandemic for energy-use and energy saving household electrical appliances consumption behaviour in Malaysia [J]. Energy strategy reviews, 38: 100-765.

MYRDAL G, 1957. Economic theory and underdeveloped regions [M]. London: Gerald Duckworth and Company.

NANKHUNI F J, FINDEIS J L, 2004. Natural resource-collection work and children's schooling in Malawi [J]. Agricultural economics, 31 (2): 123-134.

NASH L K, BLYTHE L J, CVITANOVIC C, et al., 2020. To achieve a sustainable blue future, progress assessments must include interdependencies between the sustainable development goals [J]. One Earth, 2 (2): 161-173.

NAWAZ S, 2021. Energy poverty, climate shocks, and health deprivations [J]. Energy economics, 100: 105338.

NELSON R R, 1956. A theory of the low-level equilibrium trap in underdeveloped economies [J]. The American economic review, 46 (5): 894-908.

NGUYEN C P, SU T D, 2022. The influences of government spending on energy poverty: Evidence from developing countries [J]. Energy, 238: 121-785.

NGUYEN P C, NASIR A M, 2021. An inquiry into the nexus between energy poverty and income inequality in the light of global evidence [J]. Energy economics, 99: 105-289.

NGUYEN T T, NGUYEN T T, HOANG V N, et al., 2019. Energy transition, poverty and inequality in Vietnam [J]. Energy policy, 132: 536-548.

NI Y A O, YIN M D N, BARBER L L, 2020. Revealing hidden energy poverty in Hong Kong: a multi-dimensional framework for examining and understanding energy poverty [J]. Local environment, 25 (7): 473-491.

NIE H, XING C, 2019. Education expansion, assortative marriage, and income inequality in China [J]. China economics review, 55: 37-51.

NIE P, LI Q, SOUSA-POZA A, 2021. Energy Poverty and Subjective Well-Being in China: New Evidence from the China Family Panel Studies [J]. Energy economics, 103: 105548.

NOLAN B, WHELAN C T, 2010. Using non-monetary deprivation indicators to analyze poverty and social exclusion: lessons from Europe [J]. Journal of policy analysis and management, 29 (2): 305-325.

NURKSE R, 1953. Problems of capital formation in underdeveloped countries [M]. Oxford: Basil Blackwell.

NUSSBAUMER P, BAZILIAN M, MODI V, 2012. Measuring energy poverty: Focusing on what matters [J]. Renewable and sustainable energy reviews, 16 (1): 231-243.

NYBORG K, ANDERIES J M, DANNENBERG A, et al., 2017. Social norms as solutions [J]. Science, 354 (6308): 42-43.

OKULICZ-KOZARYN A, 2010. Religiosity and life satisfaction across nations [J]. Mental Health, Religion & Culture, 13 (2): 155-169.

OKUSHIMA S, 2016. Measuring energy poverty in Japan, 2004-2013 [J]. Energy policy, 98: 557-564.

OKUSHIMA S, 2019. Understanding regional energy poverty in Japan: A direct measurement approach [J]. Energy & Buildings, 193: 174-184.

OKUSHIMA S, 2021. Energy poor need more energy, but do they need more carbon? Evaluation of people's basic carbon needs [J]. Ecological economics, 187 (4): 107081.

OPARAOCHA S, DUTTA S, 2011. Gender and energy for sustainable development [J]. Current opinion in environmental sustainability, 3 (4): 265-271.

OPHI (Oxford Poverty and Human Development Initiative), 2021. Global Multidimensional Poverty Index 2021: Unmasking disparities by ethnicity, caste and gender [R]. Oxford: university of Oxford, UK.

OTT N, 1992. Intrafamily Bargaining and Household Decisions [M]. Berlin: Springer science & Business media.

OUM S, 2019. Energy poverty in the Lao PDR and its impacts on education and health [J]. Energy Policy, 132: 247-253.

OWEN A L, VIDERAS J, 2008. Trust, cooperation, and implementation of sustainability programs: The case of local agenda 21 [J]. Ecological economics, 68 (1): 259-272.

PACHAURI S, MUELLER A, KEMMLER A, et al., 2004. On measuring energy poverty in indian households [J]. World development, 32 (12): 2083-2104.

PACHAURI S, RAO N D, 2013. Gender impacts and determinants of energy poverty: are we asking the right questions? [J]. Current opinion in environmental sustainability, 5 (2): 205-215.

PACHAURI S, SPRENG D, 2011. Measuring and monitoring energy poverty [J]. Energy policy, 39: 7497-7504.

PACUDAN R, HAMDAN M, 2019. Electricity tariff reforms, welfare impacts, and energy poverty implications [J]. Energy policy, 132: 332-343.

PALIT D, BANDYOPADHYAY K R, 2017. Rural electricity access in India in retrospect: a critical rumination [J]. Energy policy, 109: 109-120.

PAPADA L, KALIAMPAKOS D, 2016. Measuring energy poverty in Greece [J]. Energy policy, 94: 157-165.

PAPADA L, KALIAMPAKOS D, 2018. A Stochastic Model for energy poverty analysis [J]. Energy policy, 116: 153-164.

PAPADA L, KALIAMPAKOS D, 2020. Being forced to skimp on energy needs: a new look at energy poverty inGreece [J]. Energy research & Social science, 64: 101450.

PARIKH J, 2011. Hardships and health impacts on women due to traditional cooking fuels: A case study ofHimachal Pradesh, India [J]. Energy policy, 39 (12): 7587-7594.

PELZ S, CHINDARKAR N, URPELAINEN J, 2021. Energy access for marginalized communities: Evidence from rural northIndia, 2015-2018 [J]. World development, 137: 105-204.

PELZ S, PACHAURI S, GROH S, 2018. A critical review of modern approaches for multidimensional energy poverty measurement [J]. Wiley interdisciplinary reviews energy & Environment, 7 (6): e304.

PENG W, HISHAM Z, PAN J, 2010. Household level fuel switching in rural Hubei [J]. Energy for sustainable development, 14 (3): 238-244.

PETERSEN M A, 2009. Estimating standard errors in finance panel data sets: Comparing approaches [J]. The review of financial studies, 22 (1): 435-480.

PETROVA S, GENTILE M, MÄKINEN I H, et al., 2013. Perceptions of thermal comfort and housing quality: exploring the microgeographies of energy poverty in Stakhanov, Ukraine [J]. Environment and planning A, 45 (5): 1240-1257.

PHOUMIN H, KIMURA F, 2019. Cambodia's energy poverty and its effects on social wellbeing: Empirical evidence and policy implications [J]. Energy policy, 132: 283-289.

PORDATA, 2016. Gini index (%) [R]. https: //www. pordata. pt/

PRIMC K, SLABE-ERKER R, MAJCEN B, 2019. Constructing energy poverty profiles for an effective energy policy [J]. Energy policy, 128: 727-734.

PRYOR S C, BARTHELMIE R J, 2010. Climate change impacts on wind energy: A review [J]. Renewable & Sustainable energy reviews, 14 (1): 430-437.

PUEYO A, MAESTRE M, 2019. Linking energy access, gender and poverty: A review of the literature on productive uses of energy [J]. Energy research & social science, 53: 170-181.

RADEMAEKERS K, YEARWOOD J, FERREIRA A, et al., 2016. Selecting Indicators to Measure Energy Poverty [R]. Netherlands: Technical Report.

RAHUT D B, BEHERA B, ALI A, et al., 2017. A ladder within a ladder: Understanding the factors influencing a household's domestic use of electricity in four African countries [J]. Energyeconomics, 66: 167-181.

RAJABRATA B, VINOD M, ADMASU A M, 2021. Energy poverty, health and education outcomes: Evidence from the developing world [J]. Energy economics, 101: 105-447.

RANDAZZO T, DE CIAN E, MISTRY M N, 2020. Air conditioning and electricity expenditure: The role of climate in temperate countries [J]. Economic modelling, 90: 273-287.

RAO F, TANG Y M, CHAU K Y, et al., 2022. Assessment of energy poverty and key influencing factors in N11 countries [J]. Sustainable production and consumption, 30: 1-15.

RAVINDRA K, KAUR-SIDHU M, MOR S, et al., 2021. Impact of the COVID-19 pandemic on clean fuel programmes in India and ensuring sustainability for household energy needs [J]. Environment international, 147: 106335.

RAVINDRA K, KAUR-SIDHU M, MOR S, et al., 2019. Trend in household energy consumption pattern in India: A case study on the influence of socio-cultural factors for the choice of clean fuel use [J]. Journal of cleaner production, 213: 1024-1034.

RAGHUTLA C, CHITTEDI K R, 2021. Energy poverty and economic development: evidence from BRICS economies [J]. Environmental science and pollution research, 29 (7): 9707-9721.

RIDGILL M, NEILL S P, LEWIS M J, et al., 2021. Global riverine theoretical hydrokinetic resource assessment [J]. Renewable energy, 174: 654-665.

RINGEN S, 1988. Direct and indirect measures of poverty [J]. Journal of social policy, 17 (3): 351-365.

ROBERTS D, VERA-TOSCANO E, PHIMISTER E, 2015. Fuel poverty in the UK: Is there a difference between rural and urban areas? [J]. Energy policy, 87: 216-223.

ROBINSON C, 2019a. Energy poverty and gender in England: A spatial perspective [J]. Geoforum, 104: 222-233.

ROBINSON C, 2019b. Escaping the energy poverty trap: When and how governments power the lives of the poor [J]. Local environment, 24 (10): 968-969.

ROBINSON C, BOUZAROVSKI S, LINDLEY S, 2017a. Getting the measure of fuel poverty: The geography of fuel poverty indicators inEngland [R]. Energy research & Social science.

ROBINSON J, APPIAH K, YOUSAF R, 2017b. Improving the well-being of older people by reducing their energy consumption through energy-aware systems [R]. International conference on Ehealth, telemedicine, and social medicine.

ROSENBERG M, ARMANIOS D E, AKLIN M, et al., 2020. Evidence of gender inequality in energy use from a mixed-methods study in India [J]. Nature sustainability, 3 (2): 110-118.

ROSENTHAL J, QUINN A, GRIESHOP A P, et al., 2018. Clean cooking and the SDGs: Integrated analytical approaches to guide energy interventions for health and environment goals [J]. Energy for sustainable development, 42: 152-159.

RU M, TAO S, SMITH K, et al., 2015. Direct energy consumption associated emissions by rural-to-urban migrants in Beijing [J]. Environmental science & Technology, 49 (22): 13708-13715.

SADATH A C, ACHARYA R H, 2017. Assessing the extent and intensity of energy poverty using multidimensional energy poverty index: Empirical evidence from households in India [J]. Energy policy, 102: 540-550.

SAMBODO M T, NOVANDRA R, 2019. The state of energy poverty in Indonesia and its impact on welfare [J]. Energy policy, 132: 113-121.

SÁNCHEZ C S, GONZÁLEZ F J N, AJA A H, 2018. Energy poverty methodology based on minimal thermal habitability conditions for low income housing in Spain [J]. Energy & Buildings, 169: 127-140.

SANCHEZ-GUEVARA C, PEIRÓ M N, TAYLOR J, et al., 2019. Assessing population vulnerability towards summer energy poverty: Case studies of Madrid and London [J]. Energy & Buildings, 190: 132-143.

SANTAMOURIS M, KOLOKOTSA D, 2015. On the impact of urban overheating and extreme climatic conditions on housing, energy, comfort and environmental quality of vulnerable population in Europe [J]. Energy & Buildings, 98: 125-133.

SAXENA V, BHATTACHARYA C P, 2018. Inequality in LPG and electricity consumption in India: The role of caste, tribe, and religion [J]. Energy for sustainable development, 42: 44-53.

SCARPELLINI S, HERNÁNDEZ M A S, LLERA-SASTRESA E, et al., 2017. The mediating role of social workers in the implementation of regional policies targeting energy poverty [J]. Energy policy, 106: 367-375.

SCHIPPER L, GRUBB M, 2000. On the rebound? Feedback between energy intensities and energy uses in IEA countries [J]. Energy policy, 28 (6-7): 367-388.

SCHOMER I, HAMMOND A, 2020. Stepping up women's STEM careers in infrastructure : case studies [R]. https: //openknowledge. worldbank. org/handle/10986/34787

SEEBAUER, FRIESENECKER, EISFELD, 2019. Integrating climate and social housing policy to alleviate energy poverty: an analysis of targets and instruments in Austria [J]. Energy Sources, Part B: Economics, planning, and policy, 14 (7-9): 304-326.

SEKULOVA F, VAN DEN BERGH J C J M, 2013. Climate change, income and happiness: an empirical study for Barcelona [J]. Global environmental change, 23 (6): 1467-1475.

SEN A, 2000. Development as freedom [M]. Oxford: Oxford University Press.

SHARMA S V, HAN P, SHARMA V K, 2019. Socio-economic determinants of energy poverty amongst Indian households: A case study of Mumbai [J]. Energy policy, 132: 1184-1190.

SHUI B, DOWLATABADI H, 2005. Consumer lifestyle approach to US energy use and the related CO emissions. Energy Policy, 33 (2): 197-208.

SIMON H A, 1956. Rational choice and the structure of the environment [J]. Psychological review, 63 (2): 129-138.

SMITH K R, APTE M G, MA Y, et al., 1994. Air pollution and the energy ladder inAsian cities [J]. Energy, 19 (5): 587-600.

SOVACOOL B K, 2012. The political economy of energy poverty: A review of key challenges [J]. Energy for sustainable development, 16 (3): 272-282.

SPEARS D, 2011. Economic decision-making in poverty depletes behavioral control [J]. Working Papers.

STADDON S C, CYCIL C, GOULDEN M, et al., 2016. Intervening to change behavior and save energy in the workplace: a systematic review of available evidence [J]. Energy research & Social science, 17: 30-51.

STEFAN B, SASKA P, ROBERT S, 2012. Energy poverty policies in the EU: A critical perspective [J]. Energy policy, 49 (10): 76-82.

STEG L, VLEK C, 2009. Encouraging pro-environmental behaviour: An integrative review and research agenda [J]. Journal of environmental psychology, 3 (29): 309-317.

STEPHENSON J, BARTON B, CARRINGTON G, et al., 2010. Energy cultures: a framework for understanding energy behaviors [J]. Energy policy, 38 (10): 6120-6129.

STERN P C, 1992. What psychology knows about energy conservation? [J]. American psychologist, 47 (10): 1224-1232.

STERN P C, 2000. Toward a coherent theory of environmentally significant behavior [J]. Journal of social issues, 56 (3): 407-424.

STERN P C, DIETZ T, ABEL T, et al., 1999. A value-belief-norm theory of support for social movements: the case of environmentalism [J]. Research in human ecology, 6 (2): 81-97.

STERN P C, DIETZ T, KALOF L, 1993. Value orientations, gender, and environmental concern [J]. Environment and behavior, 25 (5): 322-348.

STOJILOVSKA A, YOON H, ROBERT C, 2021. Out of the margins, into the light: Exploring energy poverty and household coping strategies in Austria, North Macedonia, France, and Spain [J]. Energy research & Social science, 82, 102279.

SUN J, LYU S, 2020. The effect of medical insurance on catastrophic health expenditure: evidence from China [J]. Cost effectiveness and resource allocation, 18 (1): 10-21.

SUN Y H, LIU N N, ZHAO M Z, 2019. Factors and mechanisms affecting green consumption in China: a multilevel analysis [J]. Journal of cleaner production, 209: 481-493.

TANG X, LIAO H, 2014. Energy poverty and solid fuels use in rural China: Analysis based on national population census [J]. Energy for sustainable development, 23: 122-129.

TARDY F, LEE B, 2019. Building related energy poverty in developed countries -Past, present, and future from a Canadian perspective [J]. Energy & Buildings, 194: 46-61.

TESCHNER N, SINEA A, VORNICU A, et al., 2020. Extreme energy poverty in the urban peripheries of Romania and Israel: Policy, planning and infrastructure [J]. Energy research & Social science, 66: 101502.

IDS (The Institute of Development Studies), 2001. Energy, poverty and gender: a review of the evidence and case studies in rural China [R]. A Report for the World Bank, Brighton: University of Sussex, UK.

THOMSON H, BOUZAROVSKI S, SNELL C, 2017a. Rethinking the measurement of energy poverty in Europe: A critical analysis of indicators and data [J]. Indoor and built environment, 26 (7): 879-901.

THOMSON H, SNELL C, 2013. Quantifying the prevalence of fuel poverty across the European Union [J]. Energy policy, 52: 563-572.

THOMSON H, SNELL C, BOUZAROVSKI S, 2017b. Health, well-being and energy poverty in Europe: a comparative study of 32European countries [J]. International journal of environmental research and public Health, 14 (6): 584.

TOD A , THOMSON H, 2017 . Health impacts of cold housing and energy poverty (Energy Poverty Handbook) [M]. Publications Office of the European Union.

TOWNSEND R M, 1994. Risk and insurance in village India [J]. Econometrica, 62 (3): 539.

TRIPATHI A, SAGAR A D, SMITH K R, 2015. Promoting clean and affordable cooking: smarter subsidies for LPG [J]. Economic and political weekly, 50 (48): 81-84.

TVERSKY A, KAHNEMAN D, 1974. Judgment under uncertainty: Heuristics and biases [J]. Science, 185 (4157): 1124-1131.

UKHOVA D, 2015. Gender inequality and inter-household economic inequality in emerging economies: exploring the relationship [J]. Gender & Development, 23 (2): 241-259.

UN, 2021. Progress towards the Sustainable Development Goals: report of the Secretary-General. https://digitallibrary.un.org/record/3930067

UN, 2020. The Future of the Global Environment Outlook. https://www.unep.org/future-global-environment-outlook

UNDP (United Nations Development Programme), 2000. World Energy Assessment: energy and the challenge of sustainability [R]. New York: UNDP.

USAID, 2017. Clean and efficient cooking technologies and fuels. https://winrock.org/wp-content/uploads/2017/09/WinrockCookstoveCombined.pdf

VAN R W F, VERHALLEN T M M, 1983. A behavioral model of residential energy use [J]. Journal of economic psychology, 3: 39-63.

VANDENBERGH M P, 2005. Order without social norms: how personal norm activation can protect the environment [J]. Northwestern university law review, 99 (3): 1101-1166.

VERMA S, SAHARAN A, POLCUMPALLY A T, et al., 2020. Tentacles of COVID-19 in India: Impact on Indian economy, society, polity and geopolitics [J]. Journal of humanities and social sciences studies, 2 (3): 54-61.

VICENTE-MOLINA M A, FERNÁNDEZ-SAINZ A, IZAGIRRE-OLAIZOLA J, 2018. Does gender make a difference in pro-environmental behavior? The case of the Basque Country University students [J]. Journal of cleaner production, 176: 89-98.

VIDERAS J R, OWEN A L, 2011. Public goods provision and well-being: empirical evidence consistent with the warm glow theory [J]. Contributions in economic analysis & Policy, 5 (1): 1-38.

WANG B, LI H, YUAN X, et al., 2017. Energy poverty in China: A dynamic analysis based on a hybrid panel data decision model [J]. Multidisciplinary digital publishing institute, 10 (12): 1942.

WANG H, MARUEJOLS L, YU X, 2021a. Predicting energy poverty with combinations of remote-sensing and socioeconomic survey data inIndia: evidence from machine learning [J]. Energy economics, 102: 105510.

WANG K, WANG Y, LI K, et al., 2015. Energy poverty in China: an index based comprehensive evaluation [J]. Renewable and sustainable energy reviews, 47: 308-323.

WANG S, LIU Y, ZHAO C, et al., 2019. Residential energy consumption and its linkages with life expectancy in mainland China: a geographically weighted regression approach and energy-ladder-based perspective [J]. Energy, 177: 347-357.

WANG T, SHEN B, SPRING C H, et al., 2021b. What prevents us from taking low-carbon actions? A comprehensive review of influencing factors affecting low-carbon behaviors [J]. Energy research & Social science, 71 (2): 101844.

WARD D M, 2013. The effect of weather on grid systems and the reliability of electricity supply [J]. Climatic change, 121 (1): 103-113.

WEBER C, PERRELS A, 2000. Modelling lifestyle effects on energy demand and related emissions [J]. Energy policy, 28 (8): 549-566.

WELSCH H, KÜHLING J, 2010. Pro-environmental behavior and rational consumer choice: evidence from surveys of life satisfaction [J]. Journal of economic psychology, 31 (3): 405-420.

WHYLEY C, CALLENDER C, 1997. Fuel poverty in Europe: evidence from the European household panel survey [R]. London: Policy studies institute.

WILKINSON P, SMITH K R, JOFFE M, et al., 2007. A global perspective on energy: health effects and injustices [J]. The Lancet, 370 (9591): 965-978.

WILSON J, TYEDMERS P, SPINNEY J E L, 2013. An exploration of the relationship between socioeconomic and well-bing variables and household greenhouse gas emissions [J]. Journal of industrial ecology, 17 (6): 880-891.

Women, UN, 2018. Gender Equality and the Sustainable Development Goals in Asia and the Pacific Baseline and Pathways for Transformative Change by 2030. Asian Development Bank. http: //hdl. handle. net/11540/9033.

WOOLDRIDGE J M, 2005. Simple solutions to the initial conditions problem in dynamic, nonlinear panel data models with unobserved heterogeneity [J]. Journal of applied econometrics, 20 (1): 39-54.

WOOLDRIDGE J M, 2011. A simple method for estimating unconditional heterogeneity distributions in correlated random effects models [J]. Economics letters, 113 (1): 12-15.

WOOLDRIDGE J M, 2015. Control Function Methods in Applied Econometrics [J]. Journal of human resources, 50 (2): 420-445.

World Bank, 2016. Access to electricity (% of population). https://data.worldbank.org/indicator/EG.ELC.ACCS.ZS

World Bank, 2018. Access to electricity (% of population). https://data.worldbank.org/indicator/EG.ELC.ACCS.ZS

World Bank, 2019. Access to electricity (% of population). https://data.worldbank.org/indicator/EG.ELC.ACCS.ZS

World Bank, 2018. Renewable energy consumption (% of total final energy consumption). https://data.worldbank.org/indicator/EG.FEC.RNEW.ZS

XIAO C, HONG D, 2010. Gender differences in environmental behaviors in China [J]. Population & Environment, 32 (1): 88-104.

Xiao C, Hong D, 2017. Gender differences in concerns for the environment among the Chinese public: an update [J]. Society and natural resources, 30: 782-788.

YADAV P, DAVIES P J, ASUMADU-SARKODIE S, 2021. Fuel choice and tradition: Why fuel stacking and the energy ladder are out of step? [J]. Solar energy, 214: 491-501.

YADAV R, PATHAK G S, 2016. Young consumers' intention towards buying green products in a developing nation: extending the theory of planned behavior [J]. Journal of cleaner production, 135: 732-739.

YANG Z, FAN Y, ZHENG S, 2016. Determinants of household carbon emissions: pathway toward eco-community in Beijing [J]. Habitat international, 57: 175-186.

YIP O A, MAH N D, BARBER B L, 2020. Revealing hidden energy poverty in Hong Kong: a multi-dimensional framework for examining and understanding energy poverty [J]. Local environment, 4: 1-19.

ZADE M, LUMPP S D, TZSCHEUTSCHLER P, WAGNER U, 2022. Satisfying user preferences in community-based local energy markets—Auction-based clearing approaches [J]. Applied energy, 306: 118004.

ZELEZNY L C, CHUA P P, ALDRICH C, 2000. New ways of thinking about environmentalism: elaborating on gender differences in environmentalism [J]. Journal of social issues, 56 (3): 443-457.

ZHANG D, LI J, HAN P, 2019a. A multidimensional measure of energy poverty in China and its impacts on health: An empirical study based on the China family panel studies [J]. Energy policy, 131: 72-81.

ZHANG H, LAHR M L, BI J, 2016a. Challenges of green consumption in China: a household energy use perspective [J]. Economic systems research, 28 (2): 183-201.

ZHANG R, WEI T, SUN J, et al., 2016b. Wave transition in household energy use [J]. Technological forecasting & Social change, 102: 297-308.

ZHANG T, SHI X, ZHANG D, et al., 2019b. Socio-economic development and electricity access in developing economies: a long-run model averaging approach [J]. Energy policy, 132: 223-231.

ZHANG Z, SHU H, YI H, WANG X, 2021. Household multidimensional energy poverty and its impacts on physical and mental health [J]. Energy policy, 156: 112381.

ZHAO J, JIANG Q, DONG X, DONG K, 2021. Assessing energy poverty and its effect on CO_2 emissions: The case of China [J]. Energy Economics, 97 (1): 105191.

ZHOU Q, SHI W, 2019. Socio-economic transition and inequality of energy consumption among urban and rural residents in China [J]. Energy & Buildings, 190: 15-24.